职业教育机电类
系列教材

传感器与检测技术项目式教程

第2版

宋雪臣 单振清 / 主编

郭庆强 / 主审

ELECTROMECHANICAL

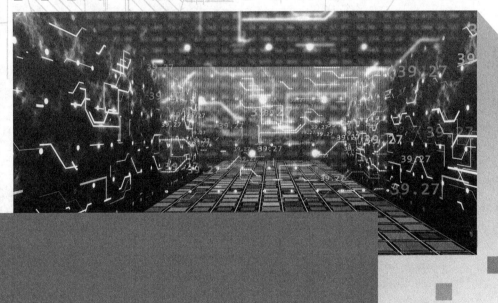

人民邮电出版社

北 京

图书在版编目（CIP）数据

传感器与检测技术项目式教程 / 宋雪臣，单振清主
编. -- 2版. -- 北京：人民邮电出版社，2022.10
（职业教育机电类系列教材）
ISBN 978-7-115-57928-7

Ⅰ．①传… Ⅱ．①宋… ②单… Ⅲ．①传感器－检测
－职业教育－教材 Ⅳ．①TP212

中国版本图书馆CIP数据核字(2021)第234415号

内 容 提 要

本书从实用教学的角度出发，以教学项目为载体，主要介绍目前常用传感器的工作原理、基本结构、工作特性、信号处理电路及其基本应用，以项目拓展的形式对相应传感器的内容进行延伸，扩大学生的知识面，提高学生的双创能力。

全书共分 16 个教学项目。每个项目分为项目描述、知识准备、项目实施、项目拓展、项目小结和项目训练 6 个部分，主要介绍了经典传统传感器、现代新型传感器及当前比较先进的智能传感器等。

本书主要适用于高职机电一体化技术、电气自动化技术、无人机应用技术及工业机器人技术等专业，也可作为相近专业的教学用书，还可作为工程检测技术人员和相关培训人员学习的参考用书。

◆ 主　编　宋雪臣　单振清
　　主　审　郭庆强
　　责任编辑　王丽美
　　责任印制　王　郁　焦志炜

◆ 人民邮电出版社出版发行　　北京市丰台区成寿寺路 11 号
　　邮编　100164　　电子邮件　315@ptpress.com.cn
　　网址　https://www.ptpress.com.cn
　　固安县铭成印刷有限公司印刷

◆ 开本：787×1092　1/16
　　印张：16.5　　　　　　　　2022 年 10 月第 2 版
　　字数：403 千字　　　　　　2025 年 7 月河北第 5 次印刷

定价：59.80 元

读者服务热线：(010)81055256　印装质量热线：(010)81055316
反盗版热线：(010)81055315

前言

基于党的二十大报告中关于"深入实施人才强国战略"的要求，本书根据山东省高职院校特色名校建设项目——机电一体化技术专业群课程体系构建与核心课程建设需要编写，体现了"淡化理论，够用为度，培养技能，重在运用"的指导思想，旨在培养具有"创造性、实用性"的适应社会需求的人才。针对高职高专学生的理论基础相对薄弱、动手实践的积极性相对较高的特点，本书压缩了大量的理论推导，重点放在实用技术的掌握和运用上。本书的编写结合了多位任课老师和编者多年的教学经验，并参阅大量有关文献资料，精选内容，突出技术的实用性，强化实践性，培养学生的双创意识和能力。

本书自第 1 版出版以来，已连续印刷十多次，受到广大读者的好评，非常感谢大家的支持和鼓励。随着智能产业的出现，传感器与检测技术也不断发展、进步，有必要在第 1 版的基础上进行修订，及时和社会发展接轨。修订之后的变化主要体现在以下几个方面。

一、项目名称改为主、副标题的形式，这样既能体现项目案例，也能体现教学知识内容。

二、更新了一些项目案例，用大家生活、工作中熟悉的案例引入项目教学。

三、更新了一些应用实例，及时反映社会的发展状况。

四、在项目实施过程中增加了项目案例的原理介绍，并针对基本原理安排具体的实训内容。

五、由于各院校传感器实训室设备型号有所不同，但实训原理、操作过程基本相同，因此不再以具体型号的传感器介绍实训过程。

六、每个项目实训（项目一、项目十五、项目十六除外）都制作了操作视频，供学生实操时参考。视频链接可登录人邮教育社区（www.ryjiaoyu.com）下载。

本书主要作为高职机电一体化技术、电气自动化技术、无人机应用技术及工业机器人技术等专业的用书。书中各项目具有一定的独立性，因此也可用于数控技术专业、汽车类专业等的选修课用书。本书建议总学时为 70 学时左右（包括项目实训），各项目的教学学时可参见学时分配表。

学时分配表

项目序号	项目内容	理论学时	实践学时	合计学时
项目一	汽车衡称重系统——认识传感器与检测技术	2	—	2
项目二	简易电子秤——调试电阻应变式传感器	4	2	6
项目三	投入式液位计——测试半导体压阻式传感器	2	2	4
项目四	数字式体温计——测试电阻式温度传感器	2	2	4
项目五	酒精测试仪和温湿度计——测试电阻式气体和湿度传感器	2	4	6

续表

项目序号	项目内容	理论学时	实践学时	合计学时
项目六	电容式差压变送器——测试电容式传感器	2	2	4
项目七	电感式压力变送器——测试电感式传感器	2	2	4
项目八	电涡流探雷器——测试电涡流式传感器	2	2	4
项目九	燃气灶熄火保护装置——测试热电式传感器	4	2	6
项目十	感应水龙头光控开关——测试光电式传感器	4	4	8
项目十一	光控定位光纤开关——测试光纤式传感器	2	2	4
项目十二	热释电感应灯——测试热释电红外传感器	2	2	4
项目十三	霍尔压力变送器——测试霍尔式传感器	2	2	4
项目十四	压电式血压计——测试压电式传感器	2	2	4
项目十五	倒车雷达——测试超声波式传感器	2	—	2
项目十六	数显游标卡尺——使用数字式传感器	4	—	4
总计		40	30	70

　　本书配备了教学 PPT、微课视频链接、教学大纲、课程标准等教学资源，为更好地提高教学质量提供帮助。

　　本书由山东水利职业学院宋雪臣、单振清任主编，山东大学控制科学与工程学院郭庆强教授主审了全书，并提出了很多宝贵的修改意见，在此表示诚挚的感谢！全书由宋雪臣老师统稿。

　　由于传感器技术发展较快，编者水平有限，书中难免存在不足和不当之处，敬请广大读者批评指正。

编者

2023 年 5 月

目录

项目一

汽车衡称重系统——认识传感器与检测技术

 项目描述

汽车衡也被称为地磅，是厂矿、商家等用于大宗货物计量的主要称重设备。在 20 世纪 80 年代之前常见的汽车衡也称作机械地磅。20 世纪 80 年代中期，随着高精度称重传感器技术的日趋成熟，机械地磅逐渐被精度高、稳定性好、操作方便的电子汽车衡所取代，如图 1-1 所示。

图 1-1　电子汽车衡

本项目简要分析汽车衡称重系统的功能，通过对汽车衡称重系统功能的分析，让读者了解传感器的概念、检测系统的组成及测量误差的表示方法等基本知识。

知识和能力目标

◎ 掌握传感器的概念，了解传感器的基本特性。

◎ 掌握传感器的结构组成，了解传感器的发展趋势。

◎ 掌握自动检测系统的结构组成，了解自动检测技术的发展趋势。

◎ 了解测量误差的概念，掌握误差的表达方式，能正确选择仪表进行测量。

知识准备

一、传感器的定义、组成和分类

传感器是人类五官的模拟，又称为电五官。它已广泛应用于工业自动化、航天技术、军事、机器人开发、环境检测、医疗卫生、家电行业等各学科和工程领域。据有关资料统计，大型发电机组需要 3 000 台传感器及配套仪表；大型石油化工厂需要 6 000 台；一个钢铁厂需要 20 000 台；一个电站需要 5 000 台；"阿波罗"宇宙飞船用了 1 218 台传感器，运载火箭部分用了 2 077 台传感器；一辆现代化汽车装备的传感器也有几十种。

传感器技术是现代科技的前沿技术，是现代信息技术的三大支柱之一。传感器技术的水平高低是衡量一个国家科技发展水平的主要标志之一。

1. 传感器的定义

传感器是能感受规定的被测量并按照一定的规律将其转换成可用输出信号的器件或装置。它获取的信息可以为各种物理量、化学量和生物量，而转换后的信息也可以有各种形式。目前，传感器转换后的信号大多为电信号，因而从狭义上讲，传感器是把外界输入的非电信号转换成电信号的装置。一般也称传感器为变换器、换能器和探测器，其输出的电信号陆续输送给后续配套的测量电路及终端装置，以便进行电信号的调理、分析、记录或显示等。

传感器通常由直接响应于被测量的敏感元件和产生可用信号输出的转换元件及相应的测量转换电路组成，其组成框图如图 1-2 所示。

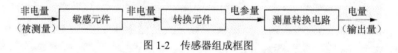

图 1-2　传感器组成框图

敏感元件是传感器的核心，它在传感器中直接感受被测量，并转换成与被测量有确定关系、更易于转换的非电量。图 1-3 中的弹簧管就属于敏感元件。当被测压力 p 增大时，弹簧管拉直，通过齿条带动齿轮转动，从而带动电位器的电刷产生角位移。

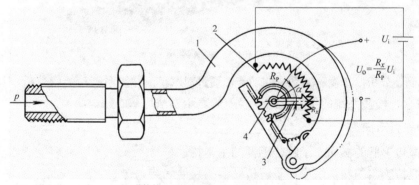

1—弹簧管　2—电位器　3—指针　4—齿轮

图 1-3　测量压力的电位器式压力传感器

被测量通过敏感元件转换后，再经转换元件转换成电参量。图 1-3 中的电位器，通过机械传动结构将角位移转化成电阻的变化。

测量转换电路的作用是将转换元件输出的电参量转换成易于处理的电压、电流或频率量。在图 1-3 中，当电位器的两端加上电源后，电位器就组成分压比电路，它的输出量是与压力成一定关系的电压 U_o。

2. 传感器的分类

传感器的种类繁多，分类方法不尽相同。常用的分类方法如下。

（1）按被测量分类：可分为位移、力、力矩、转速、振动、加速度、温度、压力、流量、流速等传感器。这种分类方法明确表明了传感器的用途，便于使用者选用。图 1-3 所示为压力传感器，用于测量压力信号。

（2）按测量原理分类：可分为电阻、电容、电感、光栅、热电偶、超声波、激光、红外、光导纤维等传感器。这种分类方法表明了传感器的工作原理，有利于传感器的设计和应用。图 1-3 所示传感器又称为电阻式压力传感器。

（3）按传感器转换能量供给形式分类：可分为能量变换型（发电型）和能量控制型（参量型）两种传感器。

能量变换型传感器在进行信号转换时无须另外提供能量，就可将输入信号能量变换为另一种形式的能量输出，如热电偶传感器（见图 1-4）、压电式传感器等。能量控制型传感器工作时必须有外加电源，如电阻、电感、电容、霍尔式传感器（例如图 1-5 所示的霍尔式接近开关）等。

图 1-4　能量变换型热电偶传感器

图 1-5　霍尔式接近开关

（4）按传感器工作机理分类：可分为结构型传感器和物性型传感器。

结构型传感器是指被测量变化时引起了传感器结构发生改变，从而引起输出电量变化。如图 1-6 所示的电容压力传感器就属于这种传感器，外加压力变化时，电容极板发生位移，结构改变引起电容值变化，输出电压也发生变化。

物性型传感器是利用物质的物理或化学特性随被测参数变化的原理构成的，一般没有可动结构部分，易小型化，如各种半导体传感器，如图 1-7 所示的物性型光电管。

图 1-6　结构型电容压力传感器

图 1-7　物性型光电管

习惯上常把工作原理和用途结合起来为传感器命名，如电容式压力传感器、电感式位移传感器等。

本书采用第（2）种分类法。

3. 传感器的命名和代号

（1）传感器的命名。传感器的命名由主题词加四级修饰语构成。

主题词——传感器。

第一级修饰语——被测量，包括修饰被测量的定语。

第二级修饰语——转换原理，一般可后加"式"字。

第三级修饰语——特征描述，指必须强调的传感器结构、性能、材料特征、敏感元件及其他必要的性能特征，一般可后加"型"字。

第四级修饰语——主要技术指标（量程、精确度、灵敏度等）。

（2）传感器的代号。传感器的代号依次为主题词（传感器）—被测量—转换原理—序号。

主题词——传感器，代号 C。

被测量——用一个或两个汉语拼音的第一个大写字母标记。

转换原理——用一个或两个汉语拼音的第一个大写字母标记。

序号——用一个阿拉伯数字标记，厂家自定，用来表征产品设计特性、性能参数、产品系列等。

例如：CWY-YB-20

其中，C 表示传感器；WY 表示被测量是位移；YB 表示转换原理是应变式的；20 表示传感器序号。

二、传感器的基本特性

传感器的特性主要是指输出与输入之间的关系，它有静态、动态之分。静特性是指当输入量为常量或变化极慢时，即被测量各个值处于稳定状态时的输入输出关系。动特性是指输入量随时间变化的响应特性。由于动特性的研究方法与控制理论中介绍的研究方法相似，故在本书中不再重复，这里仅介绍传感器静特性的一些指标。

研究传感器总希望输出与输入呈线性关系，但由于存在着误差因素、外界影响等，输入输出不会完全符合所要求的线性关系。传感器的输入输出作用示意图如图 1-8 所示。传感器输入输出作用图中的误差因素就是衡量传感器静态特性的主要技术指标。

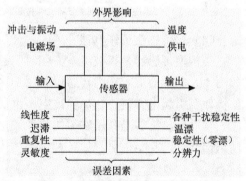

图 1-8　传感器的输入输出作用示意图

1. 线性度

传感器的线性度是指传感器的输出与输入之间关系的线性程度。输出与输入关系可分为线性特性和非线性特性。从传感器的性能看，希望具有线性关系，即具有理想的输出输入关系。但实际遇到的传感器大多为非线性的，如果不考虑迟滞和蠕变等因素，传感器的输出与输入关系可用一个多项式表示，即

$$y=a_0+a_1x+a_2x^2+\cdots+a_nx^n \tag{1-1}$$

式中：a_0——输入量 x 为零时的输出量；

　　　a_1，a_2，$\cdots$，a_n——非线性项系数。

各项系数不同，决定了特性曲线的具体形式各不相同。

静特性曲线可通过实际测试获得。在实际使用中，为标定和数据处理的方便，希望得到线性关系，因此引入各种非线性补偿环节，如采用非线性补偿电路或计算机软件进行线性化处理，从而使传感器的输出与输入关系为线性的或接近线性。但如果传感器非线性的方次不高，输入量变化范围较小时，可用一条直线（切线或割线）近似地代表实际曲线的一段，使传感器输出输入关系性化。所采用的直线称为拟合直线，实际特性曲线与拟合直线之间的偏差称为传感器的非线性误差（或线性度），通常用相对误差 r_L 表示，即

$$r_L = \pm \frac{\Delta L_{\max}}{Y_{FS}} \times 100\% \tag{1-2}$$

式中：$\Delta L_{\max}$——最大非线性绝对误差；

　　　Y_{FS}——满量程输出。

图 1-9 所示为常用的几种直线拟合方法。从图中可以看出，即使是同类传感器，拟合直线不同，其线性度也是不同的。选取拟合直线的方法很多，用最小二乘法求取的拟合直线的拟合精度最高。

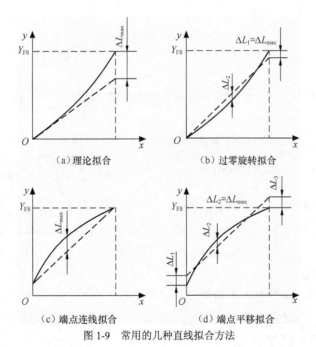

（a）理论拟合　　　　　　　（b）过零旋转拟合

（c）端点连线拟合　　　　　　（d）端点平移拟合

图 1-9　常用的几种直线拟合方法

2. 灵敏度

灵敏度是指传感器的输出量增量 Δy 与引起输出量增量 Δy 的输入量增量 Δx 的比值，用 S 表示，即

$$S=\Delta y/\Delta x \tag{1-3}$$

对于线性传感器，它的灵敏度就是它的静态特性的斜率，即 $S=\Delta y/\Delta x$ 为常数，而非线性传感器的灵敏度为一变量，用 $S=dy/dx$ 表示。传感器的灵敏度如图1-10所示。

3. 迟滞

传感器在正（输入量增大）、反（输入量减小）行程期间其输出/输入特性曲线不重合的现象称为迟滞，如图1-11所示。也就是说，对于同一大小的输入信号，传感器的正反行程输出信号大小不相等。这种现象主要是由于传感器敏感元件材料的物理性质和机械零部件的缺陷所造成的，如弹性敏感元件的弹性滞后、运动部件摩擦、传动机构的间隙、紧固件松动等。

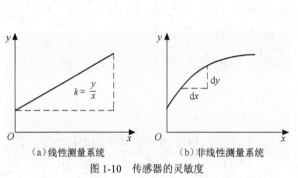

（a）线性测量系统　　　（b）非线性测量系统
图1-10　传感器的灵敏度

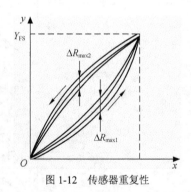

图1-11　传感器迟滞特性

迟滞大小通常由实验确定。迟滞误差 γ_H 可由下式计算：

$$\gamma_H = \pm\frac{\Delta H_{max}}{Y_{FS}}\times 100\% \qquad (1\text{-}4)$$

4. 重复性

重复性是指传感器在输入量按同一方向作全量程连续多次变化时，所得特性曲线不一致的程度，如图1-12所示。重复性误差属于随机误差，常用标准偏差 σ 表示：

$$r_R = \pm\frac{(2\sim3)\sigma}{Y_{FS}}\times 100\% \qquad (1\text{-}5)$$

也可用正、反行程中的最大偏差表示，即

$$r_R = \pm\frac{1}{2}\frac{\Delta R_{max}}{Y_{FS}}\times 100\% \qquad (1\text{-}6)$$

图1-12　传感器重复性

5. 分辨力与阈值

分辨力是指传感器能检测到的被测量的最小增量。分辨力可用绝对值表示，也可用与满量程的百分数表示。当被测量的变化小于分辨力时，传感器对输入量的变化无任何反应。

在传感器输入零点附近的分辨力称为阈值。

对数字仪表而言，如果没有其他附加说明，一般可认为该仪表的最末位数值就是该仪表的分辨力。

6. 稳定性

稳定性包括稳定度和环境影响量两个方面。

（1）稳定度是指传感器在所有条件均不变的情况下，能在规定的时间内维持其示值不变的能力。稳定度是以示值的变化量与时间长短的比值来表示的。例如，某传感器中仪表输出电压在 4h 内的最大变化量为 1.2mV，则用 1.2mV/4h 表示为稳定度。

（2）环境影响量是指由于外界环境变化而引起的示值的变化量。示值变化由两个因素组成：零点漂移和灵敏度漂移。零点漂移是指在受外界环境影响后，已调零的仪表的输出不再为零。灵敏度漂移是由于灵敏度的变化引起的。一定漂移的现象，在测量前是可以发现的，应重新调零；但在不间断测量过程中，零点漂移是附加在读数上的，因而很难发现。

三、自动检测系统

1. 检测的基本概念

检测就是人们借助仪器、设备，利用各种物理效应，采用一定的方法，将客观世界的有关信息，通过检查与测量获取定性或定量信息的认识过程。检测包含检查与测量两个方面，检查往往是获取定性信息，而测量则是获取定量信息。用于检测的仪器和设备的核心部件就是传感器，传感器是感知被测量（多为非电量），并把它转化为电量的一种器件或装置。

2. 自动检测系统的组成

现代的自动检测系统，常常以信息流的过程来划分各个组成部分，一般可分为信息的获得、信息的转换、信息的处理和信息的输出等几个部分。一个完整的自动检测系统，首先应获得被测量的信息，并通过信息的转换把获得的信息变换为电量，然后进行一系列的处理，再用指示仪或显示仪将信息输出，或由计算机对数据进行处理等。

自动检测系统的组成如图 1-13 所示。

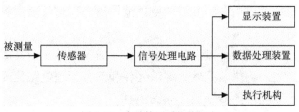

图 1-13　自动检测系统的组成

四、传感器检测技术的发展

（一）传感器的发展方向

如今，传感器技术的主要发展方向：一是开展基础研究，重点研究传感器的新材料和新工艺；二是实现传感器的智能化；三是向集成化方向发展。传感器集成化的一个方向是具有同样功能的传感器集成化，从而使对一个点的测量变成对一个平面和空间的测量。

1. 开发新型传感器

基于利用新发现的材料和新发现的生物、物理、化学效应开发出新型传感器的紧迫性，目前国际上凡出现一种新材料、新元件或新工艺，就会很快地应用于传感器，并研制出一种新的传感器。例如，半导体材料与工艺的发展，促进了一批能测量很多参数的半导体传感器出现；大规模集成电路的设计成功，促进了有测量、运算、补偿功能的智能传感器发展；生物技术的发展，促进了利用生物功能的生物传感器出现。这说明各个学科技术的发展，促进了传感器技术的不断发展；而各种新型传感器的问世，又不断地为各部门的科学技术服务，促使现代科学技术进步。它们是相互依存、相互促进的。利用某些材料的化学反应制成的能识别气体的"电子鼻"传感器，如图 1-14 所示；利用生物效应制成的生物酶血样分析传感器，如图 1-15 所示。

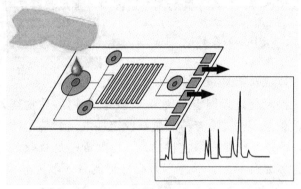

图 1-14　荧光材料制作的"电子鼻"传感器　　　　图 1-15　生物酶血样分析传感器

2. 逐渐向集成化、组合式、数字化方向发展

鉴于传感器与信号调理电路分开，微弱的传感器信号在通过电缆传输的过程中容易受到各种电磁干扰信号的影响，各种传感器输出信号形式众多，使检测仪器与传感器的接口电路无法统一和标准化，实施起来颇为不便。随着大规模集成电路技术与产业的迅猛发展，贴片封装方式、体积大大缩小的通用和专用集成电路应用越来越普遍（见图 1-16 和图 1-17），因此，目前已有不少传感器实现了敏感元件与信号调理电路的集成和一体化，对外直接输出标准的 4～20 mA 电流信号，成为名副其实的变送器。这对检测仪器整机研发与系统集成提供了很大的方便，亦使得这类传感器价格倍增。

另外，一些厂商把两种或两种以上的敏感元件集成于一体，使其成为可实现多种功能的新型组合式传感器。例如，将热敏元件、湿敏元件和信号调理电路集成在一起，便可形成一个可同时完成温度和湿度测量的传感器，如图 1-18 所示。

图 1-16　贴片式 NTC 热敏电阻　　　图 1-17　集成温度传感器 AD590　　　图 1-18　电子式温湿度计

3. 发展智能型传感器

智能型传感器是一种带有微处理器并兼有检测和信息处理功能的传感器。智能型传感器被称为第四代传感器，使传感器具备感觉、辨别、判断、自诊断等功能，是传感器发展的主要方向，如图 1-19 和图 1-20 所示。

实践证明，传感器技术与计算机技术在现代科学技术的发展中有着密切的关系。目前，计算机在很多方面已具有大脑的思维功能，甚至在有些方面的功能已超过了大脑。与此相比，传感器就显得比较落后。也就是说，现代科学技术在某些方面因电子计算机技术与传感器技术未能取得协调发展而面临着许多问题。正因为如此，世界上许多国家都在努力研究各种新型传感器，改进传统的传感器。开发和利用各种新型传感器已成为当前发展科学技术的重要课题。

图 1-19　智能压力网络传感器　　　　　图 1-20　全智能点钞机

近 20 年来，我国的传感器虽然有了较快的发展，且有不少传感器走上了市场，但大多数只能用于测量常用的参数、常用的量程、中等的精度，远远满足不了经济建设的要求。而与国际水平相比，我国的传感器不论在品种、数量、质量等方面，都有较大的差距。为此，努力开发各种新型传感器，以满足我国经济建设的需要，是摆在我国科技工作者面前的紧迫任务。

（二）检测技术的发展趋势

随着世界各国现代化步伐的加快，对检测技术的大量需求与日俱增；而科学技术，尤其是大规模集成电路技术、微型计算机技术、机电一体化技术、微机械和新材料技术的不断进步，则大大促进了现代检测技术的发展。目前，现代检测技术发展总的趋势大体有以下几个方面。

1. 提高检测系统的性能

随着科学技术的不断发展，人们对检测系统的测量精度要求也相应地在提高。近年来，人们研制出许多高精度和宽量程的检测仪器以满足各种需要。人们还对传感器的可靠性和故障率的数学模型进行了大量的研究，使得检测系统的可靠性及寿命大幅度地提高。现在，许多检测系统可以在极其恶劣的环境下连续工作数十万小时。目前，人们正在不断努力以进一步提高检测系统的各项性能指标。

随着自动化程度的不断提高，各行各业的高效率生产更依赖于各种安全可靠的检测、控制设备。努力研制在复杂和恶劣测量环境下能满足用户所需精度要求且能长期稳定工作的检测仪器和检测系统将是检测技术的发展方向之一。例如，对于数控机床（见图 1-21）的检测仪器，要求在振动的环境中也能可靠地工作；在人造卫星（见图 1-22）上安装的检测仪器，不仅要求体积小、重量轻，而且既要能耐高温，又要能在极低温和强辐射的环境下长期稳定工作。因此，所有检测仪器都应有极高的可靠性和尽可能长的使用寿命。

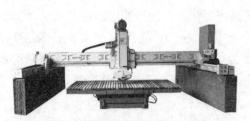

图 1-21　装有磁栅传感器的数控磨床

图 1-22　人造卫星

2. 重视非接触式检测技术研究

在检测过程中，把传感器置于被测对象上，感受被测参量的变化，这种接触式检测方法通常比较直接、可靠，测量精度较高；但在某些情况下，传感器加入会对被测对象的工作状态产生干扰，影响测量的精度。而在有些被测对象上，根本不允许或不可能安装传感器，如测量高速旋转轴的振动、转矩时等。因此，各种可行的非接触式检测技术的研究越来越受到重视。目前已商品化的光电式传感器、电涡流式传感器、超声波检测仪表、红外检测仪表等（见图 1-23 和图 1-24）正是在这些背景下不断发展起来的。今后不仅需要继续改进和克服非接触式（传感器）检测仪器易受外界干扰及绝对精度较低等问题，而且相信对一些难以采用接触式检测或无法采用接触方式进行检测的情况，尤其是那些具有重大军事、经济或其他应用价值的非接触检测技术课题的研究将会不断增加，非接触检测技术的研究、发展和应用步伐都将明显加快。

图 1-23　非接触型手掌静脉身份识别

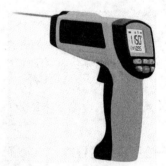

图 1-24　红外测温仪

3. 检测系统智能化

近十年来，包括微处理器、单片机在内的大规模集成电路的成本和价格不断降低，功能和集成度不断提高，使得许许多多以单片机、微处理器或微型计算机为核心的现代检测仪器（系统）实现了智能化，这些现代检测仪器通常具有系统故障自测、自诊断、自调零、自校准、自选量程、自动测试和自动分选、自校正、强大数据处理和统计、远距离数据通信和输入、输出等功能，可配置各种数字通信接口，传递检测数据和各种操作命令等，可方便地接入不同规模的自动检测、控制与管理信息网络系统。与传统检测系统相比，智能化的现代检测系统具有更高的精度和性价比。如智能楼宇，为使建筑物成为安全、健康、舒适、温馨的生活、工作环境，并能保证系统运行的经济性和管理的智能化，在楼宇中应用了许多检测技术，包括闯入监测、空气监测、温度监测、电梯运行状况等，如图 1-25 所示。

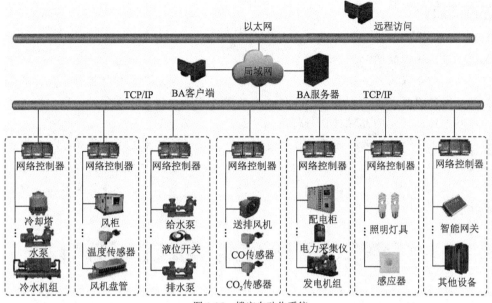

图 1-25 楼宇自动化系统

4. 检测系统网络化

总线和虚拟仪器的应用，使得组建集中和分布式测控系统比较方便，可满足局部或分系统的测控要求，但仍然满足不了远程和范围较大的检测与监控的需要。近十年来，随着网络技术的高速发展，网络化检测技术与具有网络通信功能的现代网络检测系统应运而生。例如，基于现场总线技术的网络化检测系统，由于其组态灵活、综合功能强、运行可靠性高，已逐步取代相对封闭的集中和分散相结合的集散检测系统。又如，面向 Internet 的网络化传感器及检测系统，利用 Internet 丰富的硬件和软件资源，实现远程数据采集与控制、高档智能仪器的远程实时调用及远程监测系统的故障诊断等功能，如图 1-26 所示。

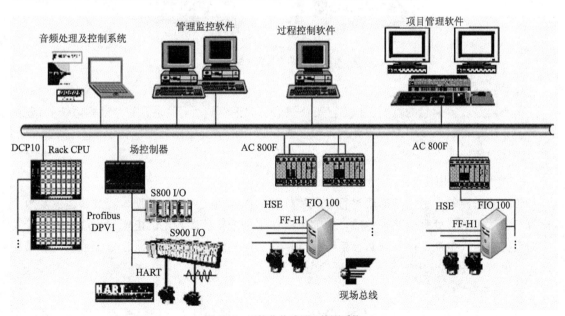

图 1-26 网络化传感器及检测系统

拓展阅读

2021 年 10 月，神舟十三号载人飞船与我国空间站组合体完成交会对接。三名航天员进驻天和核心舱，中国空间站开启有人长期驻留时代。

中国空间站是我国自主研发、制造的空间站。它是一个复杂的智能控制系统。航天员工作和生活空间的温度、湿度、压力、气体成分等参数都是由传感器采集的，传感器把这些信息送到控制系统，使空间站保持良好舒适的状态。

传感器技术、通信技术和计算机技术是现代信息技术的三大支柱。随着以人工智能、5G通信、大数据等为代表的智能化时代的到来，传感器作为重要的元件，得以快速发展。近年来，国家在政策层面给予传感器行业一系列支持，推动了行业技术水平的提升及在重点应用领域的拓展。

项目实施

分析汽车衡称重系统功能

图 1-27 所示为汽车衡称重自动检测系统。

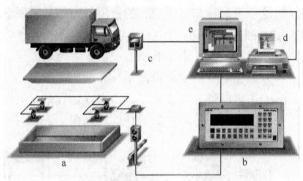

图 1-27　汽车衡称重自动检测系统

1. 传感器

传感器是获得信息的重要手段。它所获得信息的正确与否，关系到整个检测系统的精度，因而在非电量检测系统中占有重要的地位。图 1-27 中的 a 为电阻应变式传感器，它将汽车的重量转化为相应的电信号。

2. 信号处理电路

传感器输出的信号常常需要进行加工和处理，如放大、调制、解调、滤波、运算及数字化等，通常由信号处理电路来完成。它的主要作用是把传感器输出的电学量变成具有一定功率的模拟电压（电流）信号或数字信号，以推动后级的输出显示或记录设备、数据处理装置及执行机构。图 1-27 中的 b 为信号处理电路。

3. 显示装置

测量的目的是使人们了解被测量的数值，所以必须有显示装置。目前常用的显示装置有 4 种：模拟显示、数字显示、图像显示和记录仪。模拟显示是指利用指针对标尺的相对位置来表示读数，如毫伏表、毫安表等；数字显示是指用数字形式来显示读数，目前大多用 LED 或 LCD 数码管来显示；图像显示是指用屏幕显示（CRT）读数或被测参数变化的曲线；记录仪主要用来记录被测量的动态过程的变化情况，如笔式记录仪、光线示波器、打印机等。图 1-27 中的 c 为显示装置，d 为打印机。

4. 数据处理装置和执行机构

数据处理装置用来对被测结果进行处理、运算、分析，对动态测试结果做频谱分析、能量谱分析等，完成这些工作必须使用计算机技术。图 1-27 中的 e 为数据处理装置（微机）。

在自动控制系统中，经信号处理电路输出的与被测量对应的电压或电流信号还可以驱动某些执行机构动作，为自动控制系统提供控制信号。

随着计算机技术的飞速发展，微机在自动检测系统中已经得到了广泛的应用。微机在检测系统中可以控制信号采集，实施快速、多点巡回检测，记录被测信号，处理被测数据，还可以根据要求和被测数据对被测对象进行自动控制等。

 项目拓展

测量是人们借助专门的技术和设备，通过实验的方法，把被测量与单位标准量进行比较，以确定出被测量是标准量的多少倍数的过程，所得的倍数就是测量值。测量结果可用一定的数值表示，也可以用一条曲线或某种图形表示。但无论其表现形式如何，测量结果应包括两部分：比值和测量单位。测量过程的核心就是比较。

一、测量误差的方法

实现被测量与标准量比较得出比值的方法，称为测量方法。针对不同测量任务进行具体分析以找出切实可行的测量方法，对测量工作是十分重要的。

测量从不同角度，有不同的分类方法，下面介绍几种常用的分类方法。

1. 按测量手段分类

按测量手段不同可分为直接测量、间接测量和联立测量。

（1）直接测量。直接测量就是用预先标定好的测量仪表直接读取被测量的测量结果。例如，用万用表测量电压、电流、电阻等。这种测量方法的优点是简单而迅速，缺点是精度一般不高。这种测量方法在工程上应用广泛。

（2）间接测量。间接测量就是利用被测量与某中间量的函数关系，先测出中间量，然后通过相应的函数关系计算出被测量的数值。例如，导线电阻率的测量就是间接测量，由于 $\rho = R\pi d^2/4l$，其中 R、l、d 分别表示导线的电阻值、长度和直径，因此，只有先经过直接测量，得到导线的 R、l、d 以后，再代入 ρ 的表达式，经计算得到最后所需的结果。在这种测量过程中，步骤较多，花费时间较长，有时可以得到较高的测量精度。间接测量多用于科学实验中的实验室测量。

（3）联立测量。联立测量又叫组合测量。如果被测量有多个，而被测量又与其他量存在一定的函数关系，则可先测量这几个量，再求解函数关系组成的联立方程组，从而得到多个被测量的数值。显然，它是一种兼用直接测量和间接测量的方式。例如，在研究热电阻 R_t 随温度 t 变化的规律时，在一定的温度范围内有下列关系式：

$$R_t=R_{20}+\alpha\ (t-20)\ +\beta\ (t-20)^2$$

式中：R_{20}——电阻在20℃时的阻值；

  α、β——电阻的温度系数。

依据此关系式，测出在 t_1、t_2、t_3 3个不同测试温度时导体的电阻 R_{t1}、R_{t2}、R_{t3}，得到联立方程组，通过求解联立方程组便可得到 R_{20}、α、β 的数值。

2. 按测量时是否与被测对象接触分类

根据测量时是否与被测对象相互接触，而划分为接触式测量和非接触式测量。

（1）接触式测量。传感器直接与被测对象接触，承受被测参数的作用，感受其变化，从而获得信号，并测量其信号大小的方法，称为接触式测量法。例如，用体温计测体温等。

（2）非接触式测量。传感器不与被测对象直接接触，而是间接承受被测参数的作用，感受其变化，从而获得信号，并测量其信号大小的方法，称为非接触式测量法。例如，用辐射式温度计测量温度，用光电转速表测量转速等。非接触测量法不干扰被测对象，既可对局部点检测，又可对整体扫描。特别是对于运动对象、腐蚀性介质及危险场合的参数检测，它更方便、安全和准确。

3. 按被测信号的变化情况分类

根据被测信号的变化情况不同，测量可分为静态测量和动态测量。

（1）静态测量。静态测量是测量那些不随时间变化或变化很缓慢的物理量。例如，超市中物品的称重属于静态测量，温度计测气温也属于静态测量。

（2）动态测量。动态测量是测量那些随时间而变化的物理量。例如，地震仪测量振动波形则属于动态测量。

4. 按输出信号的性质分类

根据输出信号的性质不同，测量可分为模拟式测量和数字式测量。

（1）模拟式测量。模拟式测量是指测量结果可根据仪表指针在标尺上的定位进行连续读取的测量方式，如指针式电压表测电压。

（2）数字式测量。数字式测量是指以数字的形式直接给出测量结果的测量方式，如数字式万用表的测量。

5. 按测量方式分类

按测量方式不同，测量可分为偏差式测量、零位式测量与微差式测量。

（1）偏差式测量。用仪表指针的位移（即偏差）决定被测量的量值，这种测量方法称为偏差式测量。应用这种方法测量时，仪表刻度事先用标准器具标定。在测量时，输入被测量，按照仪表指针在标尺上的示值，决定被测量的数值，如指针式电压表测电压，指针式电流表测电流。这种方法的测量过程比较简单、迅速，但测量结果精度较低。

（2）零位式测量。用指零仪表的零位指示检测测量系统的平衡状态，在测量系统平衡时，用已知的标准量决定被测量的量值，这种测量方法称为零位式测量。在测量时，已知标准量直接与被测量相比较，已知量应连续可调，指零仪表指零时，被测量与已知标准量相等，如物理天平、电位差计等。零位式测量的优点是可以获得比较高的测量精度，但测量过程比较复杂，费时较长，不适用于测量迅速变化的信号。

（3）微差式测量。微差式测量是综合了偏差式测量与零位式测量的优点而提出的一种测量方法。它将被测量与已知的标准量相比较，取得差值后，再用偏差法测得此差值。应用这种方法测量时，不需要调整标准量，而只需测量两者的差值。例如，设 N 为标准量，x 为被测量，Δx 为二者之差，则 $x = N + \Delta x$。由于 N 是标准量，其误差很小，因此可选用高灵敏度的偏差式仪表测量 Δx，即使测量 Δx 的精度较低，但因 Δx 值较小，它对总测量值的影响较小，故总的测量精度仍很高。微差式测量的优点是反应快，而且测量精度高，特别适用于在线控制参数的测量。

二、测量误差及表达方式

在一定条件下被测物理量客观存在的实际值，称为真值。真值是一个理想的概念。在实际测量时，由于实验方法和实验设备的不完善、周围环境的影响以及人们认识能力所限等因素，使得测量值与其真值之间不可避免地存在着差异。测量值与真值之间的差值称为测量误差。

测量误差可用绝对误差表示，也可用相对误差表示。

1. 绝对误差

绝对误差是指测量值与真值之间的差值，它反映了测量值偏离真值的多少，即

$$\Delta x = A_x - A_0 \tag{1-7}$$

式中，A_0 为被测量真值；A_x 为被测量实际值。由于真值的不可知性，在实际应用时，常用实际真值（或约定真值）A 代替，即用被测量多次测量的平均值或上一级标准仪器测得的示值作为实际真值，故有

$$\Delta x = A_x - A \tag{1-8}$$

2. 相对误差

相对误差能够反映测量值偏离真值的程度，用相对误差通常比其绝对误差能更好地说明不同测量的精确程度。它有以下 3 种常用形式。

（1）实际相对误差。实际相对误差是指绝对误差 Δx 与被测量真值 A_0 的百分比，用 γ_A 表示，即

$$\gamma_A = \frac{\Delta x}{A_0} \times 100\% \tag{1-9}$$

（2）示值相对误差（标称相对误差）。示值相对误差是指绝对误差 Δx 与被测量实际值 A_x 的百分比，用 γ_x 表示，即

$$\gamma_x = \frac{\Delta x}{A_x} \times 100\% \tag{1-10}$$

（3）引用相对误差（满度相对误差）。引用相对误差是指绝对误差 Δx 与仪表满度值 A_m 的百分比，用 γ_m 表示，即

$$\gamma_m = \frac{\Delta x}{A_m} \times 100\% \tag{1-11}$$

由于 γ_m 是用绝对误差 Δx 与一个常量 A_m（量程上限）的比值所表示的，所以实际上给出

的是绝对误差，这也是应用最多的表示方法。当 $|\Delta x|$ 取最大值时，其引用相对误差常用来确定仪表的准确度等级 S，准确度等级数值就是取 γ_m 绝对值并省略百分号得到的。例如，若 $\gamma_m=1.5\%$，则准确度等级 $S=1.5$ 级。准确度等级 S 规定取一系列标准值。我国模拟仪表有 7 种等级：0.1、0.2、0.5、1.0、1.5、2.5、5.0。它们分别表示对应仪表的引用相对误差所不应超过的百分比。例如，用 5.0 级的仪表测量，其绝对误差的绝对值不会超过仪表量程的 5%。引用相对误差中的分子、分母均由仪表本身性能所决定，所以它是衡量仪表性能优劣的一种简便实用的方法。

例 1.1 某温度计的量程范围为 0～500℃，校验时该温度计的最大绝对误差为 6℃，试确定该仪表的准确度等级。

解： 根据题意知 $|\Delta x|_m=6℃$，$A_m=500℃$，代入式（1-11）中可得

$$\gamma_m=\frac{|\Delta x|_m}{A_m}\times100\%=\frac{6}{500}\times100\%=1.2\%$$

该温度计的基本误差介于 1.0% 与 1.5% 之间，因此该表的准确度等级应定为 1.5 级。

例 1.2 现有 0.5 级的 0～300℃和 1.0 级的 0～100℃的两个温度计，欲测量 80℃的温度，试问选用哪一个温度计好？为什么？

解： 0.5 级温度计测量时可能出现的最大绝对误差、测量 80℃可能出现的最大示值相对误差分别为

$$|\Delta x|_{m1}=\gamma_{m1}\cdot A_{m1}=0.5\%\times(300-0)=1.5\ （℃）$$

$$\gamma_{x1}=\frac{|\Delta x|_{m1}}{A_x}\times100\%=\frac{1.5}{80}\times100\%=1.875\%$$

1.0 级温度计测量时可能出现的最大绝对误差、测量 80℃时可能出现的最大示值相对误差分别为

$$|\Delta x|_{m2}=\gamma_{m2}\cdot A_{m2}=1.0\%\times(100-0)=1\ （℃）$$

$$\gamma_{x2}=\frac{|\Delta x|_{m2}}{A_x}\times100\%=\frac{1}{80}\times100\%=1.25\%$$

计算结果表明，用 1.0 级温度计测量比用 0.5 级温度计测量时的示值相对误差小。因此，在选用仪表时，不能单纯追求高精度，而是应兼顾准确度等级和量程。

对于同一仪表，所选量程不同，可能产生的最大绝对误差也不同。而当仪表准确度等级选定后，测量值越接近满度值时，测量相对误差越小，测量越准确。因此，一般情况下应尽量使指针处在仪表满度值的 2/3 以上区域。但该结论只适用于正向线性刻度的一般电工仪表。对于万用表电阻挡等这样的非线性刻度电工仪表，应尽量使指针处于满度值的 1/2 左右的区域。

三、测量误差的分类

1. 按误差呈现的规律划分

根据测量数据中的误差所呈现的规律，将误差分为 3 种，即系统误差、随机误差和粗大误差。这种分类方法便于测量数据的处理。

（1）系统误差。对同一被测量进行多次重复测量时，若误差固定不变或者按照一定规律变化，则这种误差称为系统误差。

系统误差是有规律的。按其表现的特点可分为固定不变的恒值系差和遵循一定规律变化的变值系差。系统误差一般可通过实验或分析的方法，查明其变化的规律及产生的原因，因此它是可以预测的，也是可以消除的。例如，标准量值的不准确及仪表刻度的不准确而引起的误差即为系统误差。

（2）随机误差。对同一被测量进行多次重复测量时，若误差的大小随机变化、不可预知，则这种误差称为随机误差。随机误差是在测量过程中，许多独立的、微小的、偶然的因素引起的综合结果。

对随机误差的某个单值来说，是没有规律、不可预料的，但从多次测量的总体上看，随机误差又服从一定的统计规律，大多数服从正态分布规律。因此可以用概率论和数理统计的方法，从理论上估计其对测量结果的影响。

（3）粗大误差。测量结果明显地偏离其实际值所对应的误差，称为粗大误差或疏忽误差，又叫过失误差。这类误差是由于测量者疏忽大意或环境条件的突然变化而引起的。例如，测量人员工作时疏忽大意，出现了读数错误、记录错误、计算错误或操作不当等。另外，测量方法不恰当，测量条件意外地突然变化，也可能造成粗大误差。

含有粗大误差的测量值称为坏值或异常值。坏值应从测量结果中剔除。

2. 按被测量与时间的关系划分

（1）静态误差。被测量稳定不变时所产生的测量误差称为静态误差。

（2）动态误差。被测量随时间迅速变化时，系统的输出量在时间上却跟不上输入的变化，这时所产生的误差称为动态误差。

此外，按测量仪表的使用条件分类，可将误差分为基本误差和附加误差；按测量技能和手段分类，误差又可分为工具误差和方法误差等。

项目小结

本项目主要学习有关传感器的概念、基本特性、检测技术的相关概念，以及误差理论等内容，重点是传感器的结构组成、基本特性及相对误差的概念。

传感器与检测技术几乎渗透到人类的一切活动领域,在国民经济中占有极其重要的地位。

1. 传感器是一种能够感觉外界信息并按一定规律将其转换成可用输出信号的器件或装置，一般由敏感元件、转换元件和转换电路 3 部分组成，有时还要加上辅助电源。

2. 传感器的静态特性反映了输入信号处于稳定状态时的输出输入关系。衡量静态特性的主要指标有精确度、稳定性、灵敏度、线性度、迟滞和可靠性等。传感器的动态特性是指传感器对于随时间变化的输入信号的响应特性。

3. 作为一个完整的自动检测系统，首先应获得被测量的信息，并通过信息的转换把获得的信息变换为电量，然后进行一系列的处理，再用指示仪或显示仪将信息输出，或由计算机对数据进行处理等。

4. 测量就是通过实验对客观事物取得定量数值的过程。测量方法有多种分类：直接测量、间接测量和联立测量；静态测量和动态测量；接触式测量和非接触式测量；模拟式测量和数字式测量等。测量误差是客观存在的，可用绝对误差、相对误差和引用误差表示。按照误差的规律，主要包括系统误差和随机误差。

 项目训练

一、单项选择题

1. 某压力仪表厂生产的压力表引用相对误差均控制在 0.4%～0.6%，该压力表的准确度等级应定为（　　）级，另一家仪器厂需要购买压力表，希望压力表的引用相对误差小于 0.9%，应购买（　　）级的压力表。

 A. 0.2   B. 0.5   C. 1.0   D. 1.5

2. 传感器中直接感受被测量的部分是（　　）。

 A. 转换元件   B. 转换电路   C. 敏感元件   D. 调理电路

3. 属于传感器静态特性指标的是（　　）。

 A. 固有频率   B. 临界频率   C. 重复性   D. 阻尼比

4. 重要场合使用的元器件或仪表，购入后需进行高、低温循环老化试验，其目的是（　　）。

 A. 提高精度   B. 加速其衰老

 C. 测试其各项性能指标   D. 提高可靠性

5. 有一温度计，它的测量范围为 0～200℃，精度为 0.5 级，该温度计可能出现的最大绝对误差为（　　）。

 A. 1℃   B. 0.5℃   C. 10℃   D. 200℃

6. 某采购员分别在 3 家商店购买 100kg 大米、10kg 苹果、1kg 巧克力，发现均缺少约 0.5kg，但该采购员对卖巧克力的商店意见最大，在这个例子中，产生此心理作用的主要因素是（　　）。

 A. 绝对误差   B. 示值相对误差

 C. 引用相对误差   D. 准确度等级

7. 欲测 240V 左右的电压，要求测量示值相对误差的绝对值不大于 0.6%，若选用量程为 250V 的电压表，其精度应选（　　）级。

 A. 0.25   B. 0.5   C. 0.2   D. 1.0

二、简答题

1. 传感器由哪几部分组成？各自的作用是什么？

2. 传感器是如何分类的？

3. 传感器的型号由哪几部分组成？各部分有何意义？

4. 传感器静态特性主要有哪些？

5. 检测系统由哪几部分组成？请说明各部分的作用。

6. 测量的定义是什么？如何表示测量结果？

7. 测量方法是如何分类的？它们各有什么特点？

8．测量误差有哪几种表示方法？分别写出其表达式。

9．根据误差呈现的规律，将误差分为哪几种？每种误差有什么特点？

三、计算题

1．某线性位移测量仪，当被测位移由 4.5mm 变到 5.0mm 时，位移测量仪的输出电压由 3.5V 减至 2.5V，求该仪器的灵敏度。

2．有一温度计，它的测量范围为 0～200℃，精度为 0.5 级，求：当示值分别为 20℃、100℃时的示值相对误差。

3．某测温系统由以下 4 个环节组成，各自的灵敏度如下：

铂电阻温度传感器：0.45Ω/℃

电桥：　　　　　　0.02V/Ω

放大器：　　　　　100（放大倍数）

笔式记录仪：　　　0.2cm/V

求：（1）测温系统的总灵敏度；

　　（2）记录仪笔尖位移 4cm 时，所对应的温度变化值。

四、分析题

1．现有精度为 0.5 级的电压表，有 150V 和 300V 两个量程，欲测量 110V 的电压，问采用哪　个量程为宜？为什么？

2．欲测 240V 左右的电压，要求测量示值相对误差的绝对值不大于 0.6%。问：若选用量程为 250V 的电压表，其精度应选用哪一级？若选用量程为 300V 和 500V 的电压表，其精度应选用哪一级？

项目二

简易电子秤——调试电阻应变式传感器

 项目描述

　　超市里的电子秤是大家非常熟悉的称重设备，如图 2-1 所示。它不但体积小，而且功能强，给超市工作人员提供了很大的方便。

　　这种电子秤是在简易电子秤的基础上加上数据处理芯片和相应的应用软件构成的，所以简易电子秤是电子秤的基础，而简易电子秤的核心部分是贴在悬臂梁上的应变片。本项目主要介绍电阻应变式传感器的工作原理（电阻应变效应）及相关传感器，从而更好地理解电子秤的工作原理。

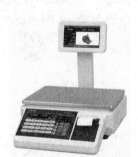

图 2-1　电子秤

知识和能力目标

◎ 熟悉常用弹性敏感元件及其特性。

◎ 掌握电阻应变片的结构、粘贴工艺。

◎ 能正确利用电阻应变片构成相应的电桥电路。

◎ 掌握电桥的调试方法和步骤，能分析和处理信号电路的常见故障。

 知识准备

一、弹性敏感元件

　　物体在外力作用下改变原来尺寸或形状的现象称为变形。若外力去掉后物体又能完全恢复其原来的尺寸或形状，则这种变形称为弹性变形。具有弹性变形特性的物体称为弹性元件。

　　弹性元件在传感器技术中占有极其重要的地位。它首先把力、力矩或压力转换成相应的应变或位移，然后配合各种形式的传感元件，将被测力、力矩或压力变换成电量。

根据弹性元件在传感器中的作用，可以分为两种类型：弹性敏感元件和弹性支承元件。前者感受力、力矩、压力等被测参数，并通过它将被测量变换为应变、位移等，也就是通过它把被测参数由一种物理状态转换为另一种所需要的物理状态，故称为弹性敏感元件。

（一）弹性敏感材料的弹性特性

作用在弹性敏感元件上的外力与由该外力所引起的相应变形（应变、位移或转角）之间的关系称为弹性元件的弹性特性，其主要特性如下。

1. 刚度

刚度是弹性敏感元件在外力作用下抵抗变形的能力。其计算公式如下：

$$k = \lim_{\Delta x \to 0} \frac{\Delta F}{\Delta x} = \frac{dF}{dx} \tag{2-1}$$

在图 2-2 中，弹性特性曲线上某点 A 的刚度可通过 A 点作曲线的切线求得，此切线与水平线夹角的正切就代表该元件在 A 点处的刚度，即 $k = \tan\theta = dF/dx$。如果弹性特性是线性的，则它的刚度是一个常数。当测量较大的力时，必须选择刚度大的弹性元件，使 x 不致太大。

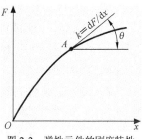

图 2-2　弹性元件的刚度特性

2. 灵敏度

灵敏度就是弹性敏感元件在单位力作用下产生变形的大小。它是刚度的倒数，即

$$K = \frac{dx}{dF} \tag{2-2}$$

与刚度相似，如果弹性元件的弹性特性是线性的，则灵敏度为常数；若弹性特性是非线性的，则灵敏度为变数。

3. 弹性滞后

实际的弹性元件在加载和卸载的正、反行程中变形曲线是不重合的，这种现象称为弹性滞后现象，如图 2-3 所示。

曲线 1 是加载曲线，曲线 2 是卸载曲线，曲线 1、2 所包围的范围称为滞环。产生弹性滞后的主要原因是弹性敏感元件在工作过程中分子间存在内摩擦，并造成零点附近的不灵敏区。

4. 弹性后效

弹性敏感元件所加载荷改变后，不是立即完成相应的变形，而是在一定时间间隔内逐渐完成变形的现象称为弹性后效现象。由于弹性后效的存在，弹性敏感元件的变形不能迅速地随作用力的改变而改变，引起测量误差。如图 2-4 所示，当作用在弹性敏感元件上的力由 0 快速地加载到 F_0 时，弹性敏感元件的变形首先由 0 迅速增加至 x_1，然后在载荷未改变的情况下继续变形直到 x_0 为止。由于弹性后效现象的存在，弹性敏感元件的变形始终不能迅速地跟上力的改变。

5. 固有振动频率

弹性敏感元件的动态特性与它的固有振动频率 f_0 有很大的关系，固有振动频率通常由实验测得。传感器的工作频率应避开弹性敏感元件的固有振动频率。

在实际选用或设计弹性敏感元件时，常常遇到线性度、灵敏度、固有振动频率之间相互矛盾、相互制约的问题，因此必须根据测量的对象和要求加以综合考虑。

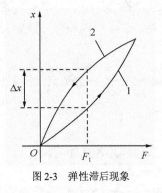

图 2-3　弹性滞后现象

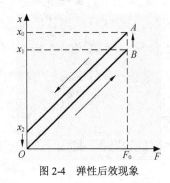

图 2-4　弹性后效现象

（二）弹性敏感元件的材料及其基本要求

对弹性敏感元件材料的基本要求有以下几项。

（1）具有良好的机械特性（强度高、抗冲击、韧性好、疲劳强度高等）和良好的机械加工及热处理性能。

（2）良好的弹性特性（弹性极限高、弹性滞后和弹性后效小等）。

（3）弹性模量的温度系数小且稳定，材料的线膨胀系数小且稳定。

（4）抗氧化性和抗腐蚀性等化学性能良好。

国外选用的弹性敏感元件材料种类繁多，一般使用合金结构钢，如中碳铬镍钼钢、中碳铬锰硅钢、弹簧钢等。我国通常使用合金钢，有时也使用碳钢、铜合金和铌基合金。其中，65Mn 锰弹簧钢、35CrMnSiA 合金结构钢、40Cr 铬钢都是常用材料，50CrMnA 铬锰弹簧钢和50CrVA 铬钒弹簧钢由于具有良好的力学性能，可用于制作承受交变载荷的弹性敏感元件。此外，镍铬结构钢、镍铬钼结构钢、铬钼钒工具钢也是优良的弹性敏感元件材料。铍青铜由于其弹性好，强度高，弹性滞后和蠕变小，抗磁性好，耐腐蚀，焊接性能好，使用温度可达100～150℃，因此也是常用的材料。特殊情况下，也使用石英玻璃、单晶硅及陶瓷材料等。

（三）变换力的弹性敏感元件

变换力的弹性敏感元件是指输入量为力 F、输出量为应变或位移的弹性敏感元件。常用的变换力的弹性敏感元件有实心轴、空心轴、等截面圆环、变截面圆环（变形圆形）、等截面悬臂梁、等强度悬臂梁、变截面悬臂梁（变形悬臂梁）、扭转轴等，如图 2-5 所示。

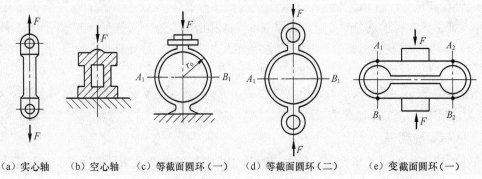

（a）实心轴　　　（b）空心轴　　　（c）等截面圆环（一）　　（d）等截面圆环（二）　　（e）变截面圆环（一）

图 2-5　变换力的弹性敏感元件

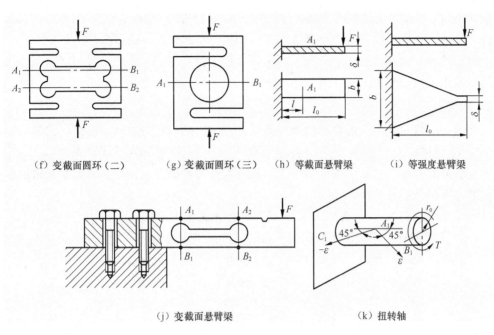

（f）变截面圆环（二）　　（g）变截面圆环（三）　　（h）等截面悬臂梁　　（i）等强度悬臂梁

（j）变截面悬臂梁　　　　　　（k）扭转轴

图 2-5　变换力的弹性敏感元件（续）

1. 等截面轴

等截面轴分为空心的和实心的两种。

（1）实心等截面轴又称柱式弹性敏感元件，简称实心轴，如图 2-5（a）所示。在力的作用下，它的位移量很小，所以往往用它的应变作为输出量，在它的表面粘贴应变片，可以将应变进一步变换为电量。设轴的横截面积为 A，轴材料的弹性模量为 E，材料的泊松比为 μ，当实心轴承受轴向拉力或压力 F 时，轴向应变（有时也称为纵向应变）ε_x 为

$$\varepsilon_x = \frac{\Delta l}{l} = \frac{F}{AE} \tag{2-3}$$

与轴向垂直方向的径向应变（有时也称为横向应变）ε_y 为

$$\varepsilon_y = \frac{\Delta r}{r} = -\mu\varepsilon_x = -\frac{\mu F}{AE} \tag{2-4}$$

实心轴的特点是加工方便，加工精度高，但灵敏度小，适用于载荷较大的场合。

（2）空心轴如图 2-5（b）所示，它在同样的截面积下，轴的直径可加大，可提高轴的抗弯能力。

当被测力较大时，一般多用钢材料制作弹性敏感元件，钢的弹性模量约为 2×10^{11} Pa。当被测力较小时，可用铝合金或铜合金。铝的弹性模量约为 0.7×10^{11} Pa。材料越软，弹性模量也越小，其灵敏度也越高。

2. 环状弹性敏感元件

环状弹性敏感元件多做成等截面圆环，如图 2-5（c）、（d）所示。圆环受力后较易变形，因而多用于测量较小的力。当力 F 作用在圆环上时，环上的 A_1、B_1 点处可产生较大的应变。当环的半径比环的厚度大得多时，A_1 点内、外表面的应变大小相等、符号相反。

图 2-5（e）所示为变截面圆环，与上述圆环不同之处是增加了中间过载保护缝隙。它的

线性较好，加工方便，抗过载能力强。在该环的 A_1 点至 B_1 点（或 A_2 点至 B_2 点）可得到较大的应变，且内、外表面的应力大小相等、符号相反。目前研制出许多变形的环状弹性敏感元件（变截面圆环），如图 2-5（f）、（g）所示。它们的特点是加工方便、过载能力强、线性好等。其厚度决定灵敏度的大小。

3. 悬臂梁

悬臂梁是一端固定、一端自由的弹性敏感元件。它的特点是灵敏度高。它的输出可以是应变，也可以是挠度（位移）。由于它在相同力作用下的变形比等截面轴及圆环都大，所以多应用于较小力的测量。根据它的截面形状，又可以分为等截面悬臂梁、等强度悬臂梁和变截面悬臂梁。下面介绍前两种。

（1）等截面悬臂梁。图 2-5（h）所示为等截面悬臂梁的主视图及俯视图。当力 F 以图 2-5（h）所示的方向作用于悬臂梁的末端时，梁的上表面产生应变，下表面也产生应变。对于任一指定点来说，上、下表面的应变大小相等、符号相反。设梁的截面厚度为 δ，宽度为 b，总长为 l_0，则在距离固定端 l 处沿长度方向的应变为

$$\varepsilon = \frac{6(l_0 - l)}{Eb\delta^2}F \tag{2-5}$$

从式（2-5）可知，最大应变产生在梁的根部，该部位是结构最薄弱处。在实际应用中，还常把悬臂梁自由端的挠度作为输出，在自由端装上电感传感器、电涡流传感器或霍尔传感器等，就可进一步将挠度变为电量。

（2）等强度悬臂梁。从上面分析可知，在等截面悬臂梁的不同部位产生的应变是不相等的，在设计传感器时必须精确计算粘贴应变片的位置。如图 2-5（i）所示，设梁的长度为 l_0，根部宽度为 b，则梁上任一点沿长度方向的应变为

$$\varepsilon = \frac{6l_0}{Eb\delta^2}F \tag{2-6}$$

由分析可知，当梁的自由端有力 F 作用时，沿梁的整个长度上的应变处处相等，即它的灵敏度与梁长度方向坐标无关，因此称其为等强度悬臂梁。

必须说明的是，这种变截面梁的根部必须有一定的宽度才能承受作用力。图 2-5（j）所示为变截面悬臂梁，它加工方便，刚度较好，实际应用时多采用类似结构。

4. 扭转轴

专门用于测量力矩的弹性敏感元件称为扭转轴，如图 2-5（k）所示。力矩 T 由作用力 F 和力臂 L［图 2-5（k）中力臂为 r_0］组成，$T=FL$，力矩的单位为牛·米（N·m）。

使机械部件转动的力矩叫作转动力矩，简称转矩。任何部件在转矩的作用下，必须产生某种程度的扭转变形。因此，习惯上又常把转动力矩叫作扭转力矩。在各类回转机械试验和检测中，力矩通常是一个重要的必测参数。

在转矩 T 的作用下，扭转轴的表面将产生拉伸或压缩应变。在轴表面上与轴线成 45°方向［见图 2-5（k）中的 A_1B_1 方向］的应变为

$$\varepsilon = \frac{2T}{\pi E r_0^3}(1+\mu) \tag{2-7}$$

而 A_1C_1 方向上的应变系数值与式（2-7）相等，但符号相反。

（四）变换压力的弹性敏感元件

在工业生产中，经常需要测量气体或液体的压力。变换压力的弹性敏感元件形式很多，如图 2-6 所示。由于这些元件的变形计算复杂，故本节只对它们进行定性分析。

1. 弹簧管

弹簧管又称波登管（法国人波登发明），它是弯成各种形状（大多数弯成 C 形）的空心管子。它的一端固定、一端自由，如图 2-6（a）所示。弹簧管能将压力转换为位移，它的工作原理如下所述。

弹簧管截面形状多为椭圆形或更复杂的形状，压力 p 通过弹簧管的固定端导入弹簧管的内腔，弹簧管的另一端（自由端）由盖子与传感器的传感元件相连。在压力作用下，弹簧管的截面力图变成圆形，截面的短轴力图伸长，长轴缩短。截面形状的改变导致弹簧管趋向伸直，一直到与压力的作用相平衡为止［见图 2-6（a）中的双点画线］。由此可见，利用弹簧管可以把压力变换为位移。C 形弹簧管的刚度较大，灵敏度较小，但过载能力较强，因此常作为测量较大压力的弹性敏感元件。

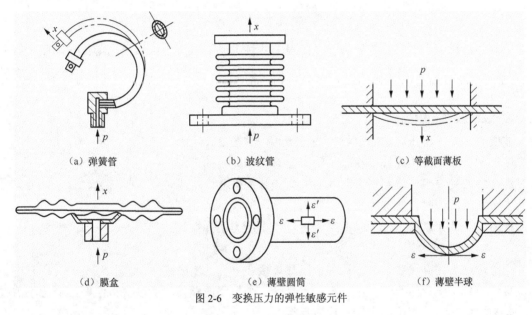

(a) 弹簧管　　　(b) 波纹管　　　(c) 等截面薄板

(d) 膜盒　　　(e) 薄壁圆筒　　　(f) 薄壁半球

图 2-6　变换压力的弹性敏感元件

2. 波纹管

波纹管是一种表面上由许多同心环波纹构成的薄壁圆管。它的一端与被测压力相通，另一端密封，如图 2-6（b）所示。波纹管在压力作用下将伸长或缩短，所以利用波纹管可以把压力变换成位移，它的灵敏度比弹簧管高得多。在非电量测量中，波纹管的直径为 12～160mm，被测压力范围为 10^2～10^6 Pa。

3. 等截面薄板

等截面薄板又称平膜片，如图 2-6（c）所示。它是周边固定的圆薄板。当它的上、下两面受到均匀分布的压力时，薄板的位移或应变为零。将应变片粘贴在薄板表面，可以组成电阻应变式压力传感器，利用薄板的位移（挠度）可以组成电容式、霍尔式压力传感器。等截面薄板沿直线方向上各点的应变是不同的。设膜片的半径为 r_0，在 R 小于 $r_0/\sqrt{3}$ 处的圆心附近，径向应变 ε_R 是正的（拉应变）；在 $R = r_0 / \sqrt{3} \approx 0.58\, r_0$ 处，$\varepsilon_R = 0$；在 R 大于 $r_0 / \sqrt{3}$ 边缘区域，径向应变 ε_R 是负的（压应变），如图 2-7 所示。圆心附近及膜片的边缘区域的应变均较大，但符号相反，这一特性在压阻式传感器中得到应用。

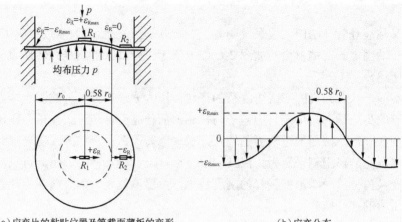

（a）应变片的粘贴位置及等截面薄板的变形　　　　　（b）应变分布

图 2-7　等截面薄板的各点应变

等截面薄板中心的位移与压力 p 之间呈非线性关系。只有当位移量比薄板的厚度小得多时才能获得较小的非线性误差。例如，当中心位移量等于薄板厚度的 1/3 时，非线性误差可达 5%。

4. 波纹膜片和膜盒

波纹膜片是一种压有同心波纹的圆形薄膜，如图 2-8 所示。为了便于和传感元件相连接，在膜片中央留有一个光滑的部分，有时还在中心处焊接一块圆形金属片，称为膜片的硬心。当膜片弯向压力低的一侧时，能够将压力变换为位移。波纹膜片比等截面薄板即平膜片柔软得多，因此多用于测量较小压力的弹性敏感元件。

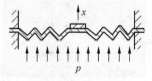

图 2-8　波纹膜片

为了进一步提高灵敏度，常把两个膜片焊接在一起，制成膜盒[见图 2-6（d）]。它中心的位移量为单个膜片的两倍。由于膜盒本身是一个封闭的整体，所以密封性好，周边不需固定，安装方便，它的应用比波纹膜片广泛得多。

膜片的波纹形状可以有很多种，图 2-8 所示的是锯齿波纹，有时也采用正弦波纹。波纹的形状对膜片的输出特性有影响。在一定的压力作用下，正弦波纹膜片给出的位移最大，但线性较差；锯齿波纹膜片给出的位移最小，但线性较好；梯形波纹膜片的特性介于上述两者之间，膜片厚度通常为 0.05～0.5mm。

5. 薄壁圆筒和薄壁半球

它们的外形如图 2-6（e）、（f）所示，厚度一般为直径的 1/20 左右，内腔与被测压力相通，均匀地向外扩张，产生拉伸应力和应变。圆筒的应变在轴向和圆筒方向上是不相等的，而薄壁半球在轴向的应变是相同的。

二、电阻应变式传感器

（一）电阻应变效应与应变片

电阻应变片是能将被测试件的应变量转换成电阻变化量的敏感元件。它是基于电阻应变效应而制成的。

1. 电阻应变效应

导体、半导体材料在外力作用下发生机械形变，导致其电阻值发生变化的物理现象称为电阻应变效应。

设一根金属丝的长度为 l、截面积为 S、电阻率为 ρ，如图 2-9 所示。其电阻的阻值 R 为

$$R = \rho \frac{l}{S} \tag{2-8}$$

当金属丝受拉时，其长度伸长 $\mathrm{d}l$，横截面将相应减小 $\mathrm{d}S$，电阻率也将改变 $\mathrm{d}\rho$，这些量的变化，必然引起金属丝电阻改变 $\mathrm{d}R$，即

$$\mathrm{d}R = \frac{\rho}{S}\mathrm{d}l - \frac{\rho l}{S^2}\mathrm{d}S + \frac{l}{S}\mathrm{d}\rho \tag{2-9}$$

令 $\dfrac{\mathrm{d}l}{l} = \varepsilon_x$，$\varepsilon_x$ 为金属丝的轴向应变量；$\dfrac{\mathrm{d}r}{r} = \varepsilon_y$，$\varepsilon_y$ 为金属丝的径向应变量。

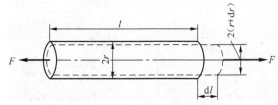

图 2-9　金属丝伸长后的几何尺寸变化

根据材料力学原理，金属丝受拉时，沿轴向伸长，而沿径向缩短，二者之间应变的关系为

$$\varepsilon_y = -\mu\varepsilon_x \tag{2-10}$$

$$\frac{\mathrm{d}R}{R} = (1+2\mu)\varepsilon_x + \frac{\mathrm{d}\rho}{\rho} \tag{2-11}$$

令

$$K = \frac{\mathrm{d}R/R}{\varepsilon_x} = (1+2\mu) + \frac{\mathrm{d}\rho/\rho}{\varepsilon_x}$$

式中，K 为金属丝的灵敏度，表示金属丝产生单位变形时，电阻相对变化的大小。显然，K 值越大，单位变形引起的电阻相对变化越大，故灵敏度越高。

金属丝的灵敏度 K 受两个因素影响。

第 1 项 $(1+2\mu)$，它是由于金属丝受拉伸后，材料的几何尺寸发生变化而引起的。

第 2 项 $\dfrac{\mathrm{d}\rho/\rho}{\varepsilon_x}$，它是由材料电阻率变化所引起的。对于金属材料，该项要比 $(1+2\mu)$ 小得多，可以忽略，即金属丝电阻的变化主要由材料的几何形变引起。故 $K \approx (1+2\mu)$。而半导体材料的 $(\mathrm{d}\rho/\rho)/\varepsilon_x$ 项的值比 $(1+2\mu)$ 大得多。

试验证明，在金属丝变形的弹性范围内，电阻的相对变化 $\mathrm{d}R/R$ 与应变 ε_x 是成正比的，即

$$\frac{\mathrm{d}R}{R} = K\varepsilon_x \tag{2-12}$$

2. 电阻应变片的结构与类型

（1）电阻应变片基本结构。电阻应变片由敏感栅、基片、覆盖层和引线等部分组成。其中，敏感栅是电阻应变片的核心部分，它是用直径约为 0.025mm 的具有高电阻率的电阻丝制成的，为了获得高的电阻值，电阻丝排列成栅网状，故称为敏感栅。将敏感栅粘贴在绝缘的基片上，两端焊接引出导线，其上再粘贴上保护用的覆盖层，即可构成电阻丝式应变片。其基本结构如图 2-10 所示。图中，L 为敏感栅沿轴向测量变形的有效长度（即应变片的栅距），b 为敏感栅的宽度（即应变片的基宽）。

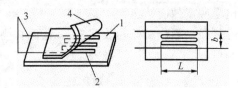

1—基片　2—敏感栅　3—引线　4—覆盖层

图 2-10　电阻丝式应变片基本结构

（2）电阻应变片的类型。电阻应变片主要有金属应变片和半导体应变片两类。

① 金属应变片有丝式、箔式、薄膜式 3 种，其结构如图 2-11 所示。

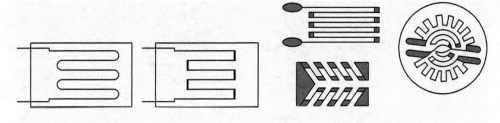

（a）金属丝式应变片　　　　　　　　　　（b）金属箔式应变片

图 2-11　金属应变片

其中金属丝式应变片使用最早，有纸基型、胶基型两种。金属丝式应变片蠕变较大，金属丝易脱落，但因其价格便宜，广泛用于应变、应力的大批量、一次性、低精度的试验。

金属箔式应变片是通过光刻、腐蚀等工艺，将电阻箔片在绝缘基片上制成各种图案而形成的应变片，其厚度通常在 0.001～0.01mm。因其面积比金属丝大得多，散热效果好，通过电流大，横向效应小，柔性好，寿命长，工艺成熟，且适于大批量生产，而得到广泛使用。

金属薄膜式应变片是薄膜技术发展的产物。它采用真空蒸或真空沉积法等在薄的绝缘基片上形成 0.1μm 以下的金属电阻材料薄膜敏感栅，最后加上保护层，易实现工业批量生产，是一种很有前途的新型应变片。实际上，通常将金属薄膜式应变片与传感器的弹性体制成一个不可分割的整体，即在传感器弹性体的应变敏感部位表面上首先沉积形成很薄的绝缘层，然后在其上面沉积薄膜应变片的图形，然后再覆上一层保护层。由于金属薄膜式应变片与传感器的弹性体之间只有一层超薄绝缘层（厚度仅为几纳米），很容易通过弹性体散热，因此允许通过比其他种类应变片更大的电流，并可以获得更高的输出和更佳的稳定性。这种应变片的电阻值比金属箔式应变片高，形状和尺寸也比金属箔式应变片更小、更精确，没有金属箔式应变片因腐蚀所引入的疵病，制成的结构散热好，对有较宽的温度范围，也可达到较完善的补偿。

② 半导体应变片（见图 2-12）是用半导体材料作为敏感栅而制成的，其灵敏度高（一般比金属丝式、箔式应变片高几十倍），横向效应小，故它的应用日趋广泛。

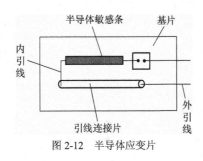

图 2-12　半导体应变片

3. 应变片的参数

应变片的参数主要有以下几项。

（1）标准电阻值（R_0）。标准电阻值指的是在无应变（即无应力）的情况下的电阻值，单位为欧姆（Ω），主要规格有 60、90、120、150、350、600、1 000 等。

（2）绝缘电阻（R_G）。应变片绝缘电阻是指已粘贴的应变片的引线与被测试件之间的电阻值，通常要求在 50～100 MΩ 以上。R_G 的大小取决于黏合剂及基片材料的种类及固化工艺，在常温条件下要采取必要的防潮措施，而在中温或高温条件下，要注意选取电绝缘性能良好的黏合剂和基片材料。

（3）灵敏度（K）。灵敏度是指应变片安装到被测物体表面后，在其轴线方向上的单位应力作用下，应变片阻值的相对变化与被测物表面上安装应变片区域的轴向应变之比。

（4）应变极限（ξ_{max}）。在恒温条件下，使非线性达到 10%时的真实应变值，称为应变极限。应变极限是衡量应变片测量范围和过载能力的指标。

（5）允许电流（I_e）。允许电流是指应变片允许通过的最大电流。

（6）机械滞后、蠕变及零漂。机械滞后是指所粘贴的应变片在温度一定时，在增加或减少机械应变过程中真实应变与约定应变（即同一机械应变量下所指示的应变）之间的最大差值。蠕变是指已粘贴好的应变片，在温度一定并承受一定机械应变时，指示应变值随时间变化而产生变化。零漂是指已粘贴好的应变片，在温度一定且又无机械应变时，指示应变值发生变化。表 2-1 为几种国产金属电阻应变片技术数据。

表 2-1　　　　　　　　　几种国产金属电阻应变片技术数据

型号	PBD7-1K 型	PBD6-350 型	PBD7-120 型	KSN-6-350-E3-23	KSP-3-F2-11	MS105-350
材料	P 型单晶硅	P 型单晶硅	P 型单晶硅	N 型单晶硅	N 型+P 型单晶硅	P 型单晶硅
硅条尺寸 /mm×mm ×mm	7×0.4×0.05	6×0.4×0.08	7×0.4×0.08	6×0.25（长×宽）	3×0.6(N)3×0.3(P)	19×0.5×0.02
电阻值 /Ω	1 000 （1±5%）	350（1±5%）	120（1±5%）	350	120	350
灵敏度基 片材料	140（1±5%） 酚醛树脂	150（1±5%） 酚醛树脂	120（1±5%） 酚醛树脂	−110 酚醛树脂	210 酚醛树脂	127 环氧树脂

续表

基片尺寸/mm×mm	10×7	10×7	10×7	10×4.5	10×4	25.4×12.7
电阻温度系数/（1/℃）	<0.4%	<0.3%	<0.16%	—	—	
灵敏度温度系数/（1/℃）	<0.3%	<0.28%	<0.17%	—	—	
极限工作温度/℃	100	100	100			
允许电流/mA	15	15	25			
生产国别	中国	中国	中国	日本	日本	美国
备注				温度自补偿型，适用于铝合金	两元件温度补偿型，适用于普通钢试件	硅片薄，挠性好，可贴在直径为25mm的圆柱面上

4. 应变片的粘贴技术

应变片在使用时通常是用黏合剂粘贴在弹性元件或试件上，正确地粘贴工艺对保证粘贴质量、提高测试精度起着重要的作用。因此在粘贴应变片时，应严格按粘贴工艺要求进行，基本步骤如下。

（1）应变片的检查。对所选用的应变片进行外观和电阻的检查。观察线栅或箔栅的排列是否整齐、均匀，是否有锈蚀及短路、断路和折弯现象。测量应变片的电阻值，检查阻值、精度是否符合要求，对桥臂配对用的应变片，电阻值要尽量一致。

（2）试件的表面处理。为了保证一定的黏合强度，必须将试件表面处理干净，清除杂质、油污及表面氧化层等。粘贴表面应保持平整，表面光滑。最好在表面打光后，采用喷砂处理，面积为应变片的3～5倍。

（3）确定贴片位置。在应变片上标出敏感栅的纵、横向中心线，粘贴时应使应变片的中心线与试件的定位线对准。

（4）粘贴应变片。用甲苯、四氯化碳等溶剂清洗试件表面和应变片表面，然后在试件表面和应变片表面上各涂一层薄而均匀的黏合剂，将应变片粘贴到试件的表面上。同时，在应变片上加一层玻璃纸或透明的塑料薄膜，并用手轻轻滚动压挤，将多余的胶水和气泡排出。

（5）固化处理。根据所使用的黏合剂的固化工艺要求进行固化处理和时效处理。

（6）粘贴质量检查。检查粘贴位置是否正确，黏合层是否有气泡和漏贴，有无短路、断路现象，应变片的电阻值有无较大的变化。应变片与被测物体之间的绝缘电阻应进行检查，一般应大于200MΩ。

（7）引出线的固定与保护。将粘贴好的应变片引出线用导线焊接好，为防止应变片电阻丝和引出线被拉断，需用胶布将导线固定在被测物体表面，且要处理好导线与被测物体之间的绝缘问题。

（8）防潮防蚀处理。为防止因潮湿引起绝缘电阻变小、黏合强度下降，或因腐蚀而损坏应变片，应在应变片上涂一层凡士林、石蜡、蜂蜡、环氧树脂、清漆等，厚度一般为1～2mm。

（二）测量转换电路

1. 应变片测量应变的基本原理

用应变片测量应变或应力时，根据上述特点，在外力作用下，被测对象产生微小机械变形，应变片随之发生相同的变化，同时应变片电阻值也发生相应变化。当测得应变片电阻值变化量ΔR时，便可得到被测对象的应变值。根据应力与应变的关系，得到应力值σ为

$$\sigma = E \cdot \varepsilon \qquad (2\text{-}13)$$

式中：σ——试件的应力；

ε——试件的应变；

E——试件材料的弹性模量。

由此可知，应力值σ正比于应变ε，而试件应变ε正比于电阻值的变化，所以应力σ正比于电阻值的变化，这就是利用应变片测量应变的基本原理。

2. 测量转换电路的工作原理及特性

由于机械应变一般在$10\sim3\,000\mu\varepsilon$，而应变灵敏度$K$值较小，因此电阻相对变化是很小的，用一般测量电阻的仪表是难直接测出来的，必须用专门的电路来测量这种微弱的变化，最常用的电路为直流电桥和交流电桥。下面以直流电桥电路为例，简要介绍其工作原理及有关特性。

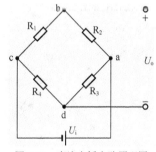

图2-13　直流电桥电路原理图

（1）直流电桥电路。如图2-13所示，直流电桥电路的4个桥臂是由R_1、R_2、R_3、R_4组成，其中a、c两端接直流电压U_i，而b、d两端为输出端，其输出电压为U_o。在测量前，取$R_1R_3 = R_2R_4$，输出电压$U_o=0$。当桥臂电阻发生变化，且$\Delta R_i \ll R_i$，在电桥输出端的负载电阻为无限大时，电桥输出电压可近似表示为

$$U_o = \frac{R_1 R_2}{(R_1 + R_2)^2}\left(\frac{\Delta R_1}{R_1} - \frac{\Delta R_2}{R_2} + \frac{\Delta R_3}{R_3} - \frac{\Delta R_4}{R_4}\right)U_i \qquad (2\text{-}14)$$

一般采用全等臂形式，即$R_1=R_2=R_3=R_4=R$，上式可变为

$$U_o = \frac{U_i}{4}\left(\frac{\Delta R_1}{R_1} - \frac{\Delta R_2}{R_2} + \frac{\Delta R_3}{R_3} - \frac{\Delta R_4}{R_4}\right) \qquad (2\text{-}15)$$

（2）电桥工作方式。根据可变电阻在电桥电路中的分布方式，电桥的工作方式有以下3种类型。

① 半桥单臂工作方式。即只有一个应变片接入电桥，在工作时，其余3个桥臂电阻的阻值没有变化（即$\Delta R_2 = \Delta R_3 = \Delta R_4 = 0$），如图2-14（a）所示。设$R_1$为接入的应变片的阻值，测量时的变化为$\Delta R$，电桥的输出电压为

$$U_o = \frac{U_i}{4} \cdot \frac{\Delta R}{R} \tag{2-16}$$

灵敏度为
$$K = \frac{U_i}{4}$$

② 半桥双臂工作方式。如图 2-14（b）所示，在试件上安装两个工作应变片，一个受拉应变，一个受压应变，接入电桥相邻桥臂，称为半桥差动电路，电桥的输出电压为

$$U_o = \frac{U_i}{2} \cdot \frac{\Delta R}{R} \tag{2-17}$$

灵敏度为
$$K = \frac{U_i}{2}$$

U_o 与 $\Delta R/R$ 呈线性关系，差动电桥无非线性误差，而且电桥电压灵敏度 $K=U_i/2$，比单臂工作时提高了一倍，同时还具有温度补偿作用。

③ 全桥四臂工作方式。若将电桥四臂接入 4 片应变片，如图 2-14（c）所示，即两个受拉应变，两个受压应变，将两个应变符号相同的接入相对桥臂上，构成全桥差动电路。电桥的 4 个桥臂的电阻值都发生变化，电桥的输出电压为

$$U_o = \frac{\Delta R U_i}{R} \tag{2-18}$$

灵敏度为
$$K = U_i$$

此时全桥差动电路不仅没有非线性误差，而且电压灵敏度是单片的 4 倍，且仍具有温度补偿作用。

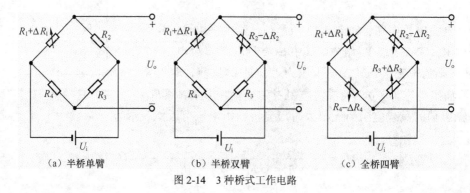

（a）半桥单臂　　　　　　（b）半桥双臂　　　　　　（c）全桥四臂

图 2-14　3 种桥式工作电路

（3）电桥的线路补偿。

① 零点补偿。在无应变的状态下，要求电桥的 4 个桥臂电阻值相同是不可能的，这样就使电桥不能满足初始平衡条件（即 $U_o \neq 0$）。为了解决这一问题，可以在一对桥臂电阻乘积较小的任一桥臂中串联一个可调电阻进行调节补偿。如图 2-15 所示，当 $R_1R_3 < R_2R_4$ 时，可在 R_1 或 R_3 桥臂上接入 R_P，使电桥输出达到平衡。

② 温度补偿。环境温度的变化也会引起电桥电阻的变化，导致电桥的零点漂移，这种因温度变化产生的误差称为温度误差。产生的原因有：电阻应变片的电阻温度系数不一致；应变片材料与被测试件材料的线膨胀系数不同，使应变片产生附加应变。因此有必要进行温度补偿，以减少或消除由此而产生的测量误差。电阻应变片的温度补偿方法通常有线路补偿法和应变片自补偿两大类。

在只有一个应变片工作的桥路中，可用应变片自补偿法，即在另一块和被测试件结构材料相同而不受应力的补偿块上贴上和工作应变片规格完全相同的补偿应变片，使补偿块和被测试件处于相同的温度环境，工作应变片和补偿应变片分别接入电桥的相邻两臂，如图 2-16所示。由于工作应变片和补偿应变片所受温度相同，则两者产生的热应变相等。因为是处于电桥的两臂，所以不影响电桥的输出。应变片自补偿法的优点是简单、方便，在常温下补偿效果比较好；缺点是温度变化梯度较大时，比较难以掌握。

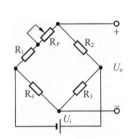

图 2-15　串联可调电阻补偿

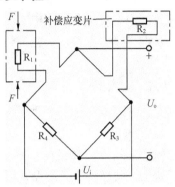

图 2-16　采用应变片自补偿的温度补偿

当测量桥路处于半桥双臂和全桥四臂工作方式时，电桥相邻两臂受温度影响，同时产生大小相等、符号相同的电阻增量而互相抵消，从而达到桥路温度自补偿的目的。

 拓展阅读

我国的衡器行业是一个具有漫长发展历史的传统产业和重要的基础行业。多年以来，衡器产品都是以机械衡器为主。20 世纪 80 年代，我国开始扩大对电子衡器的使用和对大型自动衡器的研制。电子秤是现代传感器技术发展的产物，现如今已朝着小型化、模块化、集成化、智能化、综合性和组合性的方向发展。

目前，我国电子秤企业以技术为先导、以质量为中心、以管理为基础，不断提高制造技术与制造工艺水平，稳定产品质量，现在已经进入国际市场，参与国际竞争，占据了重要的地位并收到了良好的经济效益。

项目实施

一、了解简易电子秤的工作原理

简易电子秤结构如图 2-17 所示，采用梁式结构。当力 F（如苹果的重力）以垂直方向作用于电子秤中的铝质悬臂梁的末端时，梁的上表面产生拉应变，下表面产生压应变，上、下表面的应变大小相等、符号相反。粘贴在上、下表面的应变片也随之拉伸和缩短，得到正负相间的电阻值的变化，接入桥路后，就能产生输出电压。

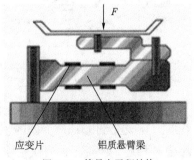

图 2-17　简易电子秤结构

（应变片　铝质悬臂梁）

二、调试电阻应变式传感器

1. 实训原理

根据电阻应变效应，简易电子秤输出电压信号，通过对电路调节使电路输出的电压值为质量对应值，电压量纲（V）改为质量量纲（g），即成为一台简易电子秤。

2. 实训器件与单元

本实训项目需用器件与单元：电阻应变式传感器实训模块、电阻应变式传感器、砝码、±15V 电源、±4V 电源、数显表（主控箱电压表）。

3. 实训步骤

（1）安装电子秤。按照图 2-18 所示正确安装电子秤。

（2）将电阻应变式传感器装入电阻应变式传感器实训模块上。传感器中各应变片已接入模块左上方的 R_1、R_2、R_3、R_4，如图 2-19 所示，各应变片初始阻值 $R_1 = R_2 = R_3 = R_4 = 350\Omega$。

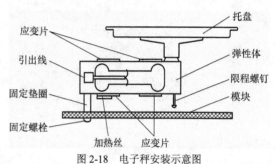

图 2-18　电子秤安装示意图

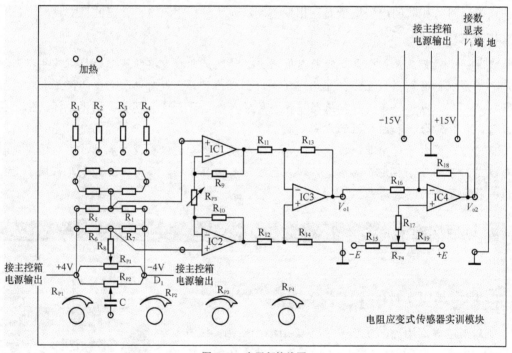

图 2-19　电子秤接线图

（3）差动放大器调零。首先将实训模块增益电位器 R_{P3} 顺时针调到底（即此时放大器增益最大）。然后将差动放大器的正、负输入端相连并与地短接，输出端与主控箱上的电压表输入端 V_i 相连。检查无误后从主控箱上接入模块电源 ±15V 及地线。合上主控箱电源开关，调节实训模块上的调零电位器 R_{P4}，使电压表显示为零（电压表的切换开关打到 2V 挡）。关闭主控箱电源。

R_{P4} 的位置一旦确定，就不能改变，一直到做完实训为止。

（4）电桥调零。适当调小增益电位器 R_{P3}（顺时针旋转 3～4 圈，电位器最大可顺时针旋转 5 圈），按图 2-18 将电阻应变式传感器的 4 个应变片（即模块左上方的 R_1、R_2、R_3、R_4）接入电桥，接上桥路电源±4V（从主控箱引入），同时，将模块左上方拨段开关拨至左边直流（直流挡和交流挡调零电阻阻值不同）。检查接线无误后，合上主控箱电源开关。调节电桥调零电位器 R_{P1}，使数显表显示 0.00V。

（5）将 10 只砝码全部置于传感器的托盘上，调节电位器 R_{P3}（增益即满量程调节），使数显表显示为 0.200V（2V 挡测量）或-0.200V。

（6）拿去托盘上的所有砝码，调节电位器 R_{P4}（零位调节），使数显表显示为 0.000V 或-0.000V。

（7）重复（5）、（6）步骤的标定过程，一直到精确为止，把电压量纲 V 改为质量量纲 g，就可以将其作为一台简易的电子秤进行称重了。

（8）把砝码依次放在托盘上，并将砝码的质量和对应的数显表显示数值填入表 2-2 中。

表 2-2   数据记录表

质量/g										
电压/mV										

项目拓展

电阻应变片除直接用于测量机械、仪器及工程结构等的应力、应变外，还常与某种形式的弹性敏感元件相配合专门制成各种电阻应变式传感器来测量力、压力、扭矩、位移和加速度等物理量。

一、应变式测力与荷重传感器

电阻应变式传感器的最大用武之地是在称重和测力领域。这种测力与荷重传感器由应变计、弹性元件、测量电路等组成。根据弹性元件结构形式（柱形、筒形、环形、梁式、轮辐式等）和受载性质（拉、压、弯曲、剪切等）的不同，它可分为许多种类，如柱式、梁式、环式等。常见的应变式测力与荷重传感器实物图如图 2-20 所示。

（a）外形   （b）悬臂梁   （c）汽车衡称重

图 2-20 应变式测力与荷重传感器实物图

（1）柱式测力与荷重传感器。柱式测力与荷重传感器的特点是应变片粘贴在弹性体外壁应力分布均匀的中间部分，对称地粘贴多片，电桥连接时考虑减小载荷偏心和弯矩影响。横向贴片作温度补偿用。贴片在圆柱面上的展开位置及其在桥路中的连接如图 2-21 所示。柱式测力与荷重传感器结构简单、紧凑，可承受很大载荷。用柱式测力与荷重传感器可制成称重式料位计，如图2-22所示。

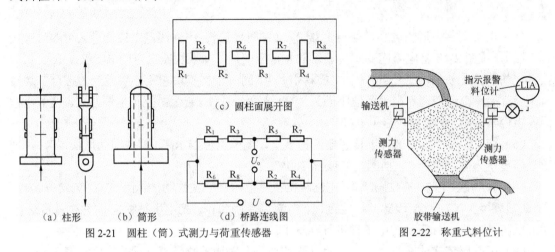

（a）柱形　　（b）筒形　　（c）圆柱面展开图　　（d）桥路连线图

图2-21　圆柱（筒）式测力与荷重传感器

图2-22　称重式料位计

（2）梁式测力与荷重传感器。常用的梁式测力与荷重传感器有等截面梁应变式测力与荷重传感器、等强度梁应变式测力与荷重传感器及一些特殊梁式测力与荷重传感器（如双端固定梁、双孔梁、单孔梁应变式测力与荷重传感器等）。梁式测力与荷重传感器结构较简单，一般用于测量500kg以下的载荷。与柱式测力与荷重传感器相比，其应力分布变化大，有正有负。

二、应变式压力传感器

应变式压力传感器主要用于测量流体的压力。根据其弹性体的结构形式可分为单一式和组合式两种。图2-23所示为筒形应变式压力传感器。在流体压力 p 作用于筒体内壁时，筒体空心部分发生变形，产生周向应变 ε_c，测出 ε_c 即可算出压力 p。这种压力传感器结构简单，制造方便，常用于较大压力测量。

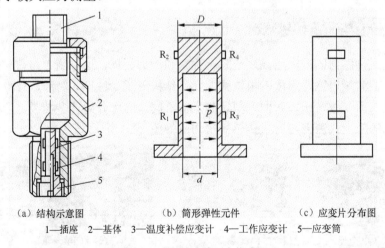

（a）结构示意图　　（b）筒形弹性元件　　（c）应变片分布图

1—插座　2—基体　3—温度补偿应变计　4—工作应变计　5—应变筒

图2-23　筒形应变式压力传感器

三、应变式位移传感器

应变式位移传感器是把被测位移量转变成弹性元件的变形和应变，然后通过应变计和应变电桥，输出正比于被测位移的电量。它可用于近测或远测静态或动态的位移量。图 2-24（a）所示为国产 YW 型应变式位移传感器结构。这种传感器由于采用了悬臂梁-螺旋弹簧串联的组合结构，因此它适用于 10～100mm 位移的测量。其工作原理如图 2-24（b）所示。从图中可以看出，4 片应变片分别贴在悬臂梁根部的正、反两面；拉伸弹簧的一端与测量杆相连，另一端与悬臂梁上端相连。测量时，当测量杆随被测件产生位移 d 时，就要带动弹簧，使悬臂梁弯曲变形产生应变；其弯曲应变量与位移量呈线性关系。

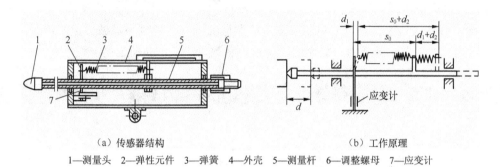

（a）传感器结构　　　　　　　　　（b）工作原理

1—测量头　2—弹性元件　3—弹簧　4—外壳　5—测量杆　6—调整螺母　7—应变计

图 2-24　YW 型应变式位移传感器

四、应变式加速度传感器

图 2-25 所示为应变式加速度传感器的结构图。在应变梁 2 的一端固定惯性质量块 1，梁的上、下粘贴应变片 4，传感器内腔充满硅油，以产生必要的阻尼。测量时，将传感器壳体与被测对象刚性连接，当被测物体以加速度 a 运动时，质量块受到一个与加速度方向相反的惯性力作用，使悬臂梁变形，该变形被粘贴在悬臂梁上的应变片感受到并随之产生应变，从而使应变片的电阻发生变化。电阻的变化引起应变片组成的桥路出现不平衡，从而输出电压，即可得出加速度 a 值的大小。

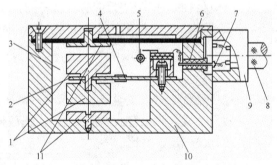

1—质量块　2—应变梁　3—硅油阻尼液　4—应变片　5—温度补偿电阻　6—绝缘套管
7—接线柱　8—电缆　9—压线板　10—壳体　11—保护块

图 2-25　应变式加速度传感器结构

 项目小结

通过本项目的学习，重点掌握弹性敏感元件的作用、电阻应变效应；电阻应变片结构、粘贴工艺；电桥的工作方式及特点等。

1．弹性敏感元件在传感器技术中占有极其重要的地位。它首先把力、力矩或压力转换成相应的应变或位移，然后配合各种形式的传感元件，将被测力、力矩或压力转换成电量。

2．导体、半导体材料在外力作用下发生机械形变，导致其电阻值发生变化的物理现象称为电阻应变效应。应变片主要有金属应变片和半导体应变片两类。

3．根据可变电阻在电桥电路中的分布方式，电桥的工作方式有3种类型：半桥单臂工作方式、半桥双臂工作方式和全桥四臂工作方式。应变式电阻传感器采用测量电桥，把应变电阻的变化转换成电压或电流变化。

4．电阻应变式传感器是基于电阻应变效应制造的一种测量微小机械变量的传感器，它是目前用于测量力、力矩、压力、加速度、质量等参数最广泛的传感器之一。

项目训练

一、填空题

1．弹性敏感元件将_____或_____变换成_____或_____。

2．弹性元件形式上基本分成两大类，即把力变换成应变或位移的_____和把压力变换成应变或位移的_____。

3．导体或半导体材料在外界力作用下产生机械变形，其_____发生变化的现象称为电阻应变效应。

4．按照敏感栅材料不同，应变片可分为_____和_____两种。

5．金属应变片可分为_____、_____和_____ 3种。

6．电桥电路可分为_____、_____、_____，属于差动工作方式的是_____和_____。

二、简答题

1．金属电阻应变片与半导体材料的电阻应变效应有什么不同？

2．简述电阻式应变片的粘贴步骤。对于多个电阻式应变片在粘贴时其粘贴位置、方向应注意哪些问题？

三、计算题

1．采用阻值为120Ω、灵敏度系数 K=2.0 的金属电阻应变片和阻值为120Ω 的固定电阻组成电桥，供桥电压为4V，并假定负载电阻无穷大。当应变片上的应变分别为1和1 000时，试求单臂、双臂和全桥工作时的输出电压，并比较3种情况下的灵敏度。

2．图 2-26 所示为一直流电桥电路图，供电电源电动势 E=3V，R_3=R_4=100Ω，R_1 和 R_2 为同型号的电阻应变片，其电阻均为50Ω，灵敏度系数 K=2.0。两只应变片分别粘贴于等强度悬臂梁同一截面的正、反两面。设等强度悬臂梁在受力后产生的应变为5 000，试求此时电桥输出端电压 U_o。

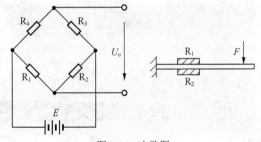

图 2-26　电路图

项目三

投入式液位计——测试半导体压阻式传感器

 项目描述

投入式液位计（见图 3-1）广泛应用于环保、水利、电厂、城市供排水、水文勘探等领域的水位测量与控制。它使用方便，监测精度高，能够为管理者和维修人员提供准确的数据支持。

投入式液位计是基于所测液体静压与该液体的高度成比例的原理，采用半导体压阻式传感器（简称"压阻式传感器"）将静压转化成标准电信号的（一般为 4～20mA/1～5V DC），所以又称为压阻式压力传感器、静压液位计、液位变送器等。

本项目主要介绍压阻式传感器的工作原理（压阻效应）以及相关传感器。

图 3-1　投入式液位计

知识和能力目标

◎ 掌握半导体压阻效应的原理。

◎ 掌握压阻式传感器的基本结构和工作原理。

◎ 能正确理解半导体压阻效应和金属应变效应的区别。

◎ 掌握扩散型压阻式传感器的特性和应用。

 知识准备

压阻式传感器具有灵敏度高、动态响应快、测量精度高、稳定性好、工作温度范围宽等特点，因此获得广泛的应用，而且发展非常迅速。同时由于它易于批量生产，能够方便地实现微型化、集成化，甚至可以在一块硅片上将传感器和计算机处理电路集成在一起，制成智能型传感器，因此这是一种具有发展前途的传感器。

一、半导体压阻效应

1. 压阻效应

当固体材料在某一方向承受应力时，其电阻率（或电阻值）发生变化的现象，称为压阻效应。

2. 半导体压阻效应

半导体（单晶硅）晶片受到外力作用，产生肉眼无法察觉的极微小应变，其原子结构内部的电子能级状态发生变化，从而导致其电阻率产生剧烈的变化，表现在由其材料制成的电阻器阻值发生极大变化，这种现象称为半导体压阻效应，有时简称压阻效应。

当力作用于硅晶体时，晶体的晶格产生变形，使载流子从一个能谷向另一个能谷散射，引起载流子的迁移率发生变化，扰动了载流子纵向和横向的平均量，从而使硅的电阻率发生变化。这种变化随晶体的取向不同而异，因此硅的压阻效应与晶体的取向有关。

电阻应变效应的分析也适用于半导体电阻材料。

$$\frac{\mathrm{d}R}{R} = (1+2\mu)\varepsilon + \frac{\mathrm{d}\rho}{\rho} \qquad (3\text{-}1)$$

硅的压阻效应不同于金属应变效应，前者电阻随压力的变化主要取决于电阻率的变化，后者电阻的变化则主要取决于几何尺寸的变化（应变），而且前者的灵敏度比后者大 50～100 倍。因此，对于金属材料来说，$\mathrm{d}\rho/\rho$ 比较小；但对于半导体材料，$\mathrm{d}\rho/\rho \gg (1+2\mu)\,\varepsilon$，即因机械变形引起的电阻变化可以忽略，电阻的变化率主要是由电阻率 ρ 引起的。

由半导体理论可知：

$$\frac{\Delta R}{R} \approx \frac{\Delta \rho}{\rho} = \pi E\varepsilon = \pi\sigma \qquad (3\text{-}2)$$

式中：π——沿某晶向的压阻系数；

σ——沿某晶向的应力；

E——半导体材料的弹性模量。

影响压阻系数大小的主要因素是扩散杂质的表面浓度和环境温度。压阻系数随扩散杂质浓度的增加而减小；表面杂质浓度相同时，P 型硅的压阻系数值比 N 型硅的（绝对）值高，因此选 P 型硅有利于提高敏感元件的灵敏度。当表面杂质浓度较低时，随着温度的升高，压阻系数下降较快；当提高表面杂质浓度时，随着温度的升高，压阻系数下降趋缓。

由式（3-2）可知，半导体材料的灵敏度 K 为

$$K = \frac{\mathrm{d}R/R}{\varepsilon} = \pi E$$

在弹性变形限度内，硅的压阻效应是可逆的，即在应力作用下硅的电阻发生变化，而当应力除去时，硅的电阻又恢复到原来的数值。虽然半导体压敏电阻的灵敏度比金属高很多，但有时还觉得不够高，因此，为了进一步增大灵敏度，压敏电阻常常扩散（安装）在薄的硅膜上，压力的作用先引起硅膜的形变，形变使压敏电阻承受应力，该应力比压力直接作用在

压敏电阻上产生的应力要大得多，好像硅膜起了放大作用一样。

3. 固态压敏电阻的分类

利用半导体压阻效应制成的电阻称为固态压敏电阻，也称为力敏电阻。用固态压敏电阻制成的器件有两类：一种是利用半导体材料制成粘贴式的应变片，称为体型半导体应变片；另一种是在半导体的基片上用集成电路的工艺制成扩散型压敏电阻，用它作为传感器元件制成的传感器，称为固态压阻式传感器，也称为扩散型压阻式传感器。

二、压阻式传感器的结构和工作原理

（一）体型半导体应变片

1. 结构形式及特点

体型半导体应变片是从单晶硅或锗切下薄片制成的，其基本结构形式如图 3-2 所示。体型半导体应变片的主要优点是灵敏度大，横向效应和机械滞后极小；但温度稳定性和线性度比金属电阻应变片差得多。

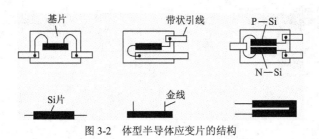

图 3-2　体型半导体应变片的结构

2. 测量电路

半导体应变电桥的非线性误差很大，故半导体应变电桥除了提高桥臂比、采用差动电桥等措施外，一般还采用恒流源，如图 3-3 所示。

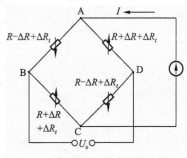

图 3-3　恒流源供电的全桥差动电路

假设两个支路的电阻相等，即

$$R_{ABC} = R_{ADC} = 2(R + \Delta R_t) \qquad (3-3)$$

故有

$$I_{ABC} = I_{ADC} = \frac{1}{2} I$$

电桥的输出为

$$
\begin{aligned}
U_o &= U_{BD} \\
&= \frac{1}{2} I(R + \Delta R + \Delta R_t) - \frac{1}{2} I(R - \Delta R + \Delta R_t) \\
&= I \Delta R
\end{aligned}
\qquad (3-4)
$$

电桥的输出电压与电阻变化成正比，与恒流源电流成正比，但与温度无关，因此测量不受温度的影响。

若用恒压源给电桥供电，设扩散电阻起始阻值都为 R，当有应力作用时，两个电阻阻值增加，另两个减小；温度变化引起的阻值变化为 ΔR_t，经分析可知：

$$U_0=U\Delta R/（R+\Delta R_t）\tag{3-5}$$

式中：R——应变片阻值；

ΔR——应变片阻值变化；

ΔR_t——环境温度变化引起的阻值的变化。当 $\Delta R_t\neq0$ 时，U_0 与 ΔR_t 是非线性关系，因此恒压源供电不能消除温度影响。

（二）扩散型压阻式传感器

1. 扩散型压阻式传感器结构

扩散型压阻式传感器主要由外壳、硅膜片和引线组成，其结构如图 3-4 所示。扩散型压阻式传感器的核心部分是一块圆形或方形的硅膜片（通常称为硅杯）。在硅膜片上，利用集成电路工艺制作了 4 个阻值相等的电阻。硅膜片的表面用 SiO_2 薄膜加以保护，并用铝质导线作全桥的引线，硅膜片底部被加工成中间薄（用于产生应变）、周边厚（起支撑作用）的形状，如图 3-4（b）、（c）所示。

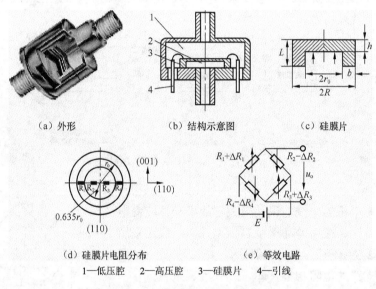

（a）外形　　　　　　（b）结构示意图　　　　　（c）硅膜片

（d）硅膜片电阻分布　　　　　（e）等效电路

1—低压腔　2—高压腔　3—硅膜片　4—引线

图 3-4　扩散型压阻式传感器结构

硅膜片在高温下用玻璃胶黏剂粘贴在热胀冷缩系数相近的玻璃基板上。将硅膜片和玻璃基板紧密地安装到壳体中，就制成了扩散型压阻式传感器，其外形如图 3-4（a）所示。

2. 测量原理

硅膜片一般设计成周边固定的圆形，将两个气腔隔开。一端接被测压力，为高压腔，另一端接参考压力，为低压腔，如图 3-4（b）所示。

硅膜片直径与厚度比为 20～60，在圆形硅膜片（N 型）一定区域内扩散 4 条 P 型杂质电阻条，并接成全桥，其中两条位于压应力区，另两条处于拉应力区，相对于膜片中心对称，两条受拉应力的电阻条与另两条受压应力的电阻条构成全桥，当存在压差时，硅膜片产生变形，使两对电阻的阻值发生变化，电桥失去平衡，其输出电压反映膜片承受的压差的大小。

3. 扩散型压阻式传感器的特点

扩散型压阻式传感器的主要优点有体积小、结构简单、动态响应好、灵敏度高、固有频率高、工作可靠、测量范围宽、重复性好等，能测出十几帕斯卡的微压。它是一种比较理想、目前发展和应用较为迅速的压力传感器，特别适合用于在中、低温度条件下的中、低压测量。其主要缺点是测量准确度受到非线性和温度的影响。但智能压阻式传感器可利用微处理器对非线性和温度进行补偿。

拓展阅读

固态压阻传感器首先由国外研制，并用于航空等军事工业中，由于其自身的优点十分引人注目，因此，近年来，美、日、德、法、英等许多仪器仪表制造厂纷纷研制生产。

我国从 70 年代初开始研究并取得了较好的成果，压阻传感器本身已经历了结构型、物性型、智能型 3 个发展阶段。随着科学技术，特别是微电子和计算机技术的发展，压阻传感器的灵敏度、精度和可靠性及信息传输功能大大提高，从而扩大了人们对各种现象和过程的观测范围和控制范围。

项目实施

一、了解投入式液位计的工作原理

投入式液位计是在液位传感器的基础上把与液位深度成正比的液体静压力测量出来，并经过放大电路转换成标准电流电压信号输出，建立起输出电信号与液位深度的线性对应关系，实现对液体深度的测量。

该传感器在结构上采用了防水导线与不锈钢外壳密封连接，通气管在电缆内与外界相通，内部结构有防结露设计，具有良好的稳定性和可靠性。其工作原理示意图如图 3-5 所示。

安装高度 h_0 处水的表压 $p_1=\rho g h_1$，则液位高度 $h=h_0+h_1=h_0+p_1/(\rho g)$。

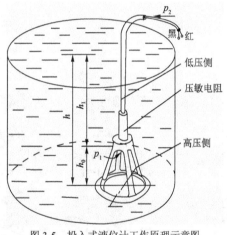

图 3-5　投入式液位计工作原理示意图

二、测试压阻式压力传感器

1. 实训原理

压阻式压力传感器是利用单晶硅的压阻效应制成的。当膜片受到外界压力作用，电桥失去平衡时，若对电桥加激励电源（恒流和恒压），便可得到与被测压力成正比的输出电压，从而达到测量压力的目的。

2. 实训器件与单元

本实训项目需用器件与单元：压力源，压力表，压阻式压力传感器，压力传感器实训模块，流量计，连接导管，电压表，直流稳压电源±4V、±15V。

3. 实训步骤

（1）根据图 3-6 连接管路和电路。主机箱内的气源部分，压缩泵、储气箱、流量计已接好。引压胶管一端插入主机箱面板上气源的快速接口中（注意管子拆卸时请用双指按住气源快速接口边缘往内压，则可轻松拉出），另一端口与压力传感器相连。

（2）实验模块接入模块电源±15V，检查无误后，合上电源开关。实验模块上 R_{W2} 用于调节零位，R_{W1} 可调节放大倍数。将显示选择开关拨到 20V 挡，反复调节 R_{W2}（R_{W1} 旋到满度的 1/3）使电压表显示为 0V。

（3）先松开流量计下端进气口调气阀的旋钮，开通流量计。

（4）合上面板气源开关，启动压缩泵，此时可看到流量计中的滚珠浮子向上浮起悬于玻璃管中。

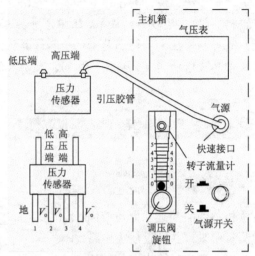

（a）压阻式压力传感器安装连接图

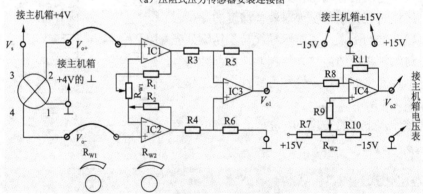

（b）压力传感器压力实验接线图

图 3-6　压阻式压力传感器测压安装接线图

（5）逐步关小流量计旋钮，使标准压力表指示某一刻度。

（6）仔细地逐步由小到大调节流量计旋钮，使数值在 5～20kPa 之间每上升 1kPa 分别读取压力表读数，记下相应的电压表值，列于表 3-1。

表 3-1　　　　　　　　　　　　压力传感器输出电压与输入压力

p/kPa								
$V_{o\,(p\text{-}p)}$/V								

（7）计算本系统的灵敏度和非线性误差。

项目拓展

　　固态压阻式传感器由于具有频率响应高、体积小、精度高、灵敏度高等优点，被广泛地应用于各个领域。

一、压阻式加速度传感器

　　压阻式加速度传感器采用硅悬臂梁结构，在硅悬臂梁的自由端装有敏感质量块，在梁的根部，扩散有 4 个性能一致的压敏电阻，4 个压敏电阻连接成电桥，构成扩散硅压阻器件，如图 3-7 所示。当悬臂梁自由端的质量块受到加速度作用时，悬臂梁受到弯矩的作用产生应力，该应力使扩散电阻阻值发生变化，使电桥产生不平衡，从而输出与外界的加速度成正比的电压值。

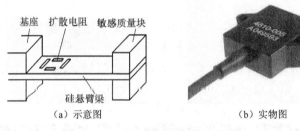

（a）示意图　　　　　　　　　　（b）实物图

图 3-7　压阻式加速度传感器

　　在制作压阻式加速度传感器时，若恰当地选择尺寸和阻尼系数，可以用它测量低频加速度和直线加速度，这是它的一个优点。

二、压阻式传感器的应用前景

　　压阻式传感器被广泛应用于航天、航空、航海、石油化工、动力机械、生物医学工程、气象、地质、地震测量等各个领域。

　　在航天和航空工业中压力是一个关键参数，对静态和动态压力、局部压力和整个压力场的测量都要求很高的精度。压阻式传感器是用于这方面的较理想的传感器。例如，它可用于测量直升机机翼的气流压力分布，测试发动机进气口的动态畸变、叶栅的脉动压力和机翼的抖动等。在飞机喷气发动机中心压力的测量中，使用专门设计的硅压力传感器，其工作温度达 500℃以上。在波音客机的大气数据测量系统中采用了精度高达 0.05%的配套硅压力传感器。在尺寸缩小的风洞模型试验中，压阻式传感器能密集安装在风洞进口处和发动机进气管道模型中。单个传感器直径仅 2.36mm，固有频率高达 300kHz，非线性和滞后均为全量程的±0.22%。

　　在生物医学方面，压阻式传感器也是理想的检测工具，已制成扩散硅膜薄到 10μm、外径仅 0.5mm 的注射针型压阻式压力传感器，以及能测量心血管、颅内、尿道、子宫和眼球内压力的传感器。

　　压阻式传感器还能有效地应用于爆炸压力和冲击波的测量、真空测量、监测和控制汽车发动机的性能，以及枪炮膛内压力、发射冲击波等兵器方面的测量。

此外，在油井压力测量、随钻测向和测位、地下密封电缆故障点的检测以及流量和液位测量等方面都广泛应用了压阻式传感器。随着微电子技术和计算机的进一步发展，压阻式传感器的应用还将迅速发展。

 项目小结

通过本项目的学习，读者应重点掌握压阻式传感器的基本概念、分类，熟悉压阻式传感器的基本结构、工作原理及特点等。

1. 半导体材料受到应力作用时，其电阻率会发生变化，这种现象称为压阻效应。实际上，任何材料都不同程度地呈现压阻效应，但半导体材料的这种效应特别明显。

2. 半导体压阻效应不同于金属应变效应，半导体电阻随压力的变化主要取决于电阻率的变化，而金属应变效应电阻的变化则主要取决于几何尺寸的变化（应变），而且前者的灵敏度比后者大 50～100 倍。

3. 利用压阻效应制成的电阻称为固态压敏电阻，也称为力敏电阻。用固态压敏电阻制成的器件有两类：一种是利用半导体材料制成粘贴式的应变片；另一种是在半导体的基片上用集成电路的工艺制成扩散型压敏电阻，用它作为传感器元件制成的传感器，称为固态压阻式传感器，也称为扩散型压阻式传感器。

 项目训练

一、名词解释

1. 压阻效应
2. 半导体压阻效应
3. 压敏电阻

二、简答题

1. 硅的压阻效应与金属应变效应有何相同点和不同点？
2. 影响压阻系数大小的主要因素有哪些？它们对压阻系数是如何影响的？
3. 利用压阻效应制成的传感器器件有哪些类型？
4. 半导体电阻应变片组成的差动电桥为什么采用恒流源供电？
5. 扩散型压阻式传感器有何特点？

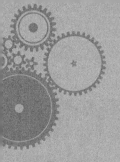

数字式体温计——测试电阻式温度传感器

 项目描述

　　数字式体温计是利用电阻式温度传感器将温度转换成数字信号，然后通过显示器（如液晶、数码管、LED 矩阵等显示器）以数字形式显示温度，它可以用来快速准确地测量人体温度。与传统的水银体温计相比，数字式体温计具有读数字方便、测量时间短、测量精度高、能记忆并有提示音等优点，且数字式体温计不含水银，对人体及周围环境无害，特别适合于医院、家庭使用，如图 4-1 所示。

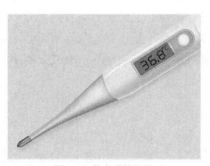

图 4-1　数字式体温计

　　本项目主要介绍电阻式温度传感器（也称为热电阻传感器）的工作原理及常见的热电阻传感器。

知识和能力目标

◎ 掌握工业常用的温度检测方法。

◎ 掌握常用金属热电阻的特性、工作原理及应用。

◎ 熟悉热敏电阻的特性、工作原理及应用。

◎ 熟悉集成温度传感器的应用。

知识准备

一、热电阻传感器

热电阻传感器是利用电阻随温度变化的特性而制成的，它在工业上被广泛用于对温度及其有关参数的检测。按热电阻性质的不同，热电阻传感器可分为金属热电阻传感器和半导体热电阻传感器两大类，前者通常简称为热电阻传感器，后者称为热敏电阻传感器。下面介绍金属热电阻传感器。

（一）金属热电阻的工作原理

金属热电阻是利用电阻与温度成一定函数关系的特性，由金属材料制成的感温元件。当被测温度变化时，导体的电阻随温度变化而变化，通过测量电阻值变化的大小而得出温度变化的情况及数值大小，这就是热电阻测温的基本工作原理。

用于测温的热电阻应具有下列基本要求：电阻温度系数（即温度每升高 1℃时，电阻增大的百分数，常用 α 表示）要大，以获得较高的灵敏度；电阻率 ρ 要高，以使元件尺寸尽量小；电阻值随温度变化尽量呈线性关系，以减小非线性误差；在测量范围内，物理、化学性能稳定；材料工艺性好、价格便宜等。

（二）常用热电阻及其特性

常用热电阻材料有铂、铜、铁和镍等，它们的电阻温度系数在（3～6）×10^{-3}/℃范围内，下面分别介绍它们的使用特性。

1. 铂电阻

铂，银白色贵金属，Ⅷ族元素，原子序数 78，熔点 1 772℃，沸点 3 827℃，又称白金，是目前公认的制造热电阻的最好材料。它的优点是性能稳定，重复性好，测量精度高，其电阻值与温度之间有很近似的线性关系；缺点是电阻温度系数小，价格较高。铂电阻主要用于制成标准电阻温度计，其测量范围一般为−200～+850℃。铂热电阻的构造如图 4-2 所示。

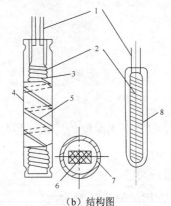

（a）普通型铂热电阻实物图　　　　　　（b）结构图

1—银引出线　2—铂丝　3—锯齿形云母骨架　4—保护用云母片　5—银绑带
6—铂电阻横断面　7—保护套管　8—石英骨架

图 4-2　铂热电阻的构造

当温度 t 在 $-200\sim0$℃范围内时，铂的电阻值与温度的关系可表示为

$$R_t = R_0[1 + At + Bt^2 + C(t-100)t^3]\qquad(4\text{-}1)$$

当温度 t 在 $0\sim850$℃范围内时，铂的电阻值与温度的关系为

$$R_t = R_0(1 + At + Bt^2)\qquad(4\text{-}2)$$

式中：R_0——温度为 0℃时的电阻值；

$\quad\ \ R_t$——温度为 t℃时的电阻值；

$\quad\ \ A$——常数（$A=3.96847\times10^{-3}$/℃）；

$\quad\ \ B$——常数（$B=-5.847\times10^{-7}\ 1/℃^2$）；

$\quad\ \ C$——常数（$C=-4.22\times10^{-12}\ 1/℃^4$）。

由式（4-1）和式（4-2）可知，热电阻的阻值 R_t 不仅与 t 有关，还与其在 0℃时的电阻值 R_0 有关，即在同样温度下，R_0 取值不同，R_t 的值也不同。目前国内统一设计的工业用铂电阻的 R_0 值有 46Ω、100Ω 等几种，并将 R_0 与 t 相应关系列成表格形式，称为分度表，如表 4-1 所示。上述两种铂电阻的分度号分别用 BA1 和 BA2 表示，使用分度表时，只要知道热电阻 R_t 值，便可查得对应工作端温度值。目前工业用铂电阻分度号为 Pt10 和 Pt100，后者更常用。

表 4-1　　　　　　　　　　　铂热电阻分度表

工作端温度/℃	Pt100	工作端温度/℃	Pt100	工作端温度/℃	Pt100
−50	80.31	100	138.51	250	194.10
−40	84.27	110	142.29	260	197.71
−30	88.22	120	146.07	270	201.31
−20	92.16	130	149.83	280	204.90
−10	96.09	140	153.58	290	208.48
0	100.00	150	157.33	300	212.05
10	103.90	160	161.05	310	215.61
20	107.79	170	164.77	320	219.15
30	111.67	180	168.48	330	222.68
40	115.54	190	172.17	340	226.21
50	119.40	200	175.86	350	229.72
60	123.24	210	179.53	360	233.21
70	127.08	220	183.19	370	236.70
80	139.90	230	186.84	380	240.18
90	134.71	240	190.47	390	243.64

2. 铜电阻

铜电阻的特点是价格便宜，纯度高，重复性好，电阻温度系数大，$\alpha=(4.25\sim4.28)\times10^{-3}$/℃（铂的电阻温度系数在 $0\sim100$℃的平均值为 3.9×10^{-3}/℃），其测温范围为 $-50\sim+150$℃，当温度再高时，裸铜就氧化了。

在上述测温范围内，铜的电阻值与温度呈线性关系，可表示为

$$R_t = R_0（1+at） \tag{4-3}$$

铜热电阻的主要缺点是电阻率小（仅为铂的一半左右），所以制成一定电阻时，与铂材料相比，铜电阻要细，造成机械强度不高，或要长，则体积较大，而且铜电阻容易氧化，测温范围小。因此，铜电阻常用于介质温度不高、腐蚀性不强、测温元件体积不受限制的场合。铜电阻的 R_0 值有 50Ω 和 100Ω 两种，分度号分别为 Cu50、Cu100。

3. 其他热电阻

除了铂和铜热电阻外，还有镍和铁材料的热电阻。镍和铁的电阻温度系数大，电阻率高，可用于制成体积大、灵敏度高的热电阻。但由于容易氧化，化学稳定性差，不易提纯，重复性和线性度差，目前应用还不多。

近年来在低温和超低温测量方面，开始采用一些较为新颖的热电阻，如铑铁电阻、铟电阻、锰电阻、碳电阻等。铑铁电阻是以含 0.5%g 铑原子的铑铁合金丝制成的，常用于测量 0.3～20K 范围内的温度，具有灵敏度和稳定性较高、重复性较好等优点。铟电阻是一种高精度低温热电阻，它的熔点约为 429K，在 4.2～15K 温域内其灵敏度比铂高 10 倍，故可用于铂电阻不能使用的测温范围。

（三）热电阻的测量电路

最常用的热电阻测温电路是电桥电路，如图 4-3 所示。图中 R_1、R_2、R_3 和 R_t（或 R_q、R_M）组成电桥的 4 个桥臂，其中 R_t 是热电阻，R_q 和 R_M 分别是调零和调满刻度的调整电阻（电位器）。测量时先将切换 S 扳到“1”位置，调节 R_q 使仪表指示为零，然后将 S 扳到“3”位置，调节 R_M 使仪表指示到满刻度，做完这种调整后再将 S 扳到“2”位置，则可进行正常测量。由于热电阻本身电阻值较小（通常约为 100Ω 以内），而热电阻安装处（测温点）距仪表之间总有一定距离，则其连接导线的电阻也会因环境温度的变化而变化，从而造成测量误差。为了消除导线电阻的影响，一般采用三线制接法，如图 4-4 所示。图 4-4（a）所示的热电阻有 3 根引出线，而图 4-4（b）所示的热电阻只有两根引出线，但都采用了三线制接法。采用三线制接法，引线的电阻分别接到相邻桥臂上且电阻温度系数相同，因而温度变化时引起的电阻变化亦相同，使引线电阻变化产生的附加误差减小。

在进行精密测量时，常采用四线制接法，如图 4-5 所示。由图 4-5 可知，调零电阻 R_q 分为两部分，分别接在两个桥臂上，其接触电阻与检流计 G 串联，接触电阻的不稳定不会影响电桥的平衡和正常工作状态，其测量电路常配用双电桥或电位差计。

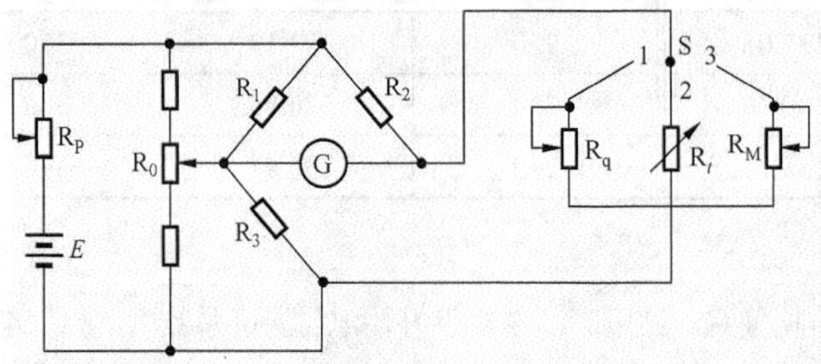

图 4-3 热电阻测温电路——电桥电路

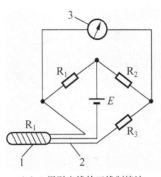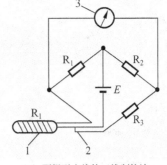

（a）3根引出线的三线制接法　　　（b）两根引出线的三线制接法

1—电阻体　2—引出线　3—显示仪表

图 4-4　热电阻三线制接法测量桥路

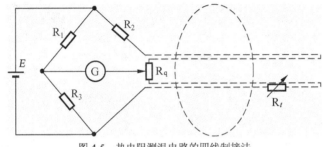

图 4-5　热电阻测温电路的四线制接法

二、热敏电阻传感器和集成温度传感器

（一）热敏电阻传感器

热敏电阻是用半导体材料制成的热敏器件。相对于一般的金属热电阻而言，它主要具备如下特点：电阻温度系数大，灵敏度高，比一般金属电阻大 $10 \sim 100$ 倍；结构简单，体积小，可以测量点温度；电阻率高，热惯性小，适宜动态测量；阻值与温度变化呈非线性关系；稳定性和互换性较差。

1. 热敏电阻结构

大部分半导体热敏电阻是由各种氧化物按一定比例混合，经高温烧结而成的，其外形、结构及符号如图 4-6 所示。多数热敏电阻具有负的温度系数，即当温度升高时，其电阻值下降，同时灵敏度也下降。这个原因限制了它在高温下的使用。

2. 热敏电阻的热电特性

热敏电阻是一种新型的半导体测温元件，它是利用半导体的电阻随温度变化的特性而制成的。按温度系数不同，其可分为正温度系数热敏电阻（PTC）和负温度系数热敏电阻（NTC）两种。NTC 又可分为两大类：第一类电阻值与温度之间呈严格的负指数关系，即负指数型；第二类为突变型（CTR），当温度上升到某临界点时，其电阻值突然下降。PTC 也分为正指数型和突变型（CTR）。热敏电阻的热电特性曲线如图 4-7 所示。

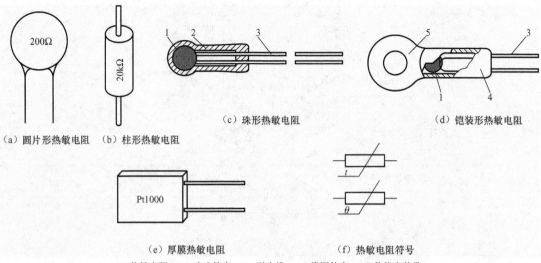

（a）圆片形热敏电阻　（b）柱形热敏电阻　（c）珠形热敏电阻　　　　　（d）铠装形热敏电阻

（e）厚膜热敏电阻　　　　　　　（f）热敏电阻符号

1—热敏电阻　2—玻璃外壳　3—引出线　4—紫铜外壳　5—传热安装孔

图 4-6　热敏电阻的外形、结构及符号

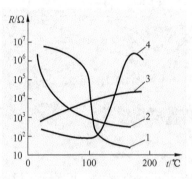

1—突变型（NTC）　2—负指数型（NTC）　3—正指数型（PTC）　4—突变型（PTC）

图 4-7　热敏电阻的热电特性曲线

（二）集成温度传感器

集成温度传感器就是在一块极小的半导体芯片上集成了包括敏感器件、信号放大电路、温度补偿电路、基准电源电路等在内的各个单元，它使传感器与集成电路融为一体。集成温度传感器的输出形式有电压型和电流型两种。

1. AD590 系列集成温度传感器

AD590 是电流输出型集成温度传感器，其结构外形和电路符号如图 4-8 所示。器件电源电压 4～30V，测温范围−55～+150℃。国内同类产品有 SG590。AD590 的 I-T 特性曲线和 I-U 特性曲线如图 4-9 所示。由 AD590 做成的温度控制电路如图 4-10 所示，其工作过程比较简单，读者可自行分析。

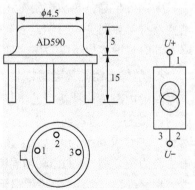

图 4-8　AD590 的结构外形和电路符号

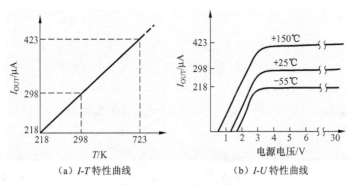

（a）*I-T* 特性曲线　　　　（b）*I-U* 特性曲线

图 4-9　AD590 特性曲线

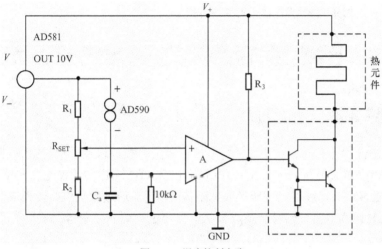

图 4-10　温度控制电路

2. AD22100 集成温度传感器

AD22100 是美国 AD 公司生产的一种电压型单片式温度传感器，其引脚图如图 4-11 所示。U_+ 为电源输入端，一般为 +5V；GND 为接地端；NC 引脚在使用时连接在一起，并悬空；U_o 为电压输出端。图 4-12 所示为 AD22100 的应用电路。这种温度传感器的特点是灵敏度高、响应快、线性度好，工作温度范围为 -50～+150℃。

图 4-11　AD22100 引脚图

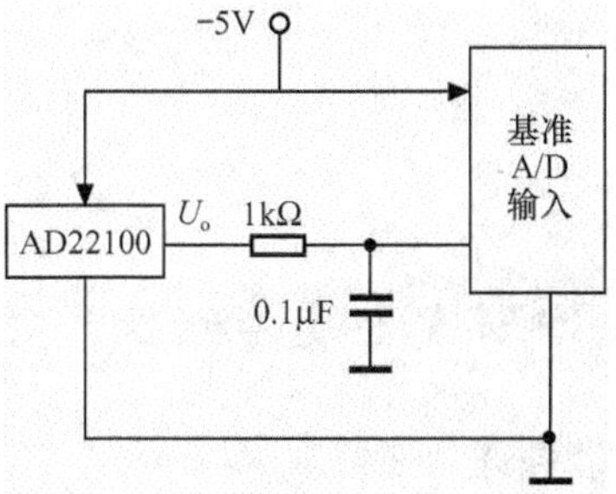

图 4-12　AD22100 应用电路

此外，还有一些其他类型的国产集成温度传感器，如 SL134M 集成温度传感器，是一种电流型三端器件，它是利用晶体管的电流密度差来工作的；SL616ET 集成温度传感器，是一种电压输出型四端器件，由基准电压、温度传感器、运算放大器 3 部分电路组成，整个电路可在 7V 以上的电源电压范围内工作。

拓展阅读

我国的温度传感器行业自改革开放以来，已形成了一定产业基础，并在技术创新、自主研发、成果转化和竞争能力等方面有了长足进展，为促进国民经济发展做出了关键贡献。

我国相关企业和部门正朝着更高目标方向发展，做出了一系列主动尝试和探索，组织了"中国热敏电阻及温度传感器"展览会，以共同探讨交流中国热敏电阻及温度传感器之发展机会，促进行业发展。

现在，我国各种集成温度传感器的功能越来越专业化，因此我们对于温度传感器的认识也需要更新换代了。随着工业生产效率的不断提高，自动化水平与范围的不断扩大，对温度传感器的要求也越来越高，智能温度传感器虽然能够做到高精度、多功能、总线标准化、高可靠性及安全性，但是仍有很多技术限制有待解决。

项目实施

一、了解数字式体温计的工作原理

数字式体温计由感温头、量温棒、显示屏、开关、按键以及电池盖组成。数字式体温计最核心的元件就是感知温度的 NTC 热敏电阻传感器（即热敏电阻感温头），其原理图如图 4-13 所示。热敏电阻感温头把被测温度转换成电阻值的变化，通过电桥电路转换成模拟信号输出，然后通过 A\D 转换器把模拟信号转换成数字信号传送给液晶显示器。

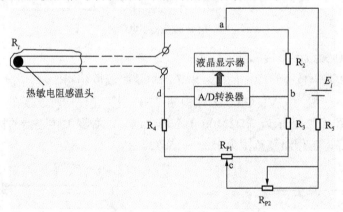

图 4-13　数字式体温计原理图

二、测试电阻式温度传感器

1. 实训原理

利用导体电阻随温度变化的特性，热电阻用于测量时，要求其材料电阻温度系数大，稳定性好，电阻率高，电阻与温度之间最好有线性关系。常用的铂电阻的温度在 0～630.74℃，电阻 R_t 与温度 t 的关系为

$$R_t = R_0(1+At+Bt^2)$$

式中：R_0——温度为 0℃时的铂热电阻的电阻值，本实训中 R_0=100Ω。

　　A——数值为 $3.908\ 02 \times 10^{-3}℃^{-1}$。

　　B——数值为 $-5.080\ 195 \times 10^{-7}℃^{-2}$，铂电阻采用三线连接，其中一端接两根引线主要是为了消除引线电阻对测量的影响。

2. 实训器件与单元

　　本项目需用的器件与单元有：K 型热电偶、Pt100 热电阻、数显单元（主控箱电压表）、万用表、直流稳压电源±15V 和+2V。

3. 实训步骤

　　（1）差动电路调零。首先对温度传感器实训模块的三运放测量电路和后续的反相放大电路调零。具体方法是把 R_5 和 R_6 的两个输入点短接并接地，然后调节 R_{P2} 使输出电压 V_{o1} 为零，再调节 R_{P3}，使输出电压 V_{o2} 为零，此后 R_{P2} 和 R_{P3} 不再调节，如图 4-14 所示。

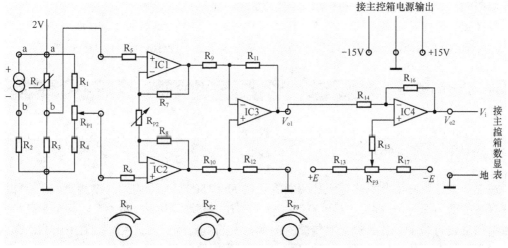

图 4-14　Pt100 热电阻测温特性实训电路图

　　（2）温控仪表的使用。首先根据温控仪表型号，仔细阅读"温控仪表操作说明"，学会基本参数设定（出厂时已设定完毕）。

　　（3）将温度源模块上的 220V 加热输入接线柱与主控箱面板温度控制系统中的加热输出接线柱连接。

　　（4）将温度源中的"风机电源"的正端（红色接线柱）与主控箱中"+2～+12V"电源的正端输出连接（此时电源旋钮打到最大值 24V 位置），主控箱中"+2～+12V"电源的负端（黑色接线柱）与温度控制信号输出的 ALM1 的红色接线端相连，最后将 ALM1 的黑色接线端与"风机电源"的负端相连，闭合温度源的开关。

　　（5）将热电偶插入模块温度源的一个传感器安置孔中。将 K 型热电偶（对应温度控制仪表中参数 S_n 为 0，如果选择 E 型热电偶，则对应温度控制仪表中参数 S_n 为 4）插在控制仪上方的测温孔中，另外 K 型热电偶两端的输出线分别对应接至控制仪表面板的传感器（+）和（−）端。

　　（6）将 Pt100 铂电阻 3 根引线引至"R_t"输入的 a、b 处，Pt 100 3 根引线中短接的两根线接 b 端。这样 R_t 与 R_2、R_3、R_4、R_{P1} 组成直流电桥，是一种单臂电桥工作形式，如图 4-14 所示。

（7）将桥路输出端 b 和 R_{P1} 中心活动点接到放大器两输入端（R_5、R_6），如图 4-14 所示。

（8）在端点 a 与地之间加直流源+2V，合上主控箱电源开关，调 R_{P1} 使电桥平衡，即桥路输出端 b 和 R_{P1} 中心活动点之间在室温下输出为零。

（9）设定温度值 40℃，将 Pt100 探头插入温度源的另一个插孔中，开启加热电源，待温度控制在 40℃时记录下电压表读数值，重新设定温度值为 40℃+$n\cdot\Delta t$，建议 Δt=5℃，n=1，…，10，n 每变化一次就读一次数显表输出电压与温度值。将结果填入表 4-2。

表 4-2　　　　　　　　　　　　　　数据记录表

T/℃										
V/mV										

（10）根据表 4-2 的值计算其非线性误差。

📎 说明

1. Cu50 传感器测温实训过程可参照本实训步骤，将 Pt100 换成 Cu50 即可。
2. AD590 传感器测温实训过程可参照本实训步骤，将 Pt100 换成 AD590 即可。

🔩 项目拓展

一、金属热电阻的应用

在工业上广泛应用金属热电阻传感器进行-200～+500℃范围内的温度测量，在特殊情况下，测量的低温端可达 3.4K，甚至更低（1K 左右），高温端可达 1 000℃，甚至更高，而且测量电路也较为简单。金属热电阻传感器测量温度的主要特点是精度高，适用于测低温（测高温时常用热电偶传感器），便于远距离、多点、集中测量和自动控制。

1. 温度测量

利用热电阻的高灵敏度进行液体、气体、固体、固溶体等方面的温度测量，是热电阻的主要应用。工业测量中常用三线制接法，标准或实验室精密测量中常用四线制。这样不仅可以消除连接导线电阻的影响，而且还可以消除测量电路中寄生电动势引起的误差。在测量过程中需要注意的是，流过热电阻丝的电流不要过大，否则会产生过大的热量，影响测量精度。图 4-15 为热电阻的温度测量电路图。

2. 流量测量

利用热电阻上的热量消耗和介质流速的关系还可以测量流量、流速、风速等。图 4-16 所示就是利用铂热电阻测量气体流量的一个例子。图中热电阻探头 R_{t1} 放置在气体流路中央位置，它所耗散的热量与被测介质的平均流速成正比；另一热电阻 R_{t2} 放置在不受流动气体干扰的平静小室中，它们分别接在电桥的两个相邻桥臂上。测量电路在流体静止时处于平衡状态，桥路输出为零。当气体流动时，介质会将热量带走，从而使 R_{t1} 和 R_{t2} 的散热情况不一样，致使 R_{t1} 的阻值发生相应的变化，使电桥失去平衡，产生一个与流量变化相对应的不平衡信号，并由检流计 P 显示出来，检流计的刻度值可以做成气体流量的相应数值。

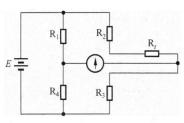

图 4-15　热电阻的温度测量电路图

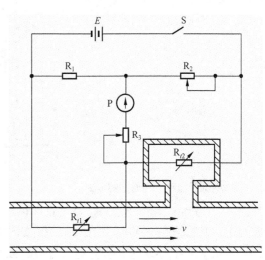

图 4-16　热电阻式流量计电路原理图

二、半导体热敏电阻的应用

热敏电阻用途广泛，可以用作温度测量元件，还可以用于温度控制、温度补偿、过载保护等。一般正温度系数的热敏电阻主要用作温度测量，负温度系数的热敏电阻常用作温度控制与补偿，突变型热敏电阻（CTR）主要用作开关元件，组成温控开关电路。

1. 电加热器温度控制

利用热敏电阻作为测量元件可组成温度自动控制系统，图 4-17 所示为温度自动控制电加热器电路原理图。图中接在测温点附近（电加热器 R）的热敏电阻 R_t 作为差动放大器（VT_1、VT_2 组成）的偏置电阻。当温度变化时，R_t 的值也变化，引起 VT_1 集电极电流的变化，经二极管 VD_2 引起电容 C 充电速度的变化，从而使单结晶体管 VJT 的输出脉冲移相，改变了晶闸管 VS 的导通角，调整了电加热器 R 的电源电压，达到了温度自动控制的目的。

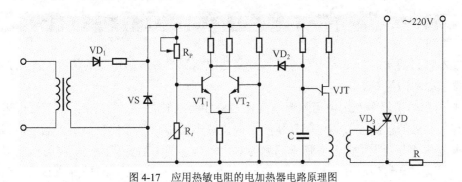

图 4-17　应用热敏电阻的电加热器电路原理图

2. 晶体管的温度补偿

如图 4-18 所示，根据晶体三极管特性，当环境温度升高时，其集电极电流 I_c 上升，这等效于三极管等效电阻下降，U_{sc} 会增大。若要使 U_{sc} 维持不变，则需提高基极 b 点电位，减小三极管基流。为此需选择负温度系数的热敏电阻 R_t，从而使基极电位提高，达到补偿目的。

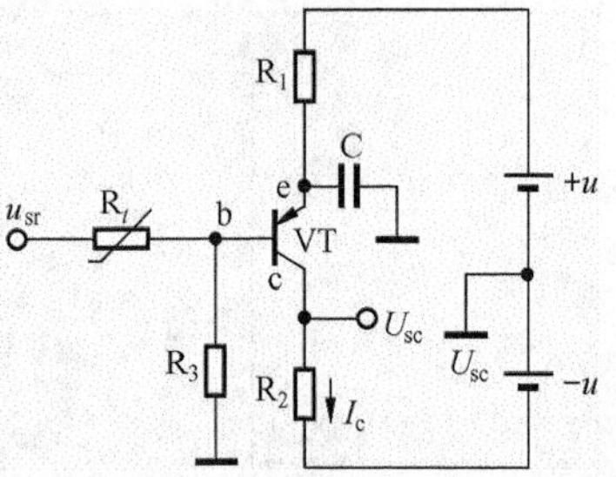

图 4-18　热敏电阻用于晶体管的温度补偿电路

3. 电动机的过载保护控制

如图 4-19 所示，R_{t1}、R_{t2}、R_{t3} 是特性相同的 PRC6 型热敏电阻，放在电动机绕组中，用万能胶固定。其阻值在 20℃时为 10kΩ，100℃时为 1kΩ，110℃时为 0.6kΩ。正常运行时，三极管 VT 截止，KA 不动作。当电动机过载、断相或一相接地时，电动机温度急剧升高，使 R_t 阻值急剧减小，到一定值时，VT 导通，KA 得电吸合，从而实现保护作用。根据电动机各种绝缘等级的允许温升来调节偏流电阻 R_2 值，从而确定 VT 的动作点，其效果好于熔丝及双金属片热继电器。

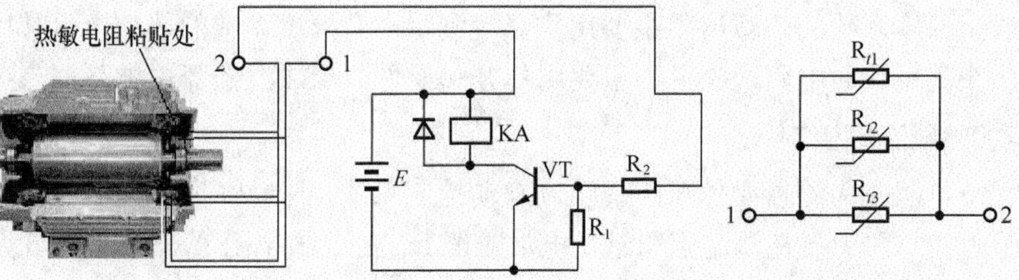

（a）连接示意图　　（b）电动机定子上热敏电阻连接方式

图 4-19　热敏电阻构成的电动机过载保护电路图

项目小结

通过本项目的学习，读者应重点掌握金属热电阻和半导体热电阻的特性及应用，熟悉集成温度传感器的应用等。

1. 热电阻传感器是利用电阻随温度变化的特性而制成的，它在工业上被广泛用来对温度和温度有关参数的检测。按热电阻性质的不同，热电阻传感器可分为金属热电阻传感器和半导体热电阻传感器两大类，前者通常简称为热电阻传感器，后者称为热敏电阻传感器。

2. 金属热电阻是利用电阻与温度成一定函数关系的特性，由金属材料制成的感温元件。当被测温度变化时，导体的电阻随温度变化而变化，通过测量电阻值变化的大小而得出温度变化的情况及数值大小，这就是热电阻测温的基本工作原理。

3. 热敏电阻是用半导体材料制成的热敏器件。相对于一般的金属热电阻而言，它的特点是电阻温度系数大，灵敏度高，比一般金属电阻大 10～100 倍；结构简单，体积小，可以测量点温度；电阻率高，热惯性小，适宜动态测量；阻值与温度变化呈非线性关系；稳定性和互换性较差。

4．集成温度传感器就是在一块极小的半导体芯片上集成了包括敏感器件、信号放大电路、温度补偿电路、基准电源电路等在内的各个单元，它使传感器与集成电路融为一体。集成温度传感器的输出形式有电压型和电流型两种。

 项目训练

一、填空题

1．热电阻按性质不同可分为_____和_____两大类，前者通常称为_____，后者称为_____。

2．目前广泛应用的热电阻材料是_____和_____。

3．热敏电阻是近几年来出现的一种新型_____测温元件。

4．热敏电阻一般按温度系数可分为_____和_____。

5．AD590（美国 AD 公司生产）是_____输出型集成温度传感器。

6．AD22100 是美国 AD 公司生产的一种_____输出型单片式温度传感器。

二、简答题

1．热电阻测量时采用何种测量电路？为什么要采用这种测量电路？请说明这种电路的工作原理。

2．图 4-20 所示为一种测温电路。其中，$R_2=2R_1$，R_t 是感温电阻，$R_t=R_0(1+0.005t)\text{k}\Omega$；$R_P$ 为可调电阻；E 为工作电压。问：

（1）这是什么测温电路？主要特点是什么？

（2）电路中的 G 代表什么？如果要提高测温灵敏度，G 的内阻取大些好，还是小些好？

（3）基于该电路的工作原理，试说明调节电阻 R_P 随温度变化的关系。

3．某数字式温度计如图 4-21 所示，它采用的是热敏电阻温度面板，请简述其工作原理。

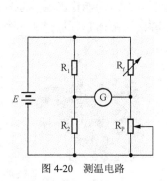

图 4-20　测温电路

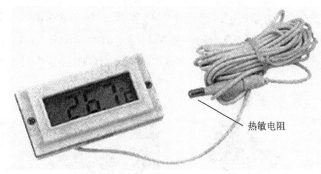

热敏电阻

图 4-21　ZHL338 型数字式温度计

项目五

酒精测试仪和温湿度计——测试电阻式气体和湿度传感器

 项目描述

　　酒精测试仪是一款检测司机酒精含量的常用仪器。根据被测人员的呼气检测饮酒信息，及时测试车主血液酒精浓度，显示"醉酒驾驶""饮酒驾驶""安全驾驶"状态。

　　呼气酒精测试仪是一款轻巧、实用、安全，便于随身携带的酒精含量检测工具，适用于交警查车、司机自检等方面，如图 5-1 和图 5-2 所示。其检测主要是利用了电阻式气体传感器（也称气敏电阻传感器）。

　　对于环境量的检测，除了常用的酒精检测仪外，还有一种大家熟悉的检测空气湿度的电阻式湿度传感器（也称湿敏电阻传感器），如图 5-3 所示的温湿度计。它既能检测温度也能检测湿度，其中湿度的检测主要是利用了湿敏电阻传感器。湿度信息的传递必须通过水对湿敏器件直接接触来完成，因此湿敏器件只能直接暴露于待测环境中，不能密封。

图 5-1　呼气酒精测试仪实物　　　　　图 5-2　酒精含量检测　　　　　图 5-3　温湿度计

　　湿敏器件目前已微型化、集成化，价格便宜，因此得到了广泛应用。

　　本项目主要介绍气敏电阻传感器和湿敏电阻传感器的工作原理和常用类型。

知识和能力目标

◎ 掌握气敏电阻传感器的结构、工作原理、特性及应用。
◎ 掌握湿敏电阻传感器的结构、工作原理、特性及应用。

 知识准备

一、气敏电阻传感器

气敏电阻传感器是利用半导体气敏元件同气体接触，造成半导体性质变化，借此来检测待定气体的成分或者浓度的传感器的总称，所以也称为半导体气敏传感器。

（一）气敏传感器的材料和种类

气敏传感器是用来检测气体类别、浓度和成分的传感器。气敏传感器主要用于工业上天然气、煤气、石油化工等部门的易燃、易爆、有毒、有害气体的监测、预报和自动控制。由于气体种类繁多，性质各不相同，不可能用一种传感器检测所有类别的气体，因此，能实现气-电转换的传感器种类很多，按构成气敏传感器材料不同可分为半导体和非半导体两大类。目前实际使用最多的是半导体气敏传感器。

气敏电阻（半导体）的材料是金属氧化物，在合成材料时，通过化学计量比的偏离和杂质缺陷制成，金属氧化物半导体分为：N 型半导体，如氧化锡、氧化铁、氧化锌、氧化钨等；P 型半导体，如氧化钴、氧化铅、氧化铜、氧化镍等。为了提高某种气敏元件对某些气体成分的选择性和灵敏度，合成材料有时还掺入了催化剂，如钯（Pd）、铂（Pt）、银（Ag）等。

半导体气敏传感器是利用气体在半导体表面的氧化和还原反应导致敏感元件阻值变化而制成的。半导体气敏传感器的分类如表 5-1 所示。

表 5-1　　　　　　　　　　　　半导体气敏传感器的分类

类别	主要物理特性		传感器举例	工作温度	典型被测气体
电阻式	电阻	表面控制型	氧化银、氧化锌	室温～450℃	可燃气体
		体控制型	氧化钛、氧化钴、氧化镁、氧化锡	700℃以上	酒精、氧气、可燃性气体
非电阻式	表面电位		氧化银	室温	硫醇
	二极管整流特性		铂/硫化镉、铂/氧化钛	室温～200℃	氢气、一氧化碳、酒精
	晶体管特性		铂栅 MOS 场效应晶体管	150℃	氢气、硫化氢

在这里主要给大家介绍电阻式半导体气敏传感器（即气敏电阻传感器）。

（二）气敏电阻传感器工作原理

气敏电阻传感器气敏元件的敏感部分是金属氧化物微结晶粒子烧结体，金属氧化物在常温下是绝缘的，制成半导体后却显示气敏特性。其机理是比较复杂的，但这种气敏元件接触气体时，由于表面吸附气体，致使它的电阻率发生明显的变化却是肯定的。

这种对气体的吸附可分为物理吸附和化学吸附。在常温下主要是物理吸附，是气体与气敏材料表面上分子的吸附，它们之间没有电子交换，不形成化学键。若气敏电阻温度升高，化学吸附就增加，并在某一温度时达到最大值。化学吸附是指气体与气敏材料表面建立离子吸附，它们之间有电子的交换，存在化学键力。例如，当N型半导体材料遇到离解能较小、易于失去电子的还原性气体（即可燃性气体，如一氧化碳、氢、甲烷、有机溶剂等）后，发生还原反应，电子从气体分子向半导体移动，半导体中的载流子浓度增加，导电性能增强，电阻减小。当N型半导体材料遇到氧化性气体（如氧、三氧化硫等）后就会发生氧化反应，半导体中的载流子浓度减少，导电性能减弱，因而电阻增大。对于混合型材料，无论是吸附氧化性气体还是还原性气体，都将使载流子浓度减少，电阻增大。

电阻值的变化是伴随着金属氧化物半导体表面对气体的吸附和释放而产生的，为了加速这种反应，通常要用加热器对气敏元件加热。半导体陶瓷材料 SnO_2 属于N型半导体，N型半导体气敏传感器吸附被测气体时的电阻变化曲线如图5-4所示。

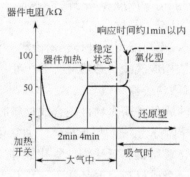

图 5-4　SnO_2 气敏电阻与吸附气体的关系

（三）半导体气敏元件的特性参数

气体敏感元件简称气敏元件，大多是以金属氧化物半导体为基础材料的。当被测气体在该半导体表面吸附后，引起其电学特性（例如电导率）发生变化。标志元件性能的主要参数有以下几种。

1. 电阻 R_0 和 R_s

固有电阻 R_0 表示气敏元件在正常空气条件下（或洁净条件下）的阻值，又称正常电阻。工作电阻 R_s 代表气敏元件在一定浓度的检测气体中的阻值。

2. 灵敏度 K

气敏元件的灵敏度 K 通常用气敏元件在一定浓度的检测气体中的电阻与正常空气中的电阻之比来表示。

3. 响应时间 t_{rcs}

把从元件接触一定浓度的被测气体开始到其阻值达到该浓度下稳定阻值的时间，定义为响应时间，用 t_{rcs} 表示。

4. 恢复时间 t_{rcc}

把气敏元件从脱离检测气体开始，到其阻值恢复到正常空气中阻值的时间，定义为恢复时间，用 t_{rcc} 表示。

5. 加热电阻 R_H 和加热功率 P_H

为气敏元件提供工作温度的加热器电阻称为加热电阻，用 R_H 表示。气敏元件正常工作所需要的功率称为加热功率，用 P_H 表示。

6. 初期稳定时间

长期在非工作状态下存放的气敏元件，因表面吸附空气中的水分或者其他气体，导致其表面状态的变化，在加上电负荷后，随着元件温度的升高，发生解吸现象。因此，使气敏元件恢复正常工作状态，需要一定的时间，称为气敏元件的初期稳定时间。一般电阻型气敏元件，在刚通电的瞬间，其电阻值将下降，然后再上升，最后达到稳定。由开始通电直到气敏元件阻值到达稳定所需时间，称为初期稳定时间，如图 5-4 所示。初期稳定时间是敏感元件存放时间和环境状态的函数。存放时间越长，其初期稳定时间也越长。在一般条件下，气敏元件存放两周以后，其初期稳定时间即可达最大值。

（四）气敏元件结构

气敏元件按结构可分成烧结型、薄膜型和厚膜型 3 种。其中烧结型气敏元件是目前工艺最成熟、应用最广泛的元件。

1. 烧结型气敏元件

烧结型气敏元件是以多孔陶瓷 SnO_2 为基材（料粒度在 1μm 以下），添加不同物质，采用传统制陶方法，进行烧结而制成的。烧结时埋入测量电极和加热线，制成管芯，最后将电极和加热丝引线焊在管座上，外加两层不锈钢网而制成的。

目前最常用的是氧化锡（SnO_2）烧结型气敏元件，用来测量还原性气体。它的加热温度较低，一般在 20～300℃，SnO_2 气敏半导体对许多可燃性气体，如氢、一氧化碳、甲烷、丙烷、乙醇等都有较高的灵敏度。

烧结型气敏元件按其加热方式又可分为直热式和旁热式两种。

（1）直热式烧结型 SnO_2 气敏电阻

直热式元件又称内热式，这种元件的结构示意图及图形符号如图 5-5 和图 5-6 所示。元件管芯由三部分组成：SnO_2 基体材料、加热丝、测量丝，它们都埋在 SnO_2 基材内。工作时加热丝通电加热，测量丝用于测量元件的阻值。

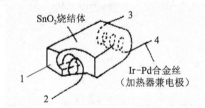

图 5-5　直热式烧结型 SnO_2 气敏电阻结构

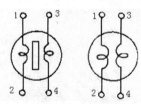

1，2—测量丝　3，4—加热丝

图 5-6　直热式烧结型 SnO_2 气敏电阻图形符号

这种气敏电阻制作工艺简单、成本低、功耗小、可以在高电压下使用、可制成价格低廉的可燃气体泄漏报警器，如国内 QN 型和 MQ 型气敏元件。它的缺点是热容量小、易受环境气流的影响、测量回路与加热回路间因没有隔离会互相影响、加热丝在加热和不加热状态下会产生涨缩，易造成接触不良等。

（2）旁热式烧结型 SnO_2 气敏电阻

旁热式烧结型 SnO_2 气敏电阻的管芯为陶瓷管，在管内放入高阻加热丝，管外涂覆梳状金电极作为测量极，然后在金电极外层涂覆 SnO_2 材料，如图 5-7 所示。

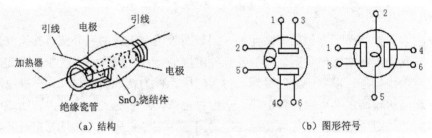

(a) 结构　　　　　　　　　　　(b) 图形符号

1，3，4，6—测量引脚　2，5—灯丝

图 5-7　旁热式烧结型 SnO_2 气敏电阻

这种结构克服了直热式结构的缺点，其测量极与加热丝分开，加热丝不与气敏元件接触，避免了回路间的互相影响；元件热容量大，降低了环境气氛对元件加热温度的影响，并保持了材料结构的稳定性。目前，国产 QM-N5 型气敏元件，日本弗加罗 TGS#812、813 型气敏元件采用了这种结构。

2. 薄膜型气敏元件

采用真空镀膜或溅射方法，在石英或陶瓷基片上制成金属氧化物薄膜（厚度 0.1μm 以下），构成薄膜型气敏元件，如图 5-8（a）所示。

氧化锌（ZnO_2）薄膜型气敏元件以石英玻璃或陶瓷作为绝缘基片，通过真空镀膜在基片上蒸镀锌金属，用铂或钯膜作引出电极，最后将基片上的锌氧化。氧化锌敏感材料是 N 型半导体，当添加铂作催化剂时，对丁烷、丙烷、乙烷等烷烃气体有较高的灵敏度，而对 H_2、CO 等气体灵敏度很低。当用钯作催化剂时，对 H_2、CO 有较高的灵敏度，而对烷烃类气体灵敏度低。因此，这种元件有良好的选择性，工作温度较高（400～500℃）。

3. 厚膜型气敏元件

将气敏材料（如 SnO_2、ZnO）与一定比例的硅凝胶混制成能印刷的厚膜胶，把厚膜胶用丝网印刷到事先安装有铂电极的氧化铝（Al_2O_3）基片上，在 400～800℃ 的温度下烧结 1～2h 便制成厚膜（微米级）型气敏元件，如图 5-8（b）所示。用厚膜工艺制成的器件一致性较好，机械强度高，适于批量生产。

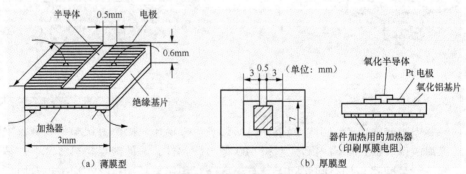

(a) 薄膜型　　　　　　　　　　(b) 厚膜型

图 5-8　薄膜、厚膜型气敏传感器结构图

以上 3 种气敏元件都附有加热器，在实际应用时，加热器能使附着在测控部分上的油雾、尘埃等烧掉，同时加速气体氧化还原反应，从而提高元件的灵敏度和响应速度。

（五）气敏元件的基本测量电路

烧结型 SnO_2 气敏元件基本测量电路如图 5-9 所示。图 5-9（a）为采用直流电压的旁热式气敏元件测量电路，图 5-9（b）、（c）采用交流电压的旁热式气敏元件测量电路。

无论是哪种电路，都必须包括两部分，即气敏元件的加热回路和测量回路。现以图 5-9（a）为例，说明其测量原理。

图 5-9（a）中直流稳压电源 U_H 与气敏元件加热器组成加热回路，直流稳压电源 U_c 与气敏元件及负载电阻组成测量回路，负载电阻 R_L 兼作取样电阻。从测量回路可得到

$$U_{RL} = I_c R_L = \frac{U_c R_L}{R_S + R_L} \tag{5-1}$$

式中：I_c——回路电流；

U_{RL}——负载电阻上的压降；

R_S——气敏元件电阻。

由式（5-1）可见，U_{RL} 与气敏元件电阻 R_S 具有对应关系，当 R_S 降低时，U_{RL} 增高；当 R_S 升高时，U_{RL} 降低。因此，测量 R_L 上的电压降，即可测得气敏元件电阻 R_S。

图 5-9（b）、（c）的测量原理与图 5-9（a）相同。用直流法还是用交流法测量，不影响测量结果，可根据实际情况选用。

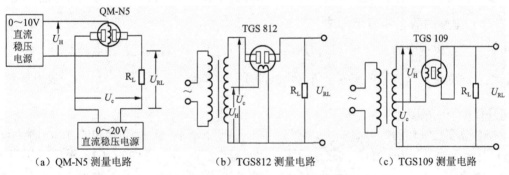

（a）QM-N5 测量电路　　　　（b）TGS812 测量电路　　　　（c）TGS109 测量电路

图 5-9　烧结型 SnO_2 气敏元件基本测量电路

（六）改善气敏传感器选择性的措施

选择性是检验气敏传感器是否具有实用价值的重要尺度。欲从复杂的气体混合物中识别出某种气体，就要求该传感器具有很好的选择性，目前常用的改善选择性的措施有以下 3 种。

1. 改变氧化物传感器的工作温度

氧化物半导体气敏传感器的敏感对象主要是还原性气体，如 CO、H_2、甲烷、甲醇、乙醇等。为有效将这些性质相似的还原性气体彼此区分开，达到有选择地检测其中某单一气体的目的，必须通过改变传感器的外在使用条件和材料的物理及化学性质来实现。

由于各种还原性气体的最佳氧化温度不同，因此首先可以通过改变氧化物半导体气敏传感器的工作温度来提高其对某种气体的选择性。例如，在某些催化剂如 Pd 的作用下，CO 的氧化温度要比一般碳氢化合物低得多，因此，在低温条件下使用可提高传感器对 CO 气体的

选择性。

2．使用某种物理的或化学的过滤膜

通过使用某种物理的或化学的过滤膜，使单一气体能通过该膜到达氧化物半导体表面，而拒绝其他气体通过，从而达到选择性检测气体的目的。如石墨过滤膜，涂在厚膜氧化物传感器表面可以消除氧化性气体（如 NO_x）对传感器信号的影响。

3．利用某些催化剂

提高传感器气敏选择性的最有效、最常用的手段就是利用某些催化剂有选择地对被测气体进行催化氧化。通过选择合适的催化剂，可使由同一种基本氧化物材料制成的气敏传感器具有检测多种不同气体的能力。

二、湿敏电阻传感器

在自然界中，凡是有水和生物的地方，在其周围的大气里总是含有或多或少的水汽。大气中含有水汽的多少，表示大气的干湿程度，用湿度来表示。也就是说，湿度是表示大气干湿程度的物理量。

湿度与科研、生产、人们生活、植物生长有密切关系。环境的湿度具有与环境温度同等重要的意义。

湿敏传感器是检测湿度的传感器，目前类型较多，在这里首先介绍湿敏传感器的基本概念、参数、特性等基础知识，然后重点介绍常用的电阻式湿度传感器，即湿敏电阻传感器。

（一）湿度的概念和表示方法

湿度是指大气中的水蒸气含量，通常采用绝对湿度、相对湿度、露点等表示。

绝对湿度表示单位体积空气里所含水汽的质量，其表达式为：$\rho = \dfrac{M_v}{V}$，一般用符号 AH 表示，单位为 g/m^3。

相对湿度是气体的绝对湿度（ρ_v）与在同一温度下水蒸气已达到饱和的气体的绝对湿度（ρ_w）之比，常表示为%RH，其表达式为：相对湿度= $(\rho_v/\rho_w)\times100\%RH$，根据道尔顿分压定律，空气中压强 $P=P_a+P_v$（P_a 为干空气分压，P_v 为湿空气分压）和理想状态方程，又可将相对湿度用分压表示：

$$相对湿度= (P_V/P_W)\times100\%RH$$

式中：P_V——待测气体的水汽分压；

P_W——同一温度下水蒸气的饱和水汽压。

相对湿度给出了大气的潮湿程度，它是一个无量纲的量，在实际使用中多使用相对湿度这一概念。

温度越高的气体，含水蒸气越多。若将其气体冷却，假使其中所含水蒸气量不变，相对湿度将逐渐增加，降低到某一温度时，相对湿度达到 100%，呈饱和状态，再冷却时，水蒸气的一部分将凝结生成露，这个温度称为露点温度，即空气在气压不变情况下为了使其所含水蒸气达到饱和状态所必须冷却到的温度。气温和露点的差越小，表示空气中的水蒸气含量越接近饱和。

（二）湿敏传感器的主要参数及特性

湿敏传感器的主要参数有：感湿特性、湿度量程、感湿灵敏度、湿滞特性、响应时间、感湿温度系数、电压特性和频率特性等。

1. 感湿特性

每种湿敏传感器都有其感湿特征量，如电阻、电容等，通常用电阻比较多。以电阻为例，在规定的工作湿度范围内，湿敏传感器的电阻值随环境湿度变化的关系特性曲线，简称阻湿特性。

有的湿敏传感器的电阻值随湿度的增加而增大，这种为正特性湿敏电阻器，如 Fe_3O_4 湿敏电阻器；有的阻值随着湿度的增加而减小，这种为负特性湿敏电阻器，如 TiO_2-SnO_2 陶瓷湿敏电阻器。

2. 湿度量程

湿度量程是指湿敏传感器技术规范中所规定的感湿范围。全湿度范围用相对湿度（0～100%）RH 表示。它是湿敏传感器工作性能的一项重要指标。

3. 感湿灵敏度

感湿灵敏度简称灵敏度，又叫湿度系数。其定义是：在某一相对湿度范围内，相对湿度改变 1%RH 时，湿敏传感器电参量变化的值或百分率。

各种不同的湿敏传感器，对灵敏度的要求各不相同，对于低湿型或高湿型的湿敏传感器，它们的量程较窄，要求灵敏度要很高。但对于全湿型湿敏传感器，并非灵敏度越大越好，因为电阻值的动态范围很宽，给配制二次仪表带来不利，所以灵敏度的大小要适当。

4. 感湿温度系数

感湿温度系数是一个反映湿敏传感器温度特性的比较直观、实用的物理量。它表示在两个规定的温度下，湿敏传感器的电阻值（或电容值）达到相等时，其对应的相对湿度之差与两个规定的温度变化量之比；或环境温度每变化 1℃时，所引起的湿敏传感器的湿度误差。

5. 响应时间

响应时间是指在一定温度下，当相对湿度发生跃变时，湿敏传感器的电参量达到稳态变化量的规定比例所需要的时间。

一般是以相应的起始和终止这一相对湿度变化区间的 63% 作为相对湿度变化所需要的时间，也称时间常数。它是反映湿敏传感器在相对湿度发生变化时，其反应速度的快慢，单位是秒（s）。

也有规定从起始到终止 90% 的相对湿度变化作为响应时间的。响应时间又分为吸湿响应时间和脱湿响应时间。大多数湿敏传感器都是脱湿响应时间大于吸湿响应时间，一般以脱湿响应时间作为湿敏传感器的响应时间。

6. 湿滞特性

湿敏传感器在升湿和降湿往返变化时的吸湿和脱湿特性曲线不重合，所构成的曲线叫湿滞回线。由于吸湿和脱湿特性曲线不重合，对应同一感湿特征量的值，相对湿度之差称为湿滞量。湿滞量越小越好，以免给湿度测量带来难度和误差。

7. 电压特性

用湿敏传感器测量湿度时，由于加直流测试电压会引起感湿体内水分子的电解，致使电导率随时间的增加而下降，故测试电压应采用交流电压。湿敏传感器感湿特征量的值与外加交流电压之间的关系称为电压特性。当交流电压较大时，由于产生焦耳热，对湿敏传感器的特性也会带来较大影响。

8. 频率特性

湿敏传感器的阻值与外加测试电压频率有关。在各种湿度下，当测试频率小于一定值时，其阻值不随测试频率而变化，该频率被确定为湿敏传感器的使用频率上限。当然，为防止水分子的电解，测试电压频率也不能太低。

9. 其他特性与参数

精度：是指湿度量程内，湿敏传感器测量湿度的相对误差。

工作温度范围：表示湿敏传感器能连续工作的环境温度范围。它应由极限温度来决定，即由在额定功率条件下，能够连续工作的最高环境温度和最低环境温度所决定。

稳定性：是指湿敏传感器在各种使用环境中，能保持原有性能的能力。一般用相对湿度的年变化率表示，即±%RH/年。

寿命：是指湿敏传感器能够保持原来的精度连续工作的最长时间。

（三）湿敏传感器的分类

湿敏传感器常见的分类方法如下。

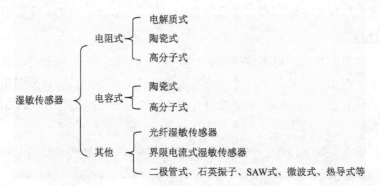

电阻式湿敏传感器（即电阻式湿度传感器）是利用器件电阻值随湿度变化的基本原理来进行工作的，其感湿特征量为电阻值。根据使用感湿材料的不同，电阻式湿敏传感器可分为电解质式、陶瓷式、高分子式。

下面介绍发展比较成熟的几类湿敏电阻传感器。

1. 电解质式（氯化锂）湿敏电阻传感器

氯化锂湿敏电阻传感器是利用吸湿性盐类潮解，离子电导率发生变化而制成的测湿元件。该元件由引线、基片、感湿层与金属电极组成，其结构如图5-10所示。

氯化锂通常与聚乙烯醇组成混合体，在氯化锂（LiCl）溶液中，Li 和 Cl 均以离子的形式存在，而 Li$^+$ 对水分子的吸引力强，离子水合程度高，其溶液中的离子导电能力与浓度成正比。当溶液置于一定温湿场中时，若环境相对湿度高，溶液将吸收水分，使浓度降低，因此，其溶液电阻率增高；反之，环境相对湿度变低时，则溶液浓度升高，其电阻率下降，从而实现对湿度的测量。氯化锂湿敏电阻传感器的湿度—电阻特性曲线如图 5-11 所示。

由图 5-11 可知，在 50%～80%RH 相对湿度范围内，电阻与湿度的变化呈线性关系。为了扩大湿度测量的线性范围，可以将氯化锂含量不同的多个器件组合使用，如将测量范围分别为（10%～20%）RH、（20%～40%）RH、（40%～70%）RH、（70%～80%）RH 和（80%～99%）RH 的 5 种元件配合使用，就可自动地转换完成整个湿度范围的湿度测量。

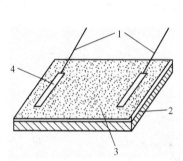

1—引线　2—基片　3—感湿层　4—金属电极

图 5-10　氯化锂湿敏电阻传感器结构示意图

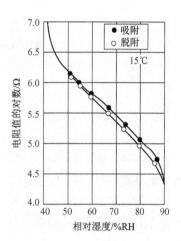

图 5-11　氯化锂湿敏电阻传感器的湿度—电阻特性曲线

氯化锂湿敏电阻传感器的优点是滞后小，不受测试环境风速影响，检测精度高达±5%，但其耐热性差，不能用于露点温度以下测量，器件性能的重复性不理想，使用寿命短。

2. 半导体陶瓷湿敏电阻传感器

半导体陶瓷湿敏电阻传感器通常是用两种以上的金属氧化物半导体材料混合烧结而成的多孔陶瓷。这些材料有 $ZnO-LiO_2-V_2O_5$ 系、$Si-Na_2O-V_2O_5$ 系、$TiO_2-MgO-Cr_2O_3$ 系、Fe_2O_3 等，前 3 种材料的电阻率随湿度增加而下降，故称为负特性湿敏半导体陶瓷，最后一种的电阻率随湿度增大而增大，故称为正特性湿敏半导体陶瓷。下面介绍两种典型半导体陶瓷湿敏电阻传感器。

（1）$MgCr_2O_4-TiO_2$ 陶瓷湿敏电阻传感器。氧化镁复合氧化物-二氧化钛湿敏材料通常制成多孔陶瓷型"湿-电"转换器件，它是负特性湿敏半导体陶瓷。$MgCr_2O_4$ 为 P 型半导体，它的电阻率低，阻值温度特性好，结构如图 5-12 所示。

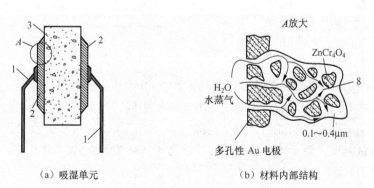

（a）吸湿单元　　　　　（b）材料内部结构

图 5-12　陶瓷湿敏电阻传感器结构

69

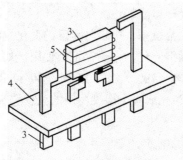
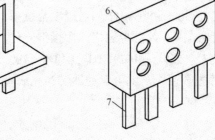

（c）卸去外壳后的结构   （d）外形图

1—引线 2—多孔性电极 3—多孔陶瓷 4—底座 5—镍铬加热丝 6—外壳 7—引脚 8—气孔

图 5-12 陶瓷湿敏电阻传感器结构（续）

在 $MgCr_2O_4$-TiO_2 陶瓷片的两面涂覆有多孔金电极。金电极与引出线烧结在一起，为了减少测量误差，在陶瓷片外设置由镍铬丝制成的加热线圈，以便对器件加热清洗，排除恶劣气体对器件的污染。整个器件安装在陶瓷基片上，电极引线一般采用铂-铱合金。传感器的电阻值既随所处环境的相对湿度的增加而减少，又随周围环境温度的变化而有所变化。

① 电阻-湿度特性。$MgCr_2O_4$-TiO_2 陶瓷湿敏电阻传感器的电阻-湿度特性如图 5-13 所示，随着相对湿度的增加，电阻值急剧下降，基本按指数规律下降。在单对数的坐标中，电阻-湿度特性近似呈线性关系。当相对湿度由 0 变为 100%RH 时，阻值从 $10^8\Omega$ 下降到 $10^4\Omega$，即变化了 4 个数量级，如图 5-13 所示。

② 响应时间。响应时间特性如图 5-14 所示。根据响应时间的规定，从图中可知，响应时间小于 10s。

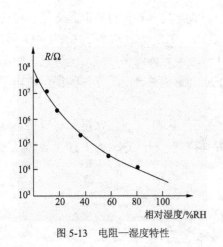

图 5-13 电阻—湿度特性

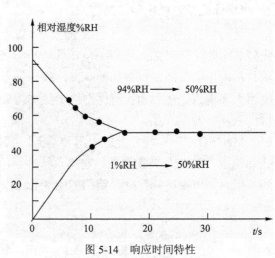

图 5-14 响应时间特性

（2）ZnO-Cr_2O_3 陶瓷湿敏电阻传感器。ZnO-Cr_2O_3 陶瓷湿敏电阻传感器是通过将多孔材料的电极烧结在多孔陶瓷圆片的两表面上，并焊上铂引线，然后将湿敏元件装入有网眼过滤的方形塑料盒中用树脂固定做成的，其结构如图 5-15 所示。ZnO-Cr_2O_3 陶瓷湿敏电阻传感器能连续稳定地测量湿度，而无须加热除污装置，因此功耗低于 0.5W，体积小，成本低，是一种常用测湿传感器。

（3）陶瓷湿敏电阻传感器的特点。陶瓷湿敏电阻传感器测湿范围宽，传感器表面与水蒸气的接触面积大，易于水蒸气的吸收与排除，陶瓷烧结体能耐高温，物理、化学性质稳定，抗污染能力强，适合采用加热去污的方法恢复材料的湿敏特性，响应时间较短，精度高，工艺简单，成本低廉。

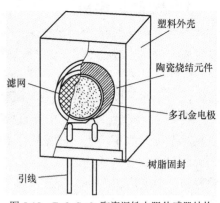

图 5-15 ZnO-Cr$_2$O$_3$ 陶瓷湿敏电阻传感器结构

3. 金属氧化物膜型湿敏传感器

二氧化铁、三氧化二铝、氧化镁等金属氧化物的细粉吸附水分后有极快的速干特性，利用这种特性可以研制生产出多种金属氧化物膜型湿敏传感器。将调制好的金属氧化物的糊状物加工在陶瓷基片及电极上，采用烧结或烘干的方法使其固化成膜。这种膜可以吸附或释放水分子而改变其电阻，其结构如图 5-16 所示。

4. 高分子湿敏电容传感器

湿敏电容传感器一般用高分子薄膜电容制成，与金属氧化物膜型湿敏传感器结构相似，如图 5-17 所示。常用的高分子材料有聚苯乙烯、聚酰亚胺、醋酸纤维等。当环境湿度发生改变时，湿敏电容的介电常数发生变化，使其电容量也发生变化，其电容变化量与相对湿度成正比。湿敏电容的主要优点是灵敏度高、产品互换性好、响应速度快、湿度的滞后量小、便于制造、容易实现小型化和集成化，其精度一般比湿敏电阻要低一些。

高分子湿敏电容传感器具有体积小、感湿范围宽、响应速度快、抗污染能力强、抗结露、灵敏度高、性能稳定可靠、性价比高、低漂移、高精度、一致性好等特点。

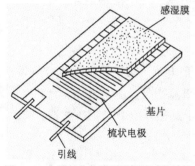

图 5-16 金属氧化物膜型湿敏传感器结构

图 5-17 高分子湿敏电容传感器

5. MOSFET 湿敏传感器

用半导体工艺制成的 MOS 型场效应管（MOSFET）湿敏传感器，由于是全固态湿敏传感器，有利于传感器的集成化和微型化，因此是一种很有前途和价值的湿敏传感器。图 5-18 为 MOSFET 湿敏传感器的典型结构。从图中可以看出，这种湿敏传感器是在 MOSFET 的栅极上涂覆一层感湿薄膜，并在感湿薄膜上增加另一电极而构成的新型湿敏传感器。

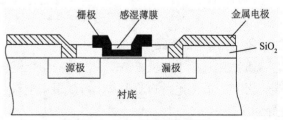

图 5-18 MOSFET 湿敏传感器结构

71

6. 结型湿敏传感器

利用肖特基结或 PN 结二极管的反向电流或者反向击穿电压随环境相对湿度的变化，可以制成一种结型湿敏传感器。在结型湿敏传感器中，二氧化锡湿敏二极管是比较有代表性的。

SnO_2 具有很好的导电性，因而这种结构的二极管可看作一个肖特基结或异质结，具有整流特性。上述二极管的结区直接暴露于环境中，结果发现，在二极管处于反向偏压状态时，在雪崩击穿区附近，其反向电流直接与环境的相对湿度有关，或者说，其反向击穿电压随环境相对湿度而改变，即二极管具有了感湿特性。图 5-19（a）所示为二氧化锡湿敏二极管的结构，图 5-19（b）所示为 SnO_2 湿敏二极管雪崩电流与相对湿度的关系。从图中可以看出，随着相对湿度增加，SnO_2 湿敏二极管的反向电流减少。

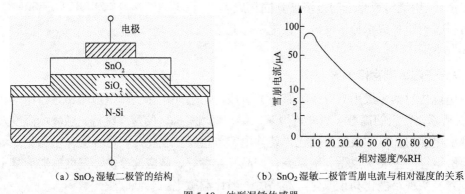

（a）SnO_2 湿敏二极管的结构　　（b）SnO_2 湿敏二极管雪崩电流与相对湿度的关系

图 5-19　结型湿敏传感器

（四）电阻式湿度传感器测量电路

电阻式湿度传感器（即湿敏电阻传感器）的测量电路主要有两种形式。

1. 电桥电路

电桥测湿电路框图如图 5-20 所示。振荡器对电路提供交流电源。电桥的一臂为湿敏传感器，由于湿度变化使湿敏传感器的阻值发生变化，于是电桥失去平衡，产生信号输出，放大器可把不平衡信号加以放大，整流器将交流信号变成直流信号，由电表（直流毫安表）显示。振荡器和放大器都由 9V 直流电源供给。电桥法适合于氯化锂湿敏电阻传感器。

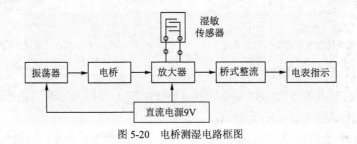

图 5-20　电桥测湿电路框图

2. 欧姆定律电路

此电路适用于可以流经较大电流的陶瓷湿敏电阻传感器。由于测湿电路可以获得较强信号，故可以省去电桥和放大器，可以用市电作为电源，只要用降压变压器即可。其电路图如图 5-21 所示。

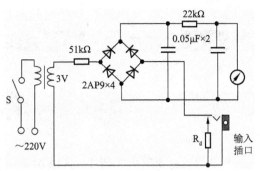

图 5-21　欧姆定律电路

3. 带温度补偿的湿度测量电路

在实际应用中，需要同时考虑对湿敏传感器进行线性处理和温度补偿，常常采用运算放大器构成湿度测量电路，如图 5-22 所示。湿度测量电路中 R_t 是热敏电阻器，R_H 为 H204C 湿敏传感器，运算放大器型号为 LM2904。该电路的湿度-电压特性及温度特性表明：在（30%～90%）RH、15～35℃范围内，输出电压表示的湿度误差不超过 3%RH。

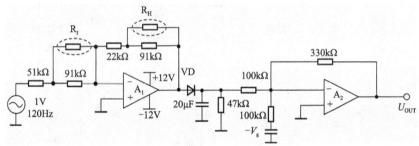

图 5-22　带温度补偿的湿度测量电路

🎨 拓展阅读

在我国"九五"攻关期间，完成的传感器 CAD 技术，可以实现传感器的全过程设计（工艺模拟、核心器件设计、结构设计、温度补偿）；微机械加工技术，在国内首次实现了用微机械加工工艺批量生产压力传感器；开发出了包括力敏、磁敏、热敏、湿敏、气敏等在内的多个品种、多个规格的传感器。这些技术突破为我国研发气敏传感器提供了良好的基础。

近年来我国开发了一些新型气敏传感器，如电容式气敏传感器、浓差电池式气敏传感器、声表面波式气敏传感器、石英振子式气敏传感器、MOS 二极管电容电压型气敏传感器等。随着工业生产和环境检测的迫切需要，我国纳米气敏传感器已获得长足的进展。在纳米技术中，纳米器件的研究水平和应用程度标志着一个国家纳米科技的总体水平，而纳米传感器恰恰就是纳米器件研究中的一个极其重要的领域。

纳米气敏传感器在复杂的气体环境中的选择性是一个亟待解决的问题，但随着纳米技术的进一步发展，纳米气敏传感器的一些问题将会被很好地解决，纳米传感也将获得巨大的发展。

项目实施

一、酒精气敏传感器的实训

（一）酒精气敏传感器的工作原理

图 5-23 所示为简易酒精测试器。此电路中采用 TGS812 型酒精气敏传感器，对酒精有较高的灵敏度（对一氧化碳也敏感）。其加热电压及工作电压都是 5V，加热电流约为 125mA。传感器的负载电阻为 R_1 及 R_2，其输出直接接 LED 显示驱动器 LM3914。当无酒精蒸气时，其上的输出电压很低；随着酒精蒸气的浓度增加，输出电压也上升，则 LM3914 的 LED（共 10 个）亮的数目也增加。此测试器工作时，人只要向传感器呼一口气，根据 LED 亮的数目可知是否喝酒，并可大致了解饮酒多少。调试方法是让在 24h 内未饮酒的人呼气，调节 R_2 使 10 个 LED 中仅 1 个发光即可。

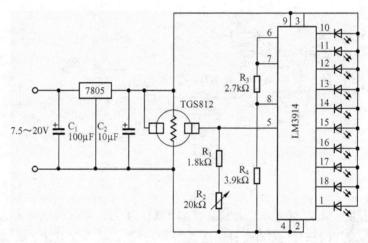

图 5-23　简易酒精测试器

目前还有许多酒精测试器把气敏电阻的变化转换成相应的电压信号，与对应的酒精含量标定好，以数字量形式进行显示，如图 5-1 所示。

（二）实训内容

1. 基本原理

气敏传感器是由微型 Al_2O_3 陶瓷管、SnO_2 敏感层、测量电极和加热器构成的。在正常情况下，SnO_2 敏感层在一定的加热温度下具有一定的表面电阻值（$10\mu\Omega$ 左右），当遇有一定含量的酒精成分气体时，其表面电阻可迅速下降，通过检测回路可将这一变化的电阻值转化成电信号输出。

2. 需用器件与单元

气敏传感器、气敏传感器实训模块、酒精、酒精棉球（自备）、电压表、15V 直流电源。

3．实验步骤

（1）将+15V 电源接入"气敏传感器实训模块"。

（2）打开电源开关，给气敏传感器预热数分钟（按正常的工作标准应为 24h）。若打开电源开关后马上做实验，则可能产生较大的测试误差。

（3）将模块上 V_o 连接到主控箱的电压表，用棉签蘸少许酒精靠近气敏传感器，观察电压表的变化，随着酒精浓度的升高，数字指示将越来越大，同时模块上发光二极管点亮的数目也越来越多。

（4）拿掉棉签，随着酒精的挥发，发光二极管点亮的数目慢慢减少，电压也随之降低。

（5）在已知所测酒精浓度的情况下，调整 R_w 可进行实训模块的输出标定。

二、ZHG 型湿敏电阻传感器的实训

（一）ZHG 型湿敏电阻传感器工作原理

图 5-24 所示电路为应用 ZHG 型湿敏电阻的湿度检测电路图。该电路共由 5 部分组成：湿敏电阻（R_3）；振荡器（由 IC_1、R_1、R_2、C_1 和 VD_1 组成，R_1、R_2 和 C_1 的数值决定振荡频率，本电路频率约为 100Hz）；对数变换器（由 IC_{2-1}、VD_2、VD_3 和 VD_4 组成）；滤波器（由 R_4、C_4 组成）；放大器（由 IC_{2-2}、R_P、R_5、R_6、R_7、R_8 和 VT_1 组成）。

由于 ZHG 型湿敏电阻的湿度-电阻特性为非线性关系，因此对数变换器用于修正其非线性，修正后仍有一定的非线性误差，但误差小于 ±5%RH。输出电路由放大器构成，输出信号为电压。该电路适用于测控精度要求不是很高的场合。

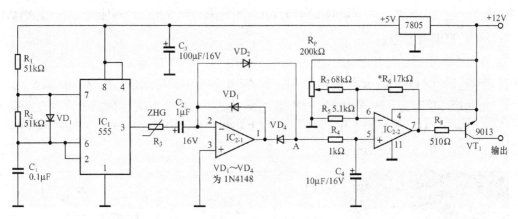

图 5-24　ZHG 型湿敏电阻湿度检测电路

为了家居生活的便利，有的厂家把温度传感器与湿度传感器做到一起（见图 5-3），常用的显示方式有数字显示和指针显示。

（二）实训内容

1．基本原理

湿敏电阻是高分子薄膜湿敏电阻，其感测机理是在绝缘基板上溅射了一层高分子电解质湿敏膜，其阻值的对数与相对湿度呈近似的线性关系，通过电路予以修正后，可得出与相对

湿度呈线性关系的电信号。

2. 需用的器件与单元

实训项目需用的器件与单元：湿敏传感器、湿敏传感器实训模块、直流电源+15V、数字电压表。

3. 实训步骤

（1）将主控箱+15V接入传感器输入端，输出端与数字电压表相接。

（2）对湿敏传感器上方窗口处吹气，因口气中湿度比较大，湿敏传感器会有感应。

（3）停止吹气，观察数字电压表及模块上的发光二极管发光数目的变化。

（4）待数字稍稳定后，记录下读数，填入表5-2中，最后观察湿度大小和电压的关系。

表 5-2   数据记录表

V/mV							
%RH							

 项目拓展

一、气敏传感器的应用

气敏传感器主要用于制作报警器及控制器。作为报警器，超过报警浓度时，发出声光报警；作为控制器，超过设定浓度时，输出控制信号，由驱动电路带动继电器或其他元件完成控制动作。

1. 矿灯瓦斯报警器

矿灯瓦斯报警器的外形如图5-25（a）所示。图5-25（b）所示为矿灯瓦斯报警器电路原理图，瓦斯探头由 QM-N5 型气敏元件、R_1 及 4V 矿灯蓄电池等组成。R_P 为瓦斯报警设定电位器，当瓦斯浓度超过某一设定值时，R_P 输出信号通过二极管 VD_1 加到三极管 VT_1 基极上，VT_1 导通，VT_2、VT_3 便开始工作。VT_2、VT_3 为互补式自激多谐振荡器，它们的工作使继电器吸合与释放，信号灯闪光报警。

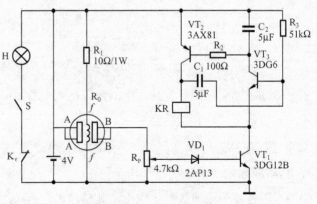

（a）矿灯瓦斯报警器外形　　　　　　　　（b）矿灯瓦斯报警器电路原理图

图 5-25 矿灯瓦斯报警器

2. 家用气体报警器

图 5-26 是一种最简单的家用气体报警器，采用直热式气敏传感器 TGS109，当室内可燃性气体浓度增加时，气敏传感器接触到可燃性气体而电阻值降低，这样流经测试回路的电流增加，可直接驱动蜂鸣器 HA 报警。对于丙烷、丁烷、甲烷等气体，报警浓度一般选定在其爆炸下限的 1/10，可通过调整电阻来调节。

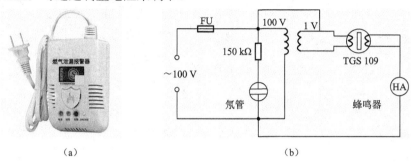

（a）　　　　　　　　　　　　　　　（b）

图 5-26　家用气体报警器

3. 自动空气净化换气扇

利用 SnO_2 气敏传感器，可以设计用于空气净化的自动换气扇。图 5-27 所示为自动换气扇的电路原理图。当室内空气污浊时，烟雾或其他污染气体使气敏传感器阻值下降，晶体管 VT 导通，继电器动作，接通风扇电源，可实现电扇自动启动，排放污浊气体，换进新鲜空气的功能；当室内污浊气体浓度下降到希望的数值时，气敏传感器阻值上升，VT 截止，继电器断开，风扇电源切断，风扇停止工作。

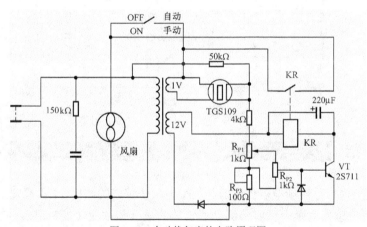

图 5-27　自动换气扇的电路原理图

二、湿敏传感器的应用

1. 风窗玻璃自动除湿装置

图 5-28（a）为风窗玻璃除湿示意图，图中 R_s 为嵌入玻璃的加热阻丝，H 为结露湿敏元件。图 5-28（b）为所用的电路。VT_1、VT_2 接成施密特触发电路，VT_2 的集电极负载为继电器 J 的线圈绕组。VT_1 的基极回路的电阻为 R_1、R_2 和湿敏元件 H 的等效电阻 R_P。事先调整好各电阻值，使常温、常湿下 VT_1 导通，VT_2 截止（VT_1 的集电极-发射极电压接近于零而使

VT$_2$ 截止）；继电器 J 不工作，加热器无电流流过。

湿度增加，湿敏传感器阻值减小，VT$_1$ 截止，VT$_2$ 导通，继电器 J 工作，加热器加热，驱散潮气。

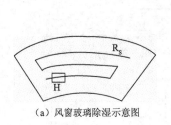
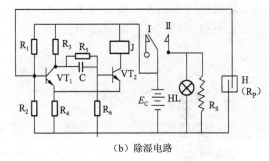

（a）风窗玻璃除湿示意图　　　　　　　　　　（b）除湿电路

图 5-28　风窗玻璃自动除湿装置

2. 湿度检测器

图 5-29 所示的是湿度检测器电路。由 555 时基电路、湿敏传感器 C$_H$ 等组成多谐振荡器，在振荡器的输出端接有电容器 C$_2$，它将多谐振荡器输出的方波信号变为三角波。当相对湿度变化时，湿敏传感器 C$_H$ 的电容量将随着改变，它将使多谐振荡器输出的频率及三角波的幅度都发生相应的变化，输出的信号经 VD$_1$、VD$_2$ 整流和 C$_4$ 滤波后，可从电压表上直接读出与相对湿度相应的指数来。R$_P$ 电位器用于仪器的调零。

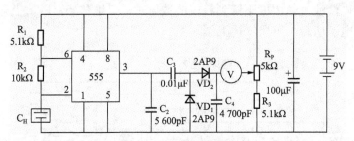

图 5-29　湿度检测器电路

项目小结

本项目的重点内容是湿敏电阻传感器和气敏电阻传感器的结构、工作原理、特性及应用等。

1. 气敏电阻传感器就是一种将检测到的气体的成分和浓度转换为电信号的传感器。气敏电阻是一种半导体敏感器件，它是利用气体的吸附而使半导体本身的电导率发生变化这一机理来进行检测的。

2. 气敏电阻传感器种类很多，按结构不同可将其分为烧结型、薄膜型和厚膜型 3 种。其中烧结型气敏传感器是目前工艺最成熟、应用最广泛的元件。

3. 大部分气敏传感器都附有加热器，在实际应用时，加热器能使附着在测控部分上的油雾、尘埃等烧掉，同时加速气体氧化还原反应，从而提高器件的灵敏度和响应速度。

4. 选择性是检验气体传感器是否具有实用价值的重要尺度。目前常用改善选择性的措施有改变氧化物传感器的工作温度、使用某种物理的或化学的过滤膜和利用某些催化剂 3 种。

5. 湿敏电阻传感器是利用器件电阻值随湿度变化的基本原理来进行工作的，其感湿特征量为电阻值。根据使用感湿材料的不同，湿敏电阻传感器可分为电解质式、陶瓷式、高分子式。

 项目训练

一、单项选择题

1. 气敏传感器通常工作在高温状态（200～450℃），目的是（　　）。
   A．为了加速气体的氧化还原反应
   B．为了使附着在测控部分上的油雾、尘埃等烧掉，同时加速气体氧化还原反应
   C．为了使附着在测控部分上的油雾、尘埃等烧掉

2. 气敏传感器通电时的电阻很小，经过一定时间后，才能恢复到稳定状态；另一方面也需要加热器工作，以便烧掉油雾、尘埃。因此，气敏检测装置需开机预热（　　）后，才可投入使用。
   A．几小时　　　　　B．几天　　　　　C．几分钟　　　　　D．几秒钟

3. 当气温升高时，气敏电阻的灵敏度将（　　），所以必须设置温度补偿电路。
   A．减低　　　　　B．升高　　　　　C．随时间漂移　　　　　D．不确定

4. 从图 5-11 所示的氯化锂湿敏电阻传感器的湿度-电阻特性曲线图可以看出（　　）。
   A．在 50%～80%相对湿度范围内，电阻值的对数与相对湿度的变化呈线性关系
   B．在 50%～80%相对湿度范围内，电阻值与相对湿度的变化呈线性关系
   C．在 50%～80%相对湿度范围内，电阻值的对数与湿度的变化呈线性关系
   D．在 70%～80%相对湿度范围内，电阻值的对数与相对湿度的变化呈线性关系

5. TiO_2 型气敏电阻使用时一般随气体浓度增加，电阻（　　）。
   A．减小　　　　　B．增大　　　　　C．不变

6. 湿敏电阻使用时一般随周围环境湿度增加，电阻（　　）。
   A．减小　　　　　B．增大　　　　　C．不变

7. 湿敏电阻利用交流电作为激励源是为了（　　）。
   A．提高灵敏度
   B．防止产生极化、电解作用
   C．减小交流电桥平衡难度

8. MQN 型气敏电阻可测量（　　）的浓度，TiO_2 型气敏电阻可测量（　　）浓度。
   A．CO_2　　　　　　　　　　　　　　B．N_2
   C．气体打火机内的有害气体　　　　　D．锅炉烟道中剩余的氧气

二、简答题

1. 什么是绝对湿度和相对湿度？如何表示绝对湿度和相对湿度？
2. 简述氯化锂湿敏电阻传感器的工作原理。
3. 为什么多数气敏传感器都附有加热器？
4. 目前常用改善气体传感器选择性的措施有哪些？

项目六

电容式差压变送器——测试电容式传感器

 项目描述

电容式差压变送器属于电容式传感器，是工业过程控制中常用的一种检测仪表，如图 6-1 所示，它主要由测压元件传感器（电容式差压传感器）、测量电路和过程连接件 3 部分组成。它能将测压元件传感器感受到的气体、液体等物理压力参数转变成标准的电信号（如 4～20mA DC 等），以供给指示报警仪、记录仪、调节器等二次仪表进行测量、指示和过程调节。

电容式差压变送器由于设计小巧精致、测量精度高、稳定性好、测量速度快、易于安装等优点，广泛应用于炼油厂、污水处理厂、机械厂等工业领域的企业，实现对液体、气体、蒸气压力的测量。

图 6-1　电容式差压变送器

本项目主要介绍电容式传感器工作原理及相关传感器。

知识和能力目标

◎ 掌握电容式传感器的工作原理、基本结构和工作类型。

◎ 掌握电容式传感器常用信号处理电路的特点及信号处理电路的调试方法和步骤，能分析和处理信号电路的常见故障。

◎ 能选择和应用电容式传感器。

知识准备

一、电容式传感器的工作原理及结构

由绝缘介质分开的两个平行金属极板组成的平板电容器，如果不考虑边缘效应，其电容量为

$$C = \frac{\varepsilon A}{d} \tag{6-1}$$

式中：ε——电容极板间介质的介电常数，$\varepsilon = \varepsilon_0 \cdot \varepsilon_r$，其中 ε_0 为真空介电常数，$\varepsilon_0 = 8.854 \times 10^{-12} \text{F/m}$，

ε_r 为极板间介质相对介电常数；

A——两平行极板所覆盖的面积；

d——两平行极板间的距离。

当被测参数变化使得式（6-1）中的 A、d 或 ε 发生变化时，电容量 C 也随之变化。如果保持其中两个参数不变，而仅改变其中一个参数，就可把该参数的变化转换为电容量的变化，通过测量电路就可转换为电量输出。因此，电容式传感器的工作方式可分为变极距式、变面积式和变介电常数式 3 种类型。

1. 变极距电容式传感器

如果两极板的有效作用面积及极板间的介质保持不变，则电容量 C 随极距 d 按非线性关系变化，如图 6-2 所示。

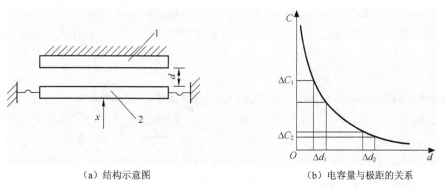

（a）结构示意图　　　　（b）电容量与极距的关系

1—定极板　2—动极板

图 6-2　变极距电容式传感器的结构和特性曲线

设动极板 2 未动时传感器初始电容为 $C_0 \left(C_0 = \dfrac{\varepsilon A}{d_0} \right)$。当动极板 2 移动 x 后，其电容量 C_x 为

$$C_x = \frac{\varepsilon A}{d_0 - x} = \frac{C_0}{1 - \dfrac{x}{d_0}} = C_0 \left(1 + \frac{x}{d_0 - x} \right) \tag{6-2}$$

式中：d_0——两极板距离初始值。由式（6-2）可知，电容量 C_x 与 x 不是线性关系，其灵敏度

也不是常数。

当 $x \ll d_0$ 时

$$C_x \approx C_0\left(1+\frac{x}{d_0}\right) \tag{6-3}$$

此时 C_x 与 x 近似线性关系，但量程缩小很多，变极距电容式传感器的灵敏度为

$$K = \frac{\mathrm{d}C}{\mathrm{d}x} \approx \frac{C_0}{d_0} = \frac{\varepsilon A}{d_0^2} \tag{6-4}$$

由式（6-4）可见，变极距电容式传感器的灵敏度与极距的平方成正比，极距越小，灵敏度越高。但 d_0 过小，容易引起电容器击穿或短路。为此，极板间可采用高介电常数的材料（云母、塑料膜等）作介质。

这种传感器由于存在原理上的非线性，灵敏度随极距变化而变化，当极距变动量较大时，非线性误差要明显增大。为限制非线性误差，其通常在较小的极距变化范围内工作，以使输入输出特性保持近似的线性关系。一般取极距变化范围 $\Delta x/d_0 \leqslant 0.1$。实际应用的变极距电容式传感器常做成差动结构，如图 6-3 所示。上、下两个极板为定极板，中间极板为动极板，当被测量使动极板移动一个 Δx 时，由动极板与两个定极板所形成的两个平板电容的极距一个减小、一个增大，因此它们的电容量也都发生变化。若 $\Delta x \ll d_0$，则两个平板电容器的变

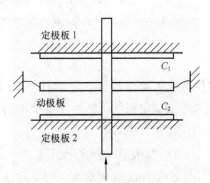

图 6-3　差动结构变极距电容式传感器

换量大小相等、符号相反。利用后面的转换电路（如电桥等）可以检出两个电容的差值，该差值是单个电容式传感器电容变化量的两倍。采用差动工作方式，电容式传感器的灵敏度提高了一倍，非线性得到了很大的改善，某些因素（如环境温度变化、电源电压波动等）对测量精度的影响也得到了一定的补偿。

变极距电容式传感器的优点是可实现动态非接触测量，动态响应特性好，灵敏度和精度极高（可达纳米级），适用于较小位移（1nm～1μm）的精度测量。但传感器存在原理上的非线性误差，线路杂散电容（如电缆电容、分布电容等）的影响显著，为改善这些问题而需配合使用的电子电路比较复杂。

2．变面积电容式传感器

变面积电容式传感器工作时极距、介质等保持不变，被测量的变化使其有效作用面积发生改变。变面积电容式传感器的两个极板中，一个是固定不动的，称为定极板；另一个是可移动的，称为动极板。

图 6-4 所示为几种变面积电容式传感器的原理示意图。在理想情况下，它们的灵敏度为常数，不存在非线性误差，即输入输出为理想的线性关系。实际上由于电场的边缘效应等因素的影响，仍存在一定的非线性误差。

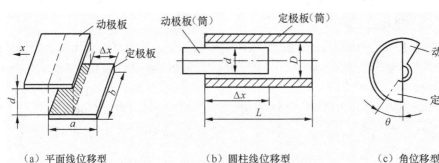

| （a）平面线位移型 | （b）圆柱线位移型 | （c）角位移型 |

图 6-4 变面积电容式传感器原理示意图

图 6-4（a）所示为平面线位移型电容式传感器。设两个相同极板的长为 b，宽为 a，极板间距离为 d，当动极板移动 Δx 后，电容 C_x 也随之改变。

$$C_x = \frac{\varepsilon(a-\Delta x)b}{d} = \frac{\varepsilon ab}{d} - \frac{\varepsilon \Delta x b}{d} = C_0 + \Delta C \tag{6-5}$$

电容的相对变化量和灵敏度为

$$\frac{\Delta C}{C_0} = -\frac{\Delta x}{a} \tag{6-6}$$

$$K = \frac{\Delta C}{\Delta x} = -\frac{\varepsilon b}{d} \tag{6-7}$$

图 6-4（b）所示为圆柱线位移型电容式传感器。其灵敏度 K 也为一个常数。

图 6-4（c）所示为角位移型电容式传感器。当动极板有一角位移 θ 时，两极板的相对面积 A 也发生改变，导致两极板间的电容量发生变化。

当 $\theta = 0$ 时

$$C_0 = \frac{\varepsilon A_0}{d}$$

当 $\theta \neq 0$ 时

$$C_\theta = \frac{\varepsilon A_0 \left(1-\dfrac{\theta}{\pi}\right)}{d} = C_0 \left(1-\frac{\theta}{\pi}\right) \tag{6-8}$$

由式（6-8）可知，电容 C_θ 与角位移 θ 呈线性关系。其灵敏度为

$$K = \frac{\mathrm{d}C_\theta}{\mathrm{d}\theta} = -\frac{\varepsilon A_0}{\pi d} \tag{6-9}$$

由以上分析可知，变面积电容式传感器的输出是线性的，灵敏度 K 是一个常数。

在实际应用中，为了提高测量精度，减少动极板与定极板之间的相对面积变化而引起的测量误差，大都采用差动结构。图 6-5 所示为改变极板间遮盖面积的差动电容式传感器的结构图。上、下两个金属圆筒是定极片，而中间的为动极片，当动极片向上移动时，与上极片的遮盖面积增大，而与下极片的遮盖面积减小，两者变化的数值相等、方向相反，实现了两边的电容呈差动变化。

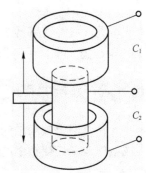

图 6-5 金属圆筒差动电容式传感器结构

3. 变介电常数电容式传感器

变介电常数电容式传感器的极距、有效作用面积不变，被测量的变化使其极板之间的介质情况发生变化。这类传感器主要用来测量两极板之间介质的某些参数的变化，如介质厚度、介质湿度、液位等。

如图 6-6（a）所示，图中两平行极板固定不动，极距为 δ_0，相对介电常数为 ε_{r2} 的电介质以不同深度插入电容器中，从而改变两种介质的极板覆盖面积。传感器的总电容量 C 为两部分电容 C_1 和 C_2 的并联结果，即

$$C = C_1 + C_2 = \frac{\varepsilon_0 b_0}{\delta_0}[\varepsilon_{r1}(l_0 - l) + \varepsilon_{r2}l] \tag{6-10}$$

式中：l_0、b_0——极板长度和宽度；

$\quad\quad l$——第二种电介质进入极间的长度。

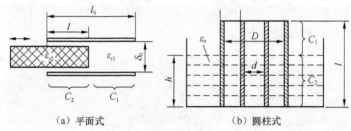

图 6-6　变介电常数电容式传感器

若传感器的极板为两同心圆筒，如图 6-6（b）所示，其液面部分介质为被测介质，相对介电常数为 ε_x；液面以上部分的介质为空气，相对介电常数近似为 1。传感器的总电容 C 等于上、下部分电容 C_1 和 C_2 的并联，即

$$C = C_1 + C_2 = \frac{2\pi\varepsilon_0(l-h)}{\ln(D/d)} + \frac{2\pi\varepsilon_x\varepsilon_0 h}{\ln(D/d)} = \frac{2\pi\varepsilon_0 l}{\ln(D/d)} + \frac{2\pi(\varepsilon_x-1)\varepsilon_0}{\ln(D/d)}h = a + bh \tag{6-11}$$

其中

$$a = \frac{2\pi\varepsilon_0 l}{\ln(D/d)}, \quad b = \frac{2\pi(\varepsilon_x-1)\varepsilon_0}{\ln(D/d)}$$

灵敏度

$$K = \frac{\mathrm{d}C}{\mathrm{d}h} = b \tag{6-12}$$

由此可见，这种传感器的灵敏度为常数，电容 C 理论上与液面 h 呈线性关系，只要测出传感器电容 C 的大小，就可得到液位 h。

二、电容式传感器的转换电路

电容式传感器将被测量的变化转换成电容的变化后，还需由转换电路将电容的变化进一步转换成电压、电流或频率的变化。测量电路的种类很多，下面介绍常用的几种测量电路。

1. 交流电桥

这种转换电路是将差动电容式传感器的两个电容作为交流电桥的两个桥臂，通过电桥把

电容的变化转换成电桥输出电压的变化。电桥通常采用由电阻-电容、电感-电容组成的交流电桥，图 6-7 所示为电感-电容交流电桥转换电路。变压器的两个二次绕组 L_1、L_2 与差动电容式传感器的两个电容 C_1、C_2 作为电桥的 4 个桥臂，由高频稳幅的交流电源为电桥供电。电桥的输出为一调幅值，经放大、相敏检波、滤波后，获得与被测量变化相对应的输出，最后由仪表显示记录。

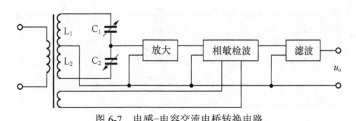

图 6-7　电感-电容交流电桥转换电路

2. 调频电路

调频电路如图 6-8 所示，把传感器接入调频振荡器的 LC 谐振网络中，被测量的变化引起传感器电容的变化，继而导致振荡器谐振频率的变化，振荡器的振荡频率为

$$f = \frac{1}{2\pi(LC)^{1/2}} \tag{6-13}$$

式中：　L——振荡回路的电感；

C——振荡回路的总电容，$C = C_1 + C_2 + C_0 \pm \Delta C$。其中，$C_1$ 为振荡回路固有电容；

C_2 为传感器引线分布电容；$C_0 \pm \Delta C$ 为传感器的电容。

图 6-8　调频电路

当被测信号为 0 时，$\Delta C = 0$，则 $C = C_1 + C_2 + C_0$，所以振荡器有一个固有频率 f_0。

$$f_0 = \frac{1}{2\pi[(C_1 + C_2 + C_0)L]^{1/2}} \tag{6-14}$$

当被测信号不为 0 时，$\Delta C \neq 0$，振荡器频率有相应变化，此时频率为

$$f = \frac{1}{2\pi[(C_1 + C_2 + C_0 \pm \Delta C)L]^{1/2}} = f_0 \pm \Delta f \tag{6-15}$$

频率的变化经过鉴频器转换成电压的变化，经过放大器放大后输出。这种测量电路的灵敏度很高，可测 0.01μm 的位移变化量，抗干扰能力强（加入混频器后更强），缺点是受电缆电容、温度变化的影响很大，输出电压 U_o 与被测量之间的非线性一般要靠电路加以校正，因此电路比较复杂。

3. 运算放大式电路

如前所述，变极距电容式传感器的电容与极距之间的关系为反比关系，传感器存在原理

上的非线性。利用运算放大器的反相比例运算可以使转换电路的输出电压与极距之间的关系变为线性关系，从而使整个测试装置的非线性误差得到很大的减小。图 6-9 所示为电容式传感器的运算放大式电路。

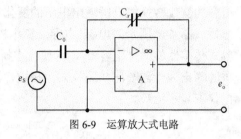

图 6-9　运算放大式电路

图中，e_s 为高频稳幅交流电源；C_0 为标准参比电容，接在运算放大器的输入回路中；C_x 为传感器电容，接在运算放大器的反馈回路中。根据运算放大器的反相比例运算关系，有

$$e_o = -\frac{z_f}{z_0}e_s = -\frac{C_0}{C_x}e_s = -\frac{C_0 e_s}{\varepsilon\varepsilon_0 A}\delta \qquad (6\text{-}16)$$

式中：z_0——C_0 的交流阻抗，$z_0 = \dfrac{1}{j\omega C_0}$；

　　　z_f——C_x 的交流阻抗，$z_f = \dfrac{1}{j\omega C_x}$；

　　　$C_x = \dfrac{\varepsilon\varepsilon_0 A}{\delta}$。

由式（6-16）可见，在其他参数稳定不变的情况下，电路输出电压的幅值 e_o 与传感器的极距 δ 呈线性比例关系。该电路为一幅值电路，高频稳幅交流电源提供载波，极距变化的信号（被测量）为调制信号，输出为调幅波。与其他转换电路相比，运算放大式电路的原理较为简单，灵敏度和精度最高。但一般需用驱动电缆技术来消除电缆电容的影响，电路较为复杂且调整困难。

4. 脉冲宽度调制电路

脉冲宽度调制电路（PWM）是利用传感器的电容充放电使电路输出脉冲的占空比随电容式传感器的电容量变化而变化，再通过低通滤波器得到对应于被测量变化的直流信号。

图 6-10 所示为脉冲宽度调制电路。它由电压比较器 A_1、A_2，双稳态触发器及电容充放电回路组成。其中 $R_1=R_2$，VD_1、VD_2 为特性相同的二极管，C_1、C_2 为一组差动电容式传感元件，初始电容值相等，U_R 为比较器 A_1、A_2 的参考比较电压。

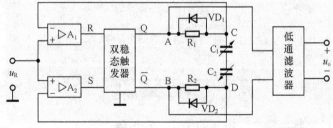

图 6-10　脉冲宽度调制电路

在电路初始状态时，设电容 $C_1=C_2=C_0$，当接通工作电源后双稳态触发器的 R 端为高电平，S 端为低电平，双稳态触发器的 Q 端输出高电平，$\overline{Q}$ 端输出低电平，此时 U_A 通过 R_1 对 C_1 充电，C 点电压 U_C 升高，当 $U_C > U_R$ 时，电压比较器 A_1 的输出为低电平，即双稳态触发器的 R 端为低电平，此时电压比较器 A_2 的输出为高电平，即 S 端为高电平。双稳态触发

的 Q 端翻转为低电平，U_C 经二极管 VD_1 快速放电，很快由高电平降为低电平，$\bar{Q}$ 端输出为高电平，通过 R_2 对 C_2 充电。当 $U_D > U_R$ 时，电压比较器 A_2 的输出为低电平，即 S 端为低电平，电压比较器 A_1 的输出为高电平，即双稳态触发器的 R 端为高电平，Q 端翻转为高电平，回到初始状态。如此周而复始，就可在双稳态触发器的两输出端各产生一宽度分别受 C_1、C_2 调制的脉冲波形，经低通滤波器后输出。当 $C_1 = C_2$ 时，线路上各点波形如图 6-11 (a) 所示，A、B 两点间的平均电压为零；但当 C_1、C_2 值不相等，如 $C_1 > C_2$ 时，则 C_1 的充电时间大于 C_2 的充电时间，即 $t_1 > t_2$，电压波形如图 6-11 (b) 所示。

$$t_1 = R_1 C_1 \ln \frac{U_H}{U_H - U_R} \tag{6-17}$$

$$t_2 = R_2 C_2 \ln \frac{U_H}{U_H - U_R} \tag{6-18}$$

式中：U_H——双稳态触发器输出的高电平值；

$\quad\quad t_1$——电容 C_1 的充电时间；

$\quad\quad t_2$——电容 C_2 的充电时间。

设电阻 $R_1 = R_2$，经低通滤波器后，获得的输出电压平均值为

$$U_o = \frac{C_1 - C_2}{C_1 + C_2} U_H \tag{6-19}$$

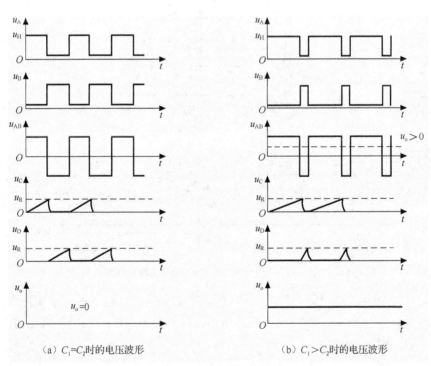

（a）$C_1 = C_2$ 时的电压波形　　　　（b）$C_1 > C_2$ 时的电压波形

图 6-11　各点的电压波形

由式 (6-19) 可知，差动电容的变化使充电时间 t_1、t_2 不相等，从而使双稳态触发器输出端的矩形脉冲宽度不等，即占空比不同。

脉冲宽度调制电路具有如下特点：能获得线性输出；双稳态输出信号一般为 100kHz～1MHz 的矩形波，所以直流输出只需经滤波器简单引出，不需要解调器即能获得直流输出。

电路采用稳定度较高的直流电源，这比其他测量线路中要求高稳定度的稳频、稳幅的交流电源易于做到。如果将双稳态触发器 Q 端的电压信号送到计算机的定时、计数引脚，则可以用软件来测出占空比 q，从而计算出 ΔC 的数值。这种直接采用数字处理的方法不受电源电压波动的影响。

5. 二极管双 T 型交流电桥

图 6-12（a）所示是二极管双 T 型交流电桥电路原理图。e 是高频电源，它提供幅值为 U_i 的对称方波，VD_1、VD_2 为特性完全相同的两个二极管，$R_1 = R_2 = R$，C_1、C_2 为传感器的两个差动电容。

电路工作原理如下。

当 e 为正半周时，二极管 VD_1 导通、VD_2 截止，其等效电路如图 6-12（b）所示。电源经 VD_1 对电容 C_1 充电，并很快充至电压 E，且由 E 经 R_1 以电流 I_1 向负载 R_L 供电。与此同时，电容 C_2 通过电阻 R_2、负载电阻 R_L 放电（设 C_2 已充好电），放电电流为 I_2，则流经 R_L 的总电流 I_L 为 I_1 与 I_2 之和，极性如图 6-12（b）所示。

当 e 为负半周时，二极管 VD_1 截止、VD_2 导通，其等效电路如图 6-12（c）所示。此时 C_2 被很快充至电压 E，并经 R_2 以电流 I'_2 向负载 R_L 供电，电容 C_1 通过电阻 R_1 和负载电阻 R_L 以电流 I'_1 放电，流经 R_L 的总电流 I'_L 为 I'_1 与 I'_2 之和，极性如图 6-12（c）所示。

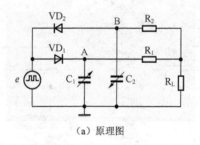

（a）原理图

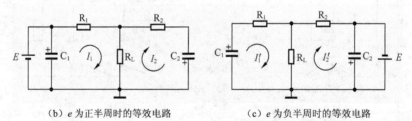

（b）e 为正半周时的等效电路　　　　（c）e 为负半周时的等效电路

图 6-12　二极管双 T 型交流电桥电路原理图

由于 VD_1 与 VD_2 特性相同，且 $R_1=R_2$，所以当 $C_1=C_2$ 时，在 e 的一个周期内流过 R_L 的电流 I_L 和 I'_L 的平均值为零，即 R_L 上无信号输出；而当 $C_1 \neq C_2$ 时，在 R_L 上流过的电流的平均值不为零，有电压信号输出。

三、实际应用中存在的问题

电容式传感器虽然有许多独具的优点，但它的工作原理、结构特点使它也存在一些缺点，在实际使用时需采取相应的技术措施来改善。

1. 静电击穿问题

当电容器两个金属极板距离较近时，会产生较强电场，容易引起电容器击穿或短路。为此，极板间可采用高介电常数的材料（云母、塑料膜等）作介质，防止静电击穿。

2. 电场的边缘效应

增加极板面积和减小极间距离可减小边缘效应的影响。当检测精度要求很高时，可考虑加装等位环，如图 6-13 所示，即在极板周边外围的同一平面上加装一个同心圆环，致使极板周边极间电场分布均匀，以消除边缘效应的影响。

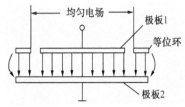

图 6-13　极板周边加装同心圆环示意图

3. 寄生电容

电容式传感器除了极板间的电容外，极板还可能与周围物体（包括仪器中的各种元件甚至人体）之间产生电容联系，这种电容称为寄生电容。由于传感器本身电容很小，所以寄生电容可能使传感器电容量发生明显改变，而且寄生电容极不稳定，从而导致传感器特性的不稳定。

为了克服上述寄生电容的影响，必须对传感器进行静电屏蔽，即将电容器极板放置在金属壳体内，并将壳体良好接地。出于同样原因，其电极引出线也必须用屏蔽线，且屏蔽线外套筒同样良好接地，但屏蔽线本身的电容量较大，且由于放置位置和形状不同而有较大变化，也会造成传感器的灵敏度下降和特性不稳定。目前解决这一问题的有效方法是采用驱动电缆技术，也称双层屏蔽等电位传输技术。

4. 温度误差

在环境温度发生变化时，与电容有关的机械参量 S、d 及介电常数都会随温度变化，造成温度误差，需做必要的温度补偿。

在制造电容式传感器时，一般要选用温度膨胀系数小、几何尺寸稳定的材料。例如电极的支架选用陶瓷材料要比塑料或有机玻璃好；电极材料以铁镍合金为好；近年来采用在陶瓷或石英上喷镀一层金属薄膜来代替电极，效果更好。减小温度误差的另一常用措施是采用差动对称结构，在测量电路中加以补偿。

 项目实施

一、了解电容式差压变送器的工作原理

图 6-14 所示为电容式差压变送器结构示意图。该传感器主要由一个动电极、两个定电极和 3 个电极的引出线组成。动电极为圆形薄金属膜片，它既是动电极，又是压力的敏感元件；定电极为两块中凹的玻璃圆片，在中凹内侧，即相对金属膜片侧镀上具有良好导电性能的金属层。

当被测压力通过过滤器 6 进入空腔 5 时，金属弹性膜片 1 在两侧压力差作用下，将凸向压力低的一侧。膜片和两个镀金凹玻璃圆片 2 之间的电容量便发生变化，由此便可测得压力

传感器与检测技术项目式教程（第2版）

差。这种传感器分辨率很高，常用于气、液的压力或压差及液位和流量的测量。

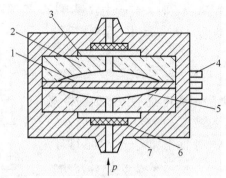

1—金属弹性膜片　2—镀金凹玻璃圆片　3—金属涂层　4—输出端子　5—空腔　6—过滤器　7—壳体

图6-14　电容式差压变送器结构示意图

二、测试电容式传感器

1. 实训原理

利用平板电容 $C = \varepsilon A / d$ 和其他结构的关系式，通过相应的结构和测量电路可以选择 ε、A、d 3个参数，保持两个参数不变，而只改变其中一个参数，则可以有测谷物干燥度（ε 变）、测微小位移（d 变）和测量液位（A 变）等多种电容式传感器。

2. 实训器件与单元

电容式传感器、电容式传感器实训模块、测微头、数显单元（主控箱电压表）、直流稳压源。

3. 实训步骤

（1）按图6-15所示安装示意图将电容式传感器安装于电容式传感器实训模块上。

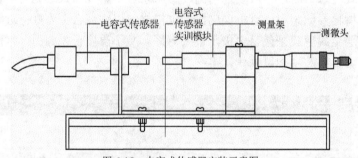

图6-15　电容式传感器安装示意图

（2）用连线将电容式传感器接入电容式传感器实训模块相应端口，接线图如图6-16所示。

（3）将电容式传感器实训模块的输出端 V_{o1} 与数显表单元（主控箱电压表）V_i 相接（插入主控箱 V_i 孔），R_P 调节到中间位置。

（4）接入 ±15V 电源，旋动测微头推进电容式传感器动极板位置，每隔 0.5mm 记下位移 X 与输出电压值（此时电压挡位打在 20V），填入表 6-1 中。

90

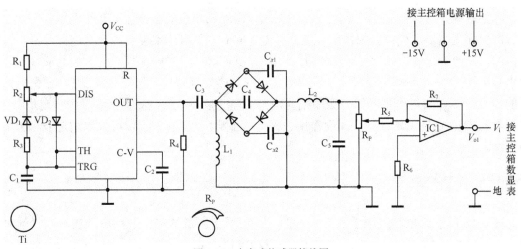

图 6-16　电容式传感器接线图

表 6-1　　　　　　　　　　　　电容式传感器位移与输出电压值

X/mm								
V/mV								

（5）根据表 6-1 中的数据计算电容式传感器的系统灵敏度 S 和非线性误差 δ_f。

项目拓展

电容式传感器不但应用于位移、振动、角度、加速度及荷重等机械量的精密测量，还广泛应用于压力、差压力、液位、料位、湿度、成分含量等参数的测量。

一、电容式接近开关

图 6-17 所示为电容式接近开关的结构示意图。检测极板设置在接近开关的最前端，测量转换电路安装在接近开关壳体内，用介质损耗很小的环氧树脂填充、灌封。当没有物体靠近检测极板时，检测极板与大地间的电容量 C 非常小，它与电感 L 构成高品质因数（Q）的 LC 振荡电路，$Q=1$（ωCR）。当被检测物体为地电位的导电体（如与大地有很大分布电容的人体、液体等）时，检测极板对地电容量 C 增大，LC 振荡电路的 Q 值将下降，导致振荡器停振。

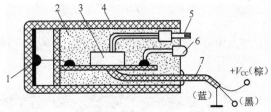

1—检测极板　2—充填树脂　3—测量转换电路　4—塑料壳体　5—灵敏度调节电位器　6—工作指示灯　7—信号电缆

图 6-17　圆柱形电容式接近开关的结构示意图

当不接地、绝缘被测物体接近检测极板时，由于检测极板上施加有高频电压，因此在它附近产生交变电场，被检测物体就会受到静电感应而产生极化现象，正、负电荷分离，检测极板的对地等效电容量增大，使 LC 振荡电路的 Q 值降低。对能量损耗较大的介质（如各种含水有机物），它在高频交变极化过程中是需要消耗一定能量的，该能量是由 LC 振荡电路提供的，必然使 Q 值进一步降低，振荡减弱，振荡幅度减小。当被测物体靠近到一定距离时，振荡器的 Q 值低到无法维持振荡而停振。根据输出电压 U_o 的大小，可大致判定被测物接近的程度。

二、电容式油量表

图 6-18 所示为电容式油量表的示意图。其可用于测量油箱中的油位。在油箱无油时，电容式传感器的电容量 $C_x=C_{x0}$，调节 R_P 的滑动臂位于 0 点，即 R_P 的电阻值为 0，此时，电桥满足 $C_0/C_x=R_1/R_2$ 的平衡条件，电桥输出电压为零，伺服电动机不转动，油量表指针偏转角 $\theta=0$。

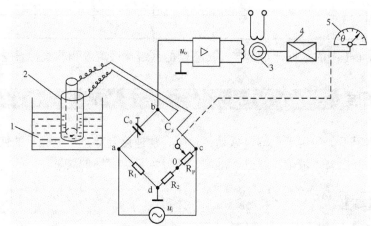

1—油料 2—电容器 3—伺服电动机 4—减速器 5—油量刻度盘

图 6-18 电容式油量表示意图

当油箱中注入油时，液位上升至 h 处，电容的变化量 ΔC_x 与 h 成正比，电容为 $C_x=C_{x0}+\Delta C_x$。此时，电桥失去平衡，电桥的输出电压 U_o 经放大后驱动伺服电动机，由减速器减速后带动指针顺时针偏转，同时带动 R_P 滑动，使 R_P 增大，当 R_P 达到一定值时，电桥又达到新的平衡状态，$U_o=0$，伺服电动机停转，指针停留在转角 θ_{x1} 处。可从油量刻度盘上直接读出油位的高度 h。

当油箱中的油位降低时，伺服电动机反转，指针逆时针偏转，同时带动 R_P 滑动，使其阻值减少。当 R_P 达到一定值时，电桥又达到新的平衡状态，$U_o=0$，于是伺服电动机再次停转，指针停留在转角 θ_{x2} 处。如此，可判定油箱的油量。

三、电容式测厚仪

电容式测厚仪用来测量金属带材在轧制过程中的厚度。它的变换器就是电容式厚度传感器，其工作原理如图 6-19 所示。在被测带材的上、下两边各置一块面积相等、与带材距离相同的极板，这样极板带材就形成了两个电容器（带材也作为一个极板）。把两块极板用导线连接起来，就成为一个极板，而带材则是电容器的另一个极板，其总电容 C 为

$$C=C_1+C_2$$

金属带材在轧制过程中不断向前送进，如果带材厚度发生变化，将引起它与上、下两个极板间距变化，即引起电容量的变化。如果总电容量 C 作为交流电桥的一个臂，电容变化 ΔC 引起电桥不平衡输出，经过放大、检波、再放大，最后在仪表上显示出带材的厚度。这种厚度仪的优点是带材的振动不影响测量精度。

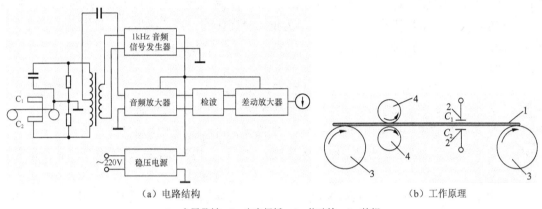

（a）电路结构　　　　　　　　　　　（b）工作原理

1—金属带材　2—电容极板　3—传动轮　4—轧辊

图 6-19　电容测厚仪工作原理图

四、电容器指纹识别

指纹识别常用电容式传感器实现，这类指纹识别系统也被称为第二代指纹识别系统。它的优点是体积小，成本低，成像精度高，而且耗电量很小，因此非常适合在消费类电子产品中使用。

硅电容指纹图像传感器是最常见的半导体指纹传感器，如图 6-20 所示。它通过电子度量来捕捉指纹。在半导体金属阵列上能结合大约 100 000 个电容式传感器，其外面是绝缘的表面。传感器阵列的每一个点是一个金属电极，充当电容器的一极，按在传感面上的手指头的对应点则作为另一极，传感面形成两极之间的介电层。由于指纹的脊和谷相对于另一极之间的距离不同（纹路深浅的存在），导致硅电容表面阵列的各个电容值不同，测量并记录各点的电容值，就可以获得具有灰度级的指纹图像。

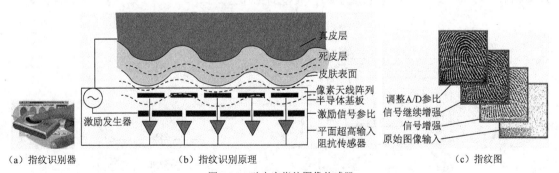

（a）指纹识别器　　　　　（b）指纹识别原理　　　　　　（c）指纹图

图 6-20　硅电容指纹图像传感器

指纹识别系统的电容式传感器发出电子信号，电子信号将穿过手指的表面和死皮层，直达手指皮肤的活体层（真皮层），直接读取指纹图案。由于深入真皮层，传感器能够捕获更多真实数据，不易受手指表面尘污的影响，提高辨识准确率，有效防止辨识错误。

 项目小结

电容式传感器的应用非常广泛，通过本项目的学习，读者主要应掌握电容式传感器的基本结构、工作类型及其特点，特别是电容差动结构形式的特点和应用，熟悉其转换电路的工作原理等。

1. 电容式传感器是把被测量变化转换为电容量变化的一种传感器，其工作原理可用平板电容器表达式说明。根据这个原理，可将电容式传感器分为变极距式、变面积式和变介电常数式3种。

2. 当忽略边缘效应时，变面积电容式传感器和变介电常数电容式传感器具有线性的输出特性，变极距电容式传感器的输出特性是非线性的，为此可采用差动结构以减小非线性。

3. 电容式传感器的输出电容值非常小，所以需要借助测量电路将其转换为相应的电压、电流或频率等信号。常用的测量电路有运算放大式电路、电桥电路、调频电路及脉冲宽度调制电路等。

4. 电子技术的发展解决了电容式传感器存在的一些技术问题，从而为其应用开辟了广阔的前景。它不但广泛地用于精确测量位移、厚度、角度、振动等机械量，还可进行、压力、差压、流量、成分、液位等参数的测量。

 项目训练

一、简答题

1. 电容式传感器工作方式可分为哪3种类型？每种类型的工作原理和特点是什么？

2. 为什么变面积电容式传感器测量位移范围大？

3. 为什么说变极距电容式传感器特性是非线性的？采取什么措施可改善其非线性特征？

二、分析题

1. 图6-21所示为湿敏电容器结构示意图，它的两个上电极是梳状金属电极，下电极是一网状多孔金属电极，上、下电极间是亲水性高分子介质膜。请简述这种电容式传感器测量环境相对湿度的原理，并判断它属于哪种类型的工作方式。

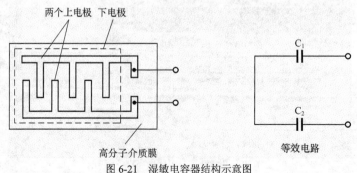

图6-21 湿敏电容器结构示意图

2. 加速度传感器安装在轿车上，可以作为碰撞传感器。当测得的负加速度值超过设定值时，微处理器据此判断发生了碰撞，于是就启动轿车前部的折叠式安全气囊使其迅速充气而膨胀，托住驾驶员及前排乘员的胸部和头部。图 6-22 所示为硅微加工加速度传感器结构示意图，请简述这种加速度传感器的工作原理。

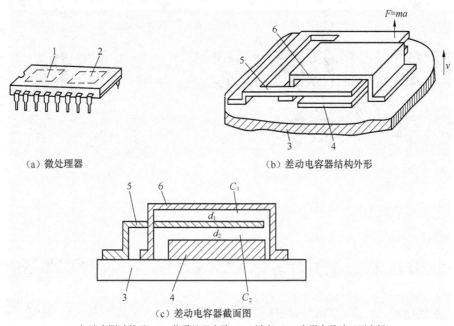

（a）微处理器　　　　　　　（b）差动电容器结构外形

（c）差动电容器截面图

1—加速度测试单元　2—信号处理电路　3—衬底　4—底层多晶硅（下电极）
5—多晶硅悬臂梁　6—顶层多晶硅（上电极）

图 6-22　硅微加工加速度传感器结构示意图

3. 图 6-23 所示为电容式接近开关在料位测量控制中的实例，请简述这种电容式传感器的工作过程。

4. 图 6-24 所示为电容式荷重传感器示意图，请简述这种电容式传感器的工作过程。

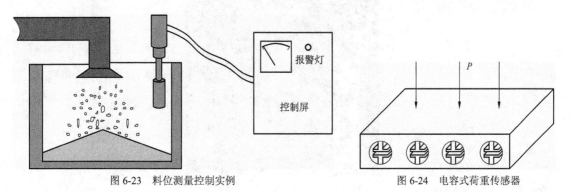

图 6-23　料位测量控制实例　　　　　　图 6-24　电容式荷重传感器

项目七

电感式压力变送器——测试电感式传感器

 项目描述

YSG 系列电感式压力变送器由机械指示压力表和电子放大器组成，它既能通过指针直接指示压力值，便于现场检查与调校，同时还能将被测介质的压力值转换成 4～20mA 的标准直流信号，便于较长距离的传送。电感式压力变送器具有直观、稳定性好、温漂小等优点，可用于各种工作生产过程和测量系统中压力或负压的测量及信号传送，实现生产过程的自动检测与控制。图 7-1 所示为 YSG-02 电感式压力变送器。

本项目主要介绍电感式传感器的工作原理及相关传感器。

图 7-1　YSG-02 电感式压力变送器

知识和能力目标

◎ 掌握自感式电感传感器的基本结构、工作原理。

◎ 掌握互感式电感传感器的基本结构、工作原理。

◎ 掌握差动电感工作方式的特点。

◎ 了解电感式传感器的测量转换电路组成及其工作原理。

◎ 能正确分析由电感式传感器组成的检测系统工作原理。

 知识准备

电感式传感器是利用电磁感应原理将被测非电量（如位移、压力、流量、振动等）转换成电感量的变化，再由测量电路转换为电压或电流的变化量输出的一种传感器。

它的优点是结构简单、工作可靠、测量精度高、零点稳定、输出功率较大等，缺点是灵敏度、线性度和测量范围相互制约，传感器自身频率响应低，不适用于快速动态测量。电感式传感器能实现信息的远距离传输、记录、显示和控制，被广泛应用于工业自动控制系统。

一、自感式传感器

自感式传感器（也称为变磁阻式电感传感器）是利用自感量随气隙变化而改变的原理制成的，可直接用来测量位移量。它主要由线圈、铁心、衔铁等部分组成。

（一）工作原理

如图 7-2 所示，由电工知识可知，线圈的自感量 L 等于线圈中通入单位电流所产生的磁链数，即线圈的自感系数，$L = \psi / I = N\Phi / I$（单位为 H）。$\psi = N\Phi$ 为磁链，Φ 为磁通（单位为 Wb），I 为流过线圈的电流（A），N 为线圈匝数。根据磁路欧姆定律：$\Phi = \mu NIS / l$，μ 为磁导率，S 为磁路截面积，l 为磁路总长度。令 $R_\mathrm{m} = l / \mu S$ 为磁路的磁阻，可得线圈的自感量为

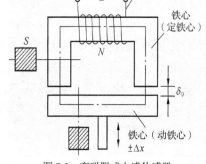

图 7-2 变磁阻式电感传感器

$$L = \frac{N\Phi}{I} = \frac{\mu N^2 S}{l} = \frac{N^2}{R_\mathrm{m}} \tag{7-1}$$

如把铁心和衔铁的磁阻忽略不计，则式（7-1）可改写为

$$L = N^2 / R_\mathrm{m} \approx \frac{N^2 \mu_0 S_0}{2\delta_0} \tag{7-2}$$

式中：S_0——气隙的等效截面积；

μ_0——空气的磁导率。

自感式传感器实质上是一个带气隙的铁心线圈。按磁路几何参数变化，自感式传感器有变气隙式、变面积式与螺线管式 3 种，前两种属于闭磁路式，螺线管式属于开磁路式，如图 7-3 所示。变气隙（闭磁路）自感式传感器和螺纹管（开磁路）自感式传感器又都可分为单线圈式和差动式两种结构形式。

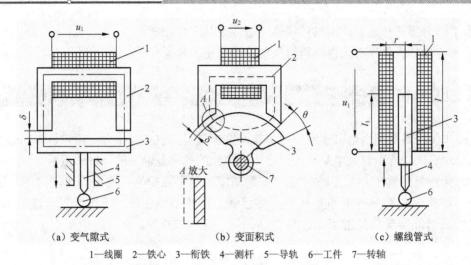

（a）变气隙式　　　　　　（b）变面积式　　　　　　（c）螺线管式

1—线圈　2—铁心　3—衔铁　4—测杆　5—导轨　6—工件　7—转轴

图7-3　自感式传感器常见结构形式

1. 变气隙（闭磁路）自感式传感器

变气隙自感式传感器的结构原理如图7-4所示。图7-4（a）所示为单边式，它们由铁心、线圈、衔铁、测杆及弹簧等组成。由式（7-2）可知，变气隙自感式传感器的线性度差，示值范围窄，自由行程小，但在小位移下灵敏度很高，常用于小位移的测量。

同样由式（7-2）可知，变面积自感式传感器具有良好的线性度，自由行程大，示值范围宽，但灵敏度较低，通常用来测量比较大的位移。

为了扩大示值范围和减小非线性误差，可采用差动结构，如图7-4（b）所示。将两个线圈接在电桥的相邻臂，构成差动电桥，不仅可使灵敏度提高一倍，还可使非线性误差大为减小。如当 $\Delta x / l_0 = 10\%$ 时，单边式非线性误差小于 10%，而差动式非线性误差小于 1%。

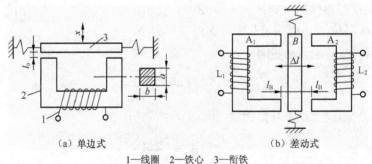

（a）单边式　　　　　　　　　　　（b）差动式

1—线圈　2—铁心　3—衔铁

图7-4　变气隙自感式传感器的结构原理图

2. 螺线管（开磁路）自感式传感器

螺线管自感式传感器常采用差动式。如图7-5所示，它是在螺线管中插入圆柱形铁心而构成的。其磁路是开放的，气隙磁路占很长的部分。有限长螺线管内部磁场沿轴线非均匀分布，中间强，两端弱。插入铁心的长度不宜过短，也不宜过长，一般以铁心与线圈长度比为0.5、半径比趋于1为宜。铁磁材料的选取决定于供桥电源的频率，500Hz以下多用硅钢片，500Hz以上多用薄膜合金，更高频率则选用铁氧体。从线性度考虑，匝数和铁心长度有一最佳数值，应通过实验选定。

从结构图可以看出，差动式自感式传感器受外界影响较小，如温度的变化、电源频率的变化等基本上可以互相抵消，衔铁承受的电磁吸力也较小，从而减小了测量误差。从输出特性曲线（见图 7-6）可以看出，差动式自感式传感器的线性较好，且输出曲线较陡，灵敏度约为非差动式自感式传感器的两倍。

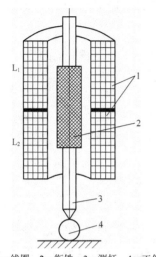

1—线圈　2—衔铁　3—测杆　4—工件

图 7-5　螺线管自感式传感器的结构原理

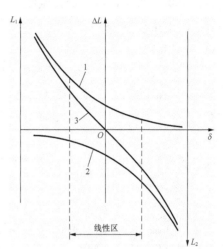

1、2—L_1、L_2 的特性　3—差动特性

图 7-6　差动式自感式传感器输出特性

（二）自感式传感器的测量电路

自感式传感器的测量电路用来将电感量的变化转换成相应的电压或电流信号，以便供放大器进行放大，然后用测量仪表显示或记录。

自感式传感器的测量电路有交流分压式、交流电桥式和谐振式等多种，常用的差动式传感器大多采用交流电桥式。交流电桥的种类很多，差动形式工作时其电桥电路常采用双臂工作方式。两个差动线圈 Z_1 和 Z_2 分别作为电桥的两个桥臂，另外两个平衡臂可以是电阻或电抗，或者是带中心抽头的变压器的两个二次绕组或紧耦合线圈等形式。

1. 变压器交流电桥

采用变压器副绕组作平衡臂的交流电桥如图 7-7 所示。因为电桥有两臂为传感器的差动线圈 Z_1 和 Z_2 的阻抗，所以该电路又称为差动交流电桥。

设 O 点为电位参考点，根据电路的基本分析方法，可得到电桥输出电压 $\dot{U}_o$ 为

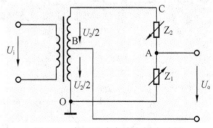

图 7-7　变压器式交流电桥电路图

$$\dot{U}_o = \dot{U}_{AB} = \dot{V}_A - \dot{V}_B = \left(\frac{Z_1}{Z_1 + Z_2} - \frac{1}{2} \right) \dot{U}_2 \tag{7-3}$$

当传感器的活动铁心处于初始平衡位置时，两线圈的电感相等，阻抗也相等，即 $Z_{10} = Z_{20} = Z_0$，其中 Z_0 表示活动铁心处于初始平衡位置时每一个线圈的阻抗。由式（7-3）可知，这时电桥输出电压 $\dot{U}_o = 0$，电桥处于平衡状态。

当铁心向一边移动时，则一个线圈的阻抗增加，即 $Z_1 = Z_0 + \Delta Z$，而另一个线圈的阻抗减

小，即 $Z_2 = Z_0 - \Delta Z$，代入式（7-3）得

$$\dot{U}_o = \left(\frac{Z_0 + \Delta Z}{2Z_0} - \frac{1}{2} \right) \dot{U}_2 = \frac{\Delta Z}{2Z_0} \dot{U}_2 \tag{7-4}$$

当传感器线圈为高 Q 值时，则线圈的电阻远小于其感抗，即 $R \ll \omega L$，则根据式（7-4）可得到输出电压 $\dot{U}_o$ 的值为

$$\dot{U}_o = \frac{\Delta L}{2L_0} \dot{U}_2 \tag{7-5}$$

同理，当活动铁心向另一边（反方向）移动时，则有

$$\dot{U}_o = -\frac{\Delta L}{2L_0} \dot{U}_2 \tag{7-6}$$

综合式（7-5）和式（7-6）可得电桥输出电压 $\dot{U}_o$ 为

$$\dot{U}_o = \pm \frac{\Delta L}{2L_0} \dot{U}_2 \tag{7-7}$$

式（7-7）表明，差动自感式传感器采用变压器交流电桥为测量电路时，电桥输出电压既能反映被测体位移量的大小，又能反映位移量的方向，且输出电压与电感变化量呈线性关系。

2. 带相敏整流的交流电桥

上述变压器式交流电桥中，由于采用交流电源（ $U_2 = U_{2m} \sin \omega t$ ），则不论活动铁心向线圈的哪个方向移动，电桥输出电压总是交流的，即无法判别位移的方向。为此，常采用带相敏整流的交流电桥，如图 7-8 所示。图中电桥的两个臂 Z_1、Z_2 分别为差动自感式传感器中的电感线圈，另两个臂为平衡线圈 Z_3、Z_4（阻抗 $Z_3 = Z_4 = Z_0$），VD1、VD2、VD3、VD4 4 只二极管组成相敏整流器，输入交流电压加在 A、B 两点之间，输出直流电压 U_o 由 C、D 两点输出，测量仪表可以为零刻度居中的直流电压表或数字电压表。下面分析其工作原理。

（1）初始平衡位置。当差动自感式传感器的活动铁心处于中间位置时，传感器两个差动线圈的阻抗 $Z_1 = Z_2 = Z_0$，其等效电路如图 7-9 所示。由图可知，无论在交流电源的正半周[见图 7-9（a）]还是负半周[见图 7-9（b）]电桥均处于平衡状态，桥路没有电压输出，即

$$U_o = V_D - V_C = \frac{Z_0}{Z_0 + Z_0} U_i - \frac{Z_0}{Z_0 + Z_0} U_i = 0 \tag{7-8}$$

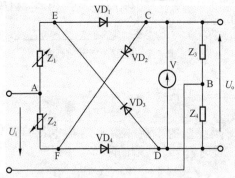

图 7-8　带相敏整流的交流电桥电路

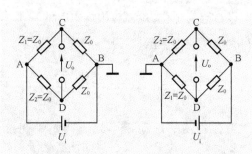

（a）交流电正半周等效电路　（b）交流电负半周等效电路

图 7-9　铁心处于初始平衡位置时的等效电路

（2）活动铁心向一边移动。当活动铁心向线圈的一个方向移动时，传感器两个差动线圈的阻抗发生变化，等效电路如图 7-10 所示。

此时 Z_1、Z_2 的值分别为

$$Z_1 = Z_0 + \Delta Z$$
$$Z_2 = Z_0 - \Delta Z$$

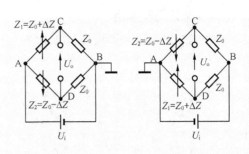

（a）交流电正半周等效电路　（b）交流电负半周等效电路
图 7-10　铁心向线圈一个方向移动时的等效电路

在 U_i 的正半周，由图 7-10（a）可知，输出电压为

$$U_o = V_D - V_C = \frac{\Delta Z}{2Z_0} \frac{1}{1 - \left(\frac{\Delta Z}{2Z_0}\right)^2} U_i \qquad (7-9)$$

当 $(\Delta Z/Z_0)^2 \ll 1$ 时，式（7-9）可近似地表示为

$$U_o \approx \frac{\Delta Z}{2Z_0} U_i \qquad (7-10)$$

同理，在 U_i 的负半周，由图 7-10（b）可知

$$U_o = V_D - V_C = \frac{\Delta Z}{2Z_0} \frac{1}{1 - \left(\frac{\Delta Z}{2Z_0}\right)^2} |U_i| \approx \frac{\Delta Z}{2Z_0} |U_i| \qquad (7-11)$$

由此可知，只要活动铁心向一方向移动，无论在交流电源的正半周还是负半周，电桥输出电压 U_o 均为正值。

（3）活动铁心向相反方向移动。当活动铁心向线圈的另一个方向移动时，用上述分析方法同样可以证明，无论在 U_i 的正半周还是负半周，电桥输出电压 U_o 均为负值，即

$$U_o = -\frac{\Delta Z}{2Z_0} |U_i| \qquad (7-12)$$

综上所述可知，采用带相敏整流的交流电桥，其输出电压既能反映位移量的大小，又能反映位移的方向，所以应用较为广泛。图 7-11 所示为相敏整流交流电桥输出特性曲线。

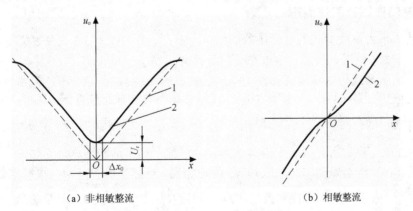

（a）非相敏整流　　　　　　　　（b）相敏整流

1—理想特性曲线　2—实际特性曲线

图 7-11　相敏整流交流电桥输出特性曲线

3. 谐振式测量电路

谐振式测量电路有谐振式调幅电路（见图 7-12）和谐振式调频电路（见图 7-13）。

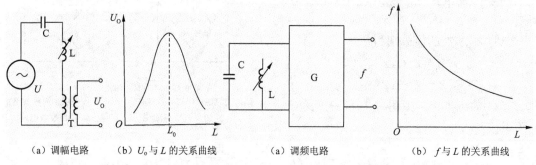

（a）调幅电路　　（b）U_o 与 L 的关系曲线　　　　　（a）调频电路　　　　（b）f 与 L 的关系曲线

图 7-12　谐振式调幅电路　　　　　　　　　图 7-13　谐振式调频电路

在谐振式调幅电路中，传感器的电感器 L 与电容器 C、变压器原边串联在一起，接入交流电源，变压器副边将有电压 U_o 输出，输出电压的频率与电源频率相同，而幅值随着电感 L 而变化。图 7-12（b）所示为输出电压幅值 $\dot{U}_o$ 与电感 L 的关系曲线，其中 L_0 为谐振点的电感值，此电路灵敏度很高，但线性差，适用于线性要求不高的场合。

谐振式调频电路的基本原理是传感器电感 L 的变化将引起输出电压频率的变化。一般是把传感器电感 L 和电容器 C 接入一个振荡回路中，其振荡频率 $f = 1/\left[2\pi\,(LC)^{1/2}\right]$。当 L 变化时，振荡频率随之变化，根据 f 的大小即可测出被测量的值。图 7-13（b）表示 f 与 L 的特性，它具有明显的非线性关系。

二、差动变压器式传感器

把被测非电量的变化转换为线圈互感变化的传感器称为互感式传感器。因这种传感器是根据变压器的基本原理制成的，并且其二次绕组都用差动形式连接，所以又叫差动变压器式传感器，简称差动变压器。它的结构形式较多，有变气隙式、变面积式和螺线管式等，但其工作原理基本一样。在非电量测量中，应用最多的是螺线管式的差动变压器，它可以测量 1～100mm 范围内的机械位移，并具有测量精度高、灵敏度高、结构简单、性能可靠等优点。

（一）差动变压器工作原理

图 7-14 所示为螺线管式差动变压器的结构示意图。由图可知，它主要由绕组、活动衔铁、测杆等组成。绕组包括一、二次绕组和骨架等部分。

图 7-15 所示为理想的螺线管式差动变压器的原理图。将两匝数相等的二次绕组的同名端反向串联，并且在忽略铁损、导磁体磁阻和绕组分布电容的理想条件下，当一次绕组 N_1 加以励磁电压 $\dot{U}_i$ 时，则在两个二次绕组 N_{21} 和 N_{22} 中就会产生感应电动势 $\dot{E}_{21}$ 和 $\dot{E}_{22}$（二次开路时即为 $\dot{U}_{21}$、$\dot{U}_{22}$）。若工艺上保证变压器结构完全对称，则当活动衔铁处于初始平衡位置时，必然会使两个二次绕组磁回路的磁阻相等，磁通相同，互感系数 $M_1 = M_2$。根据电磁感应原理，将有 $\dot{E}_{21} = \dot{E}_{22}$，由于两个二次绕组反向串联，因而 $\dot{U}_o = \dot{E}_{21} - \dot{E}_{22} = 0$，即差动变压器输出电压为零，即

$$\dot{E}_{21} = -\mathrm{j}\omega M_1 \dot{I}_1 \qquad \dot{E}_{22} = -\mathrm{j}\omega M_2 \dot{I}_1 \tag{7-13}$$

式中：ω——激励电源角频率，单位为 rad/s；

M_1、M_2—— 一次绕组 N_1 与二次绕组 N_{21}、N_{22} 间的互感量，单位为 H；

$\dot{I}_1$——一次绕组的激励电流，单位为 A。

$$\dot{U}_{\mathrm{o}} = \dot{E}_{21} - \dot{E}_{22} = -\mathrm{j}\omega(M_1 - M_2)\dot{I}_1 = \mathrm{j}\omega(M_2 - M_1)\dot{I}_1 = 0 \tag{7-14}$$

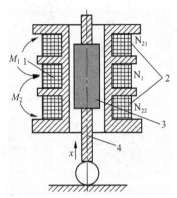

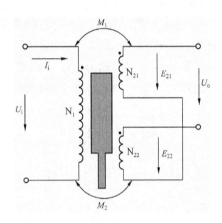

1——一次绕组　2——二次绕组　3——衔铁　4——测杆

图 7-14　螺线管式差动变压器结构示意图　　　　图 7-15　理想的螺线管式差动变压器原理图

当活动衔铁向二次绕组 N_{21} 方向（向上）移动时，由于磁阻的影响，N_{21} 中的磁通将大于 N_{22} 中的磁通，即可得 $M_1 = M_0 + \Delta M$、$M_2 = M_0 - \Delta M$，从而使 $M_1 > M_2$，因而必然会使 $\dot{E}_{21}$ 增加，$\dot{E}_{22}$ 减小。因为 $\dot{U}_{\mathrm{o}} = \dot{E}_{21} - \dot{E}_{22} = -2\,\mathrm{j}\omega\Delta M\dot{I}_1$，综上分析可得

$$\dot{U}_{\mathrm{o}} = \dot{E}_{21} - \dot{E}_{22} = \pm 2\,\mathrm{j}\omega\,\Delta M\,\dot{I}_1 \tag{7-15}$$

式中的正负号表示输出电压与励磁电压同相或者反相。

由于在一定范围内，互感的变化 ΔM 与位移 x 成正比，所以输出电压的变化与位移的变化成正比。其特性曲线如图 7-16 所示。实际上，当衔铁位于中心位置时，差动变压器的输出电压并不等于零，通常把差动变压器在零位移时的输出电压称为零点残余电动势（见图 7-16 中的 Δe）。它的存在使传感器的输出特性曲线不过零点，造成实际特性与理论特性不完全一致。

零点残余电动势产生的原因是传感器的两次级绕组的电气参数与几何尺寸不对称，以及磁性

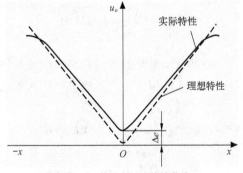

图 7-16　差动变压器特性曲线

材料的非线性等，使得传感器在零点附近的输出特性不灵敏，为测量带来误差。为了减小零点残余电动势，可采用以下方法。

（1）尽可能保证传感器尺寸、线圈电气参数和磁路对称。

（2）选用合适的测量电路。

（3）采用补偿线路减小零点残余电动势。

（二）差动变压器测量电路

差动变压器输出的是交流电压，若用交流电压表测量，只能反映衔铁位移的大小，而不能反映移动方向。另外，其测量值中将包含零点残余电动势。为了达到能辨别移动方向及消除零点残余电动势的目的，实际测量时，常常采用差动整流电路和差动相敏检波电路。

1. 差动整流电路

图 7-17 所示为差动整流电路的几种典型电路形式，其中图 7-17（a）、（c）适用于高负载阻抗，图 7-17（b）、（d）适用于低负载阻抗，电阻 R_0 用于调整零点残余电动势。这种电路是把差动变压器的两个次级输出电压分别整流，然后将整流的电压或电流的差值作为输出，这样二次电动势压的相位和零点残余电动势都不必考虑。

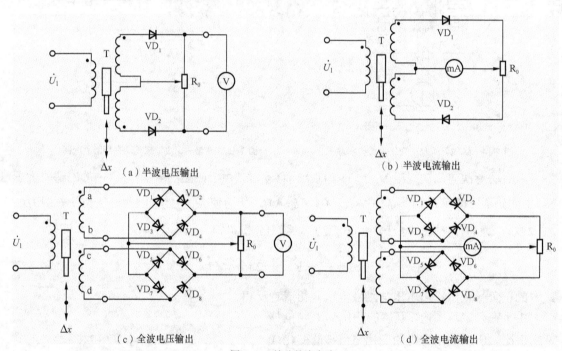

图 7-17　差动整流电路

差动整流电路同样具有相敏检波作用，图中的两组（或两个）整流二极管分别将二次绕组中的交流电压转换为直流电，然后相加。由于这种测量电路结构简单，不需要考虑相位调整和零点残余电动势的影响，且具有分布电容小和便于远距离传输等优点，因而获得广泛的应用。但是，二极管的非线性影响比较严重，而且二极管的正向饱和压降和反向漏电流对性能也会产生不利影响，所以只能在要求不高的场合下使用。

一般经差动相敏检波和差动整流后的输出信号还必须经过低通滤波器，把调制的高频信号衰减掉，只让衔铁运动产生的有用信号通过。

2. 差动相敏检波电路

差动相敏检波电路的种类很多，但基本原理大致相同。下面以二极管环形（全波）差动相敏检波电路为例说明其工作原理。

（1）电路组成。如图 7-18 所示，4 个特性相同的二极管以同一方向串接成一个闭合回路，组成环形电桥。差动变压器输出的调幅波 u_2 通过变压器 T_1 加入环形电桥的一条对角线，解调信号 u_0 通过变压器 T_2 加入环形电桥的另一个对角线，输出信号 u_L 从变压器 T_1 与 T_2 的中心抽头之间引出。平衡电阻 R 起限流作用，避免二极管导通时电流过大。R_L 为检波电路的负载。解调信号 u_0 的幅值要远大于 u_2，以便有效控制 4 个二极管的导通状态。u_0 与 u_1 由同一振荡器供电，以保证两者同频、同相（或反相）。

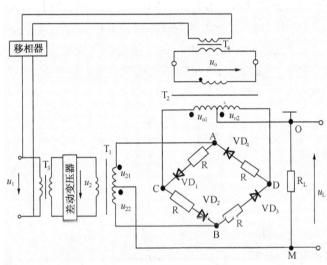

图 7-18　差动相敏检波电路

（2）工作原理。当 u_2 与 u_0 处于正半周时，VD_2、VD_3 导通，VD_1、VD_4 截止，形成两条电流通路，等效电路如图 7-19 所示。电流通路 1 为

$$u_{o1}^+ \rightarrow C \rightarrow VD_2 \rightarrow B \rightarrow u_{22}^- \rightarrow u_{22}^+ \rightarrow R_L \rightarrow u_{o1}^-$$

电流通路 2 为

$$u_{o2}^+ \rightarrow R_L \rightarrow u_{22}^+ \rightarrow u_{22}^- \rightarrow B \rightarrow VD_3 \rightarrow D \rightarrow u_{o2}^-$$

当 u_2 与 u_0 同处于负半周时，VD_1、VD_4 导通，VD_2、VD_3 截止，同样有两条电流通路，等效电路如图 7-20 所示。

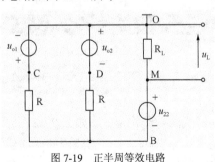

图 7-19　正半周等效电路　　　　　　　　图 7-20　负半周等效电路

电流通路 1 为

$$u_{o1}^+ \rightarrow R_L \rightarrow u_{21}^+ \rightarrow u_{21}^- \rightarrow A \rightarrow R \rightarrow VD_1 \rightarrow C \rightarrow u_{o1}^-$$

电流通路 2 为

$$u_{o2}^+ \to D \to R \to VD_4 \to A \to u_{21}^- \to u_{21}^+ \to R_L \to u_{o2}^-$$

传感器衔铁上移 $\qquad u_L = \dfrac{R_L u_2}{n_1(R + 2R_L)}$ （7-16）

传感器衔铁下移 $\qquad u_L = -\dfrac{R_L u_2}{n_1(R + 2R_L)}$ （7-17）

其中，n_1 为变压器 T_1 的变比。

（3）波形图。根据以上分析可画出电路的输入输出电压波形，如图 7-21 所示。由于输出电压 u_L 是经二极管检波之后得到的，因此式（7-16）中的 u_2 对应图 7-21（c）中的正包络线，而式（7-17）中的 u_2 对应图 7-21（c）中的负包络线，它们共同形成的波形如图 7-21（e）所示。由图 7-21 可知，图 7-21（a）、图 7-21（e）变化规律完全相同。因此电压 u_L 的变化规律充分反映了被测位移量的变化规律，即 u_L 的幅值反映了被测位移量 Δx 的大小，u_L 的极性反映了被测位移量 Δx 的方向。

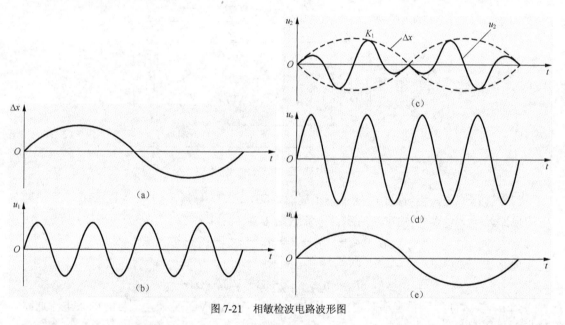

图 7-21　相敏检波电路波形图

 项目实施

一、了解电感式压力变送器工作原理

常见的电感式压力变送器有变气隙式和差动变压器式两种结构形式，如图 7-22 所示。变气隙式的工作原理是被测压力作用在膜片上使之产生位移，引起差动电感线圈的磁路磁阻发生变化，如图 7-22（a）所示；差动变压器式的工作原理是被测压力作用在膜盒上，使之产生与压力成正比的位移，同时带动铁心移动，使差动变压器的两个对称的和反向串接的次级绕组失去平衡，输出一个与被测压力成正比的电压，也可以输出标准电流信号与电动单元组合仪表联用构成自动控制系统，如图 7-22（b）所示。

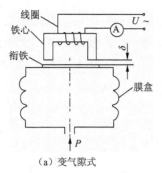
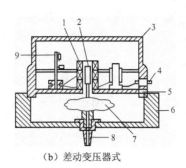

（a）变气隙式　　　　　　　　　　（b）差动变压器式

1—差动变压器　2—衔铁　3—罩壳　4—插头　5—通孔
6—底座　7—膜盒　8—接头　9—线路板

图7-22　电感式压力变送器基本结构

二、测试电感式传感器

1．实训原理

差动变压器由一只初级线圈、两只次级线圈及一个铁心组成（铁心在可移动杆的一端），根据内外层排列不同，有二段式和三段式，本实训采用三段式结构。当传感器随着被测体移动时，由于初级线圈和次级线圈之间的互感发生变化，促使次级线圈感应电动势产生变化，一只次级感应电动势增加，另一只感应电动势则减少，将两只次级线圈反向串接（同名端连接），就引出差动输出。其输出电动势反映出被测体的移动量。

2．实训器件与单元

差动变压器实训模块、测微头、双线示波器、差动变压器、音频信号源（音频振荡器）、直流电源、万用表。

3．实训步骤

（1）根据图7-23所示示意图，将差动变压器安装在差动变压器实训模块上。

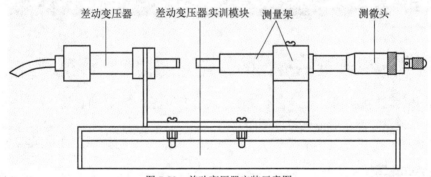

差动变压器　　差动变压器实训模块　　测量架　　　　测微头

图7-23　差动变压器安装示意图

（2）在模块上按照图7-24所示示意图接线，音频振荡器信号必须从主控箱中的 L_V 端子输出，调节音频振荡器的频率，输出频率为5～10kHz（可用主控箱的数显表的频率挡 f_i 输入来监测，实训中可调节频率使波形不失真）。调节幅度使输出幅度为峰-峰值 $V_{p-p}=2V$（可用示波器监测：x 轴为 0.2ms/格、y 轴 CH_1 为 1V/格、CH_2 为 0.2V/格）。判别初次级线圈及次级线圈同名端方法如下：设任一线圈为初级线圈（1 和 2 实训插孔作为初级线圈），并设另外两个线圈的任一端为同名端，按图 7-21 接线。当铁心左、右移动时，观察示波器中显示的初级线圈波形、次级线圈波形，当次级线圈波形输出幅值变化很大，基本上能过零点（即 3 和 4 实训插孔），而且相位与初级线圈波形（L_V 音频信号 V_{p-p}=2V 波形）比较能同相和反相变化，说明已连接的初、次级线圈及同名端是正确的，否则继续改变连接再判断直到正确为止。图中 1、2、3、4 为模块中的实训插孔。

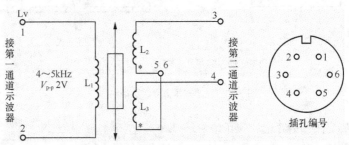

图 7-24　双线示波器与差动变压器连接示意图

（3）旋动测微头，使示波器第二通道显示的波形峰-峰值 V_{p-p} 为最小。这时可以左、右位移，假设其中一个方向为正位移，则另一个方向位移为负。从 V_{p-p} 最小处开始旋动测微头，每隔 0.5mm 从示波器上读出输出电压 V_{p-p} 值并填入表 7-1 中。再从 V_{p-p} 最小处反向位移做操作，在操作过程中，注意左、右位移时，初、次级线圈波形的相位关系。

表 7-1　　　　　　　　　　差动变压器位移 X 值与输出电压 V_{p-p} 数据表

X/mm				$-$ $\leftarrow$	0mm	$\rightarrow$ $+$			
V/mV					V_{p-p}				

（4）实训过程中注意差动变压器输出的最小值即为差动变压器的零点残余电动势大小。根据表 7-1 画出 V_{p-p}-X 曲线，作出量程为 ±4mm、±6mm 时的灵敏度和非线性误差。

 项目拓展

一、自感式传感器的应用

自感式传感器的应用很广泛，它不仅可直接用于测量位移，还可以用于测量振动、应变、厚度、压力、流量、液位等非电量。下面介绍两个应用实例。

1. 自感式测厚仪

图 7-25 所示为自感式测厚仪原理图，它采用差动结构，其测量电路为带相敏整流的交流电桥。当被测物的厚度发生变化时，引起测杆上下移动，带动可动铁心产生位移，从而改变了气隙的厚度，使线圈的电感量发生相应的变化。此电感变化量经过带相敏整流的交流电桥

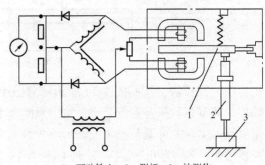

1—可动铁心　2—测杆　3—被测物

图 7-25　自感式测厚仪原理图

测量后，由测量仪表显示，其大小与被测物的厚度成正比。

2. 位移测量

图 7-26（a）所示为轴向式测试头的结构示意图，图 7-26（b）所示为电感测微仪的原理框图。测量时测头的测端与被测件接触，被测件的微小位移使衔铁在差动线圈中移动，线圈的电感值将产生变化，这一变化量通过引线接到交流电桥，电桥的输出电压就反映被测件的位移变化量。

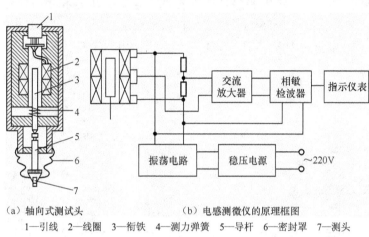

（a）轴向式测试头　　　　　　（b）电感测微仪的原理框图

1—引线　2—线圈　3—衔铁　4—测力弹簧　5—导杆　6—密封罩　7—测头

图 7-26　电感测微仪及其测量电路框图

二、差动变压器式传感器的应用

差动变压器不仅可以直接用于位移测量，而且还可以测量与位移有关的任何机械量，如振动、加速度、应变、压力、张力、比重和厚度等。

1. 振动和加速度的测量

图 7-27 所示为测量振动与加速度的电感式传感器结构图。它由悬臂梁和差动变压器构成。测量时，将悬臂梁底座及差动变压器的线圈骨架固定，而将衔铁的 A 端与被测振动体相连，此时传感器作为加速度测量中的惯性元件，它的位移与被测加速度成正比，使加速度的测量转变为位移的测量。当被测体带动衔铁以 $\Delta x(t)$ 振动时，导致差动变压器的输出电压也按相同规律变化。

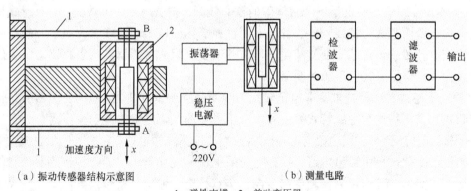

（a）振动传感器结构示意图　　　　　　　（b）测量电路

1—弹性支撑　2—差动变压器

图 7-27　振动传感器及其测量电路

2．作用力的测量

图 7-28 所示为差动变压器式力传感器。当力作用于传感器时，弹性元件产生变形，从而导致衔铁相对线圈移动。线圈电感量的变化通过测量电路转换为输出电压，其大小反映了受力的大小。

3．CPC-A 型差压计

CPC-A 型差压计测量电路主要由多谐振荡器、差动变压器和相敏整流电路组成，如图 7-29 所示。其中集成芯片 7555 与外阻容元件组成振荡电路，输出方波作为差动变压器一次绕组的激励电源，幅值为 10V；VD_1、VD_2 组成电压输出型检波电路；R_{P1} 为零点调整电阻，R_{P2} 为满度调整电阻。

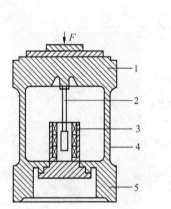

1—上部　2—衔铁　3—线圈　4—变形部　5—下部

图 7-28　差动变压器式力传感器

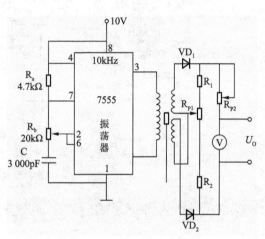

图 7-29　CPC-A 型差压计测量电路

项目小结

　　电感式传感器利用电磁感应原理将被测非电量转换成线圈自感量或互感量的变化，进而由测量电路转换为电压或电流的变化量。电感式传感器种类很多，本项目主要介绍了自感式和变压器式（互感式）两种。

　　1．自感式传感器实质上是一个带气隙的铁心线圈。按磁路几何参数变化，自感式传感器有变气隙式、变面积式与螺线管式 3 种，前两种属于闭磁路式，螺线管式属于开磁路式。其中自感式变气隙传感器有基本变气隙传感器与差动变气隙式传感器。两者相比，后者的灵敏度比前者的高一倍，且线性度得到明显改善。

　　2．差动互感式传感器把被测非电量转换为线圈间互感量的变化。差动变压器的结构形式有变气隙式、变面积式和螺线管式等，其中应用最多的是螺线管式差动变压器。

　　3．电感式传感器是利用电磁感应原理将被测非电量（如位移、压力、流量、振动等）转换成电感量的变化，再由测量电路转换为电压或电流的变化量输出的一种传感器。它的优点很多，如结构简单、工作可靠、测量精度高、零点稳定、输出功率较大等，缺点是灵敏度、线性度和测量范围相互制约，传感器自身频率响应低，不适用于快速动态测量。这种传感器能实现信息的远距离传输、记录、显示和控制，被广泛应用于工业自动控制系统。

项目训练

一、单项选择题

1．下列不是电感式传感器的是（　　　）。

　　A．变磁阻自感式传感器　　　　　　B．电涡流式传感器

　　C．变压器互感式传感器　　　　　　D．霍尔式传感器

2．下列传感器中不能做成差动结构的是（　　　）。

　　A．电阻应变式　　　B．自感式　　　C．电容式　　　　D．电涡流式

3．自感式传感器或差动变压器式传感器采用相敏检波电路最重要的目的是（　　　）。

　　A．将输出的交流信号转换成直流信号

　　B．提高灵敏度

　　C．减小非线性失真

　　D．使检波后的直流电压能反映检波前交流信号的相位和幅度

二、简答题

1．电感式传感器的工作原理是什么？能够测量哪些物理量？

2．变气隙式传感器主要由哪几部分组成？有什么特点？

3．为什么螺线管电感式传感器比变气隙电感式传感器有更大的测量位移范围？

4．何谓零点残余电动势？说明该电动势产生的原因和消除方法。

5．差动变压器式传感器的测量电路有哪几种类型？说明它们的组成和工作原理。为什么这类电路能消除零点残余电动势？

6．比较差动自感式传感器和差动变压器在结构上及工作原理上的异同之处。

7．在电感式传感器中常采用相敏整流电路，其作用是什么？

三、分析题

1．图 7-30 所示为一种力平衡式差压计结构原理图，请简述其工作过程。

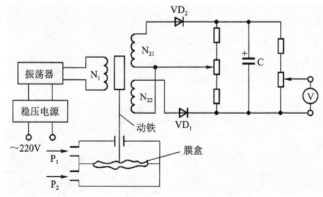

图 7-30　力平衡式差压计结构原理图

2. 图 7-31 所示为一差动整流电路，请分析电路的工作原理。

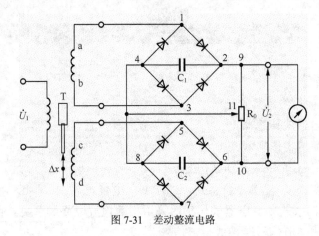

图 7-31　差动整流电路

项目八

电涡流探雷器——测试电涡流式传感器

 项目描述

为排除地表下埋入的地雷，常用便携式探雷器来探测地表，当探雷器探测到地表下的地雷时就会发出报警提示信号，然后进行排除地雷。

便携式探雷器是利用电涡流效应原理来工作的，所以又叫电涡流探雷器。这种探测器除了用于探测地雷，还被广泛运用在机场安检用的金属安检门、探钉器、手持金属探测器及考古用的地下金属探测器等，虽然这些探测器并不叫探雷器，但是其工作原理和用途都跟探雷器是一样的。

本项目主要介绍电涡流式探测器（电涡流式传感器）的工作原理及相关传感器。

知识和能力目标

◎ 掌握涡流效应的概念。

◎ 掌握电涡流式传感器的基本结构和工作方式。

◎ 能正确选择、安装、测试和应用电涡流式传感器。

 知识准备

一、电涡流式传感器的工作原理

1．电涡流效应

根据法拉第电磁感应原理，块状金属导体置于变化的磁场中或在磁场中做切割磁力线运动时，导体内将产生涡旋状的感应电流，该感应电流被称为电涡流或涡流，这种现象被称为电涡流效应。

电涡流大小与导体电阻率 ρ、磁导率 μ 以及产生交变磁场的线圈与被测体之间的距离 x、线圈激励电流的频率 f 有关。

电涡流穿透深度 h 可表示为

$$h = 5030\sqrt{\frac{\rho}{\mu_r f}} \tag{8-1}$$

式中：ρ——导体电阻率（$\Omega \cdot cm$）；

　　　μ_r——导体相对磁导率；

　　　f——交变磁场频率（Hz）。

2. 电涡流式传感器的等效电路和工作原理

（1）等效电路。图 8-1 所示为电涡流式传感器的简化模型，其由传感器线圈和被测导体组成线圈-导体系统。若把在被测金属导体上形成的电涡流等效成一个短路环，可画出等效电路图，如图 8-2 所示。图中 R_2 为电涡流短路环等效电阻。根据基尔霍夫第二定律，可列出如下方程：

$$\begin{cases} R_1\dot{I}_1 + j\omega L_1 \dot{I}_1 - j\omega M \dot{I}_2 = \dot{U}_1 \\ -j\omega M \dot{I}_1 + R_2 \dot{I}_2 + j\omega L_2 \dot{I}_2 = 0 \end{cases} \tag{8-2}$$

式中：ω——线圈激磁电流角频率；

　　R_1、L_1——线圈电阻和电感；

　　L_2、R_2——短路环等效电感和等效电阻。

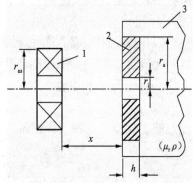

1—传感器线圈　2—涡流短路环　3—被测导体

图 8-1　电涡流式传感器简化模型

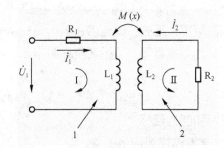

图 8-2　电涡流式传感器等效电路图

由式（8-2）解得等效阻抗 Z 的表达式为

$$Z = \frac{\dot{U}_1}{\dot{I}_1} = R_1 + \frac{\omega^2 M^2}{R_2^2 + (\omega \cdot L_2)^2}R_2 + j\omega\left[L_1 - \frac{\omega_2 M_2}{R_2^2 + (\omega \cdot L_2)^2}L_2\right] \tag{8-3}$$
$$= R_{eq} + j\omega L_{eq}$$

式中：R_{eq}——线圈受电涡流影响后的等效电阻；

　　　L_{eq}——线圈受电涡流影响后的等效电感。

线圈的等效品质因数 Q 值为

$$Q = \frac{\omega L_{eq}}{R_{eq}} \tag{8-4}$$

（2）工作原理。根据法拉第定律，当传感器线圈通以正弦交变电流 $\dot{I}_1$ 时，线圈周围空间必然产生正弦交变磁场 $\dot{H}_1$，使置于此磁场中的金属导体中感应出电涡流 $\dot{I}_2$，$\dot{I}_2$ 又产生新的交变磁场 $\dot{H}_2$。根据楞次定律，$\dot{H}_2$ 的作用将原磁场 $\dot{H}_1$ 的作用相反，导致传感器线圈的等效阻抗发生变化。由上可知，线圈阻抗的变化完全取决于被测金属导体的电涡流效应。而电涡流效应既与被测体的电阻率 ρ、磁导率 μ 以及几何形状有关，又与线圈几何参数、线圈中激磁电流频率 ω 有关，还与线圈与导体间的距离 x 有关。因此，传感器线圈受电涡流影响时的等效阻抗 Z 的函数关系式为

$$Z=F\left(\rho, \mu, R, \omega, x\right) \tag{8-5}$$

式中：R——线圈与被测体的尺寸因子。

如果保持上式中其他参数不变，而只改变其中一个参数，传感器线圈阻抗 Z 就仅仅是这个参数的单值函数。通过与传感器配用的测量电路测出阻抗 Z 的变化量，即可实现对该参数的测量。电涡流式传感器最大的特点是能对位移、厚度、表面温度、速度、应力、材料损伤等进行非接触式连续测量，另外还具有体积小、灵敏度高、频率响应宽等特点，应用极其广泛。

二、电涡流的基本特性

1. 电涡流的径向形成范围

线圈-导体系统产生的电涡流密度既是线圈与导体间距离 x 的函数，又是线圈半径 r 的函数。当 x 一定时，电涡流密度 J 与半径 r 的关系曲线如图 8-3 所示。

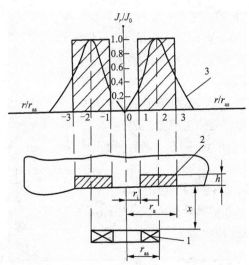

1—传感器线圈　2—等效短路环　3—电涡流密度曲线

J_r—半径 r 处金属导体表面电涡流密度　J_0—金属导体表面电涡流密度（即电涡流密度最大值）

图 8-3　电涡流密度 J 与半径 r 的关系曲线

由图 8-4 可知：

（1）电涡流径向形成的范围大约在传感器线圈外径 r_{as} 的 1.8～2.5 倍范围内，且分布不均匀；

（2）电涡流密度在短路环半径 $r=0$ 处为零；

（3）电涡流密度的最大值在 $r=r_{as}$ 附近的一个狭窄区域内；

（4）可以用一个平均半径为 $r_{as}[r_{as}=（r_i+r_a）/2]$ 的短路环来集中表示分散的电涡流（图中阴影部分）。

2. 电涡流强度与距离的关系

理论分析和试验都已证明，当 x 改变时，电涡流密度发生变化，即电涡流强度随距离 x 的变化而变化。根据线圈-导体系统的电磁作用，可以得到金属导体表面的电涡流强度为

$$I_2 = I_1\left[\frac{1-x}{(x^2+r_{as}^2)^{1/2}}\right] \tag{8-6}$$

式中：I_1——线圈激励电流；

$\quad\quad I_2$——金属导体中等效电流；

$\quad\quad x$——线圈到金属导体表面的距离；

$\quad\quad r_{as}$——线圈外径。

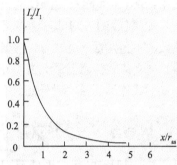

图 8-4 电涡流强度与距离的归化曲线

根据式（8-6）作出的归化曲线如图 8-4 所示。

以上分析表明：

（1）电涡流强度与距离 x 呈非线性关系，且随着 x/r_{as} 的增加而迅速减小。

（2）当利用电涡流式传感器测量位移时，只有在 x/r_{as}（一般取 0.05～0.15）的范围才能得到较好的线性和较高的灵敏度。

3. 电涡流的轴向贯穿深度

由于趋肤效应，电涡流沿金属导体纵向的 H_1 分布是不均匀的，其分布按指数规律衰减，可用下式表示：

$$J_d = J_0\, e^{-d/h} \tag{8-7}$$

式中：d——金属导体中某一点至表面的距离；

$\quad\quad J_d$——沿 H_1 轴向距离 d 处的电涡流密度；

$\quad\quad J_0$——金属导体表面电涡流密度，即电涡流密度最大值；

$\quad\quad h$——电涡流轴向贯穿深度（趋肤深度）。

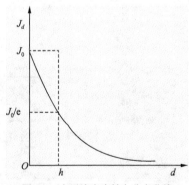

图 8-5 电涡流密度轴向分布曲线

图 8-5 所示为电涡流密度轴向分布曲线。由图可见，电涡流密度主要分布在表面附近。

三、电涡流式传感器的基本结构和类型

1. 电涡流式传感器基本结构

电涡流式传感器的基本结构主要由线圈和框架等组成。根据线圈在框架上的安置方法，传感器的结构可分为两种形式：一种是单独绕成一只无框架的扁平圆形线圈，由胶水将此线圈黏结于框架的顶部，如图 8-6 所示的 CZF3 型电涡流式传感器；另一种是在框架接近端面处开一条细槽，用导线在槽中绕成一只线圈，如图 8-7 所示的 CZF1 型电涡流式传感器。

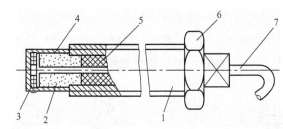

1—壳体　2—框架　3—线圈　4—保护套　5—填料　6—螺母　7—电缆

图 8-6　CZF3 型电涡流式传感器

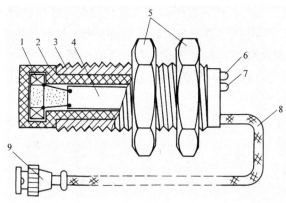

1—电涡流线圈　2—前端壳体　3—位置调节螺纹　4—信号处理电路　5—夹持螺母
6—电源指示灯　7—阈值指示灯　8—输出屏蔽电缆线　9—电缆插头

图 8-7　CZF1 型电涡流式传感器

2. 电涡流式传感器基本类型

涡流在金属导体内的渗透深度与传感器线圈的激励信号频率有关，故电涡流式传感器可分为高频反射式和低频透射式两类。目前高频反射式电涡流式传感器（见图 8-8）的应用较广泛。

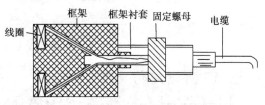

图 8-8　高频反射式电涡流式传感器

（1）高频反射式。高频（>1MHz）激励电流产生的高频磁场作用于金属板的表面，由于趋肤效应，在金属板表面将形成涡流。与此同时，该涡流产生的交变磁场又反作用于线圈，引起线圈自感 L 或阻抗 Z_L 的变化。线圈自感 L 或阻抗 Z_L 的变化与金属板厚度 h、金属板的电阻率 ρ、磁导率 μ、激励电流 i 及角频率 ω 等有关，若只改变厚度 h 而保持其他参数不变，则可将位移的变化转换为线圈自感的变化，通过测量电路转换为电压输出。高频反射式电涡流式传感器多用于位移测量。

（2）低频透射式。如图 8-9 所示，发射线圈 L_1 和接收线圈 L_2 分别置于被测金属板的上、下方，由于低频磁场趋肤效应小，渗透深，当低频（音频范围）电压 u_1 加到线圈 L_1 的两端后，所产生磁力线的一部分透过金属板，使线圈

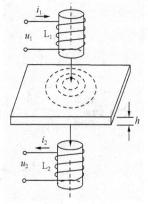

图 8-9　低频透射式电涡流式传感器

L_2产生感应电动势u_2。但由于涡流消耗部分磁场能量，因此使感应电动势u_2减小，当金属板越厚时，损耗的能量越大，输出电动势u_2越小。因此u_2的大小与金属板的厚度及材料的性质有关。试验表明，u_2随材料厚度h的增加按负指数规律减小，因此，若金属板材料的性质一定，则利用u_2的变化即可测厚度。

四、电涡流式传感器测量电路

1. 电桥电路

如图8-10所示，L_1和L_2为传感器两电感线圈，分别与选频电容器C_1和C_2并联组成两桥臂，电阻R_1和R_2组成另外两桥臂。静态时，电桥平衡，桥路输出$U_{AB}=0$。工作时，传感器接近被测体，电涡流效应等效电感L发生变化，测量电桥失去平衡，即$U_{AB}\neq0$，经线性放大并送检波器检波后输出直流电压U。显然此输出电压U的大小正比于传感器线圈的移动量，以实现对位移量的测量。

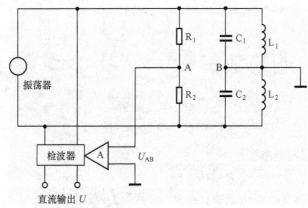

图8-10　电桥电路

2. 调幅式（AM）电路

由传感器线圈L_x、电容器C_0和石英晶体振荡器组成的调幅式电路如图8-11所示。石英晶体振荡器产生稳频、稳幅高频振荡电压（100kHz～1MHz）用于激励电涡流线圈。当金属导体远离或去掉时，LC并联谐振回路谐振频率即为石英振荡频率f_0，回路呈现的阻抗最大，谐振回路上的输出电压也最大；当金属导体靠近传感器线圈时，线圈的等效电感L发生变化，导致回路失谐，从而使输出电压降低，L的数值随距离x的变化而变化。因此，输出电压也随x的变化而变化。输出电压经放大、检波后，由指示仪表直接显示x的大小。

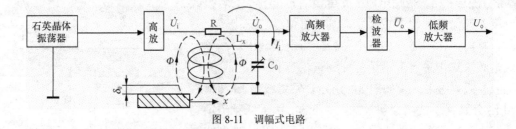

图8-11　调幅式电路

3. 调频（FM）式电路（100kHz～1MHz）

如图 8-12 所示，传感器线圈接入 LC 振荡回路，当电涡流线圈与被测体的距离 x 改变时，电涡流线圈的电感量 L 也随之改变，引起 LC 振荡器的输出频率变化，此频率可直接用数字频率计或计算机测量。如果要用模拟仪表进行显示或记录，则必须使用鉴频器，将 Δf 转换为电压 ΔU_0，用数字电压表测量对应的电压。

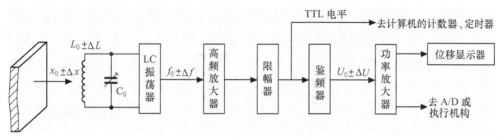

图 8-12　调频（FM）式电路

 项目实施

一、认识便携式探雷器的工作原理

便携式探雷器通常由探头、信号处理单元和报警装置三大部分组成，供单兵搜索地雷使用，又称单兵探雷器，多以耳机声响变化作为报警信号。

便携式探雷器利用探雷器辐射电磁场，使地雷的金属零件产生电涡流，电涡流电磁场又作用于探雷器的电子系统，通过探雷器的接收系统检测电涡流电磁场信号，从而得知金属物体（地雷）的位置。它能可靠地发现带有金属零件的地雷。

二、测试电涡流式传感器

1. 实训原理

通以高频电流的线圈产生磁场，当有导电体接近时，因导电体涡流效应产生涡流损耗，而涡流损耗与导电体离线圈的距离有关，因此可以进行位移测量。

2. 实训器件与单元

电涡流式传感器实训模块、电涡流式传感器、直流电源、数显单元（主控箱电压表）、测微头、铁圆片。

3. 实训步骤

实训步骤如下所述。

（1）根据图 8-13 安装电涡流式传感器。

（2）观察传感器结构，可看出这是一个扁平绕线圈。

（3）将电涡流式传感器输出线接入实训模块，作为振荡器的一个元件。

（4）在测微头端部装上铁质金属圆片，作为电涡流式传感器的被测体。

（5）根据图 8-14 进行接线，将实训模块输出端 V_o 与数显单元输入端 V_i 相接。数显表量程切换开关选择电压 20V 挡。

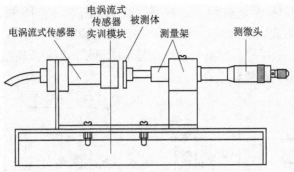

图 8-13　电涡流式传感器安装示意图

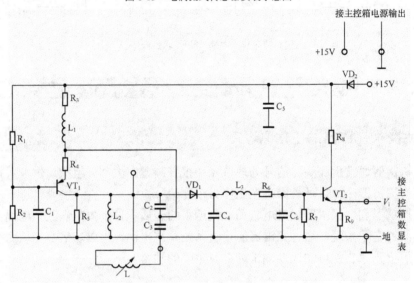

图 8-14　电涡流式传感器位移测量实训接线图

（6）用连接导线从主控箱接入+15V 直流电源到模块上标有+15V 的插孔中，同时主控箱的"地"与实训模块的"地"相连。

（7）使测微头与传感器线圈端部有机玻璃平面接触，开启主控箱电源开关，记下数显表读数，然后每隔 0.2mm（或 0.5mm）读一个数，直到输出几乎不变为止，并将结果列入表 8-1 中。

表 8-1　　　　　　　　　　　电涡流式传感器位移 X 与输出电压数据

X/mm										
V/V										

（8）根据表 8-1 中的数据，画出 V-X 曲线，根据曲线找出线性区域及进行正、负位移测量时的最佳工作点，试计算量程为 1mm、3mm、5mm 时的灵敏度和线性度（可以用端基法或其他拟合直线）。

 项目拓展

电涡流式传感器的特点是结构简单，易于进行非接触的连续测量，灵敏度较高，适用性强，因此得到了广泛的应用。它的变换量可以是位移 x，也可以是被测材料的性质（ρ 或 μ），其应用大致有下列 4 个方面。

① 利用位移 x 作为变换量，可以做成测量位移、厚度、振幅、振摆、转速等的传感器，也可做成接近开关、计数器等。

② 利用材料电阻率 ρ 作为变换量，可以做成测量温度、材质判别等的传感器。

③ 利用磁导率 μ 作为变换量，可以做成测量应力、硬度等的传感器。

④ 利用变换量 x、ρ、μ 等的综合影响，可以做成探伤装置。下面举几个实例进行简单介绍。

一、用电涡流式传感器测量转速

图 8-15 所示为电涡流式转速传感器的工作原理图。在软磁材料制成的输入轴上加工一键槽（或装上一个齿轮状的零件），在距输入轴表面 d_0 处设置电涡流式传感器，输入轴与被测旋转轴相连。当旋转体转动时，输出轴的距离发生 Δd 的变化。由于电涡流效应，这种变化将导致振荡谐振回路的品质因数变化，使传感器线圈电感随 Δd 的变化也发生变化，它们将直接影响振荡器的电压幅值和振荡频率。因此，随着输入轴的旋转，从振荡器输出的信号中包含与转速成正比的脉冲频率信号。该信号由检波器检出电压幅值的变化量，然后经整形电路输出脉冲频率信号 f，该信号经电路处理便可得到被测转速。

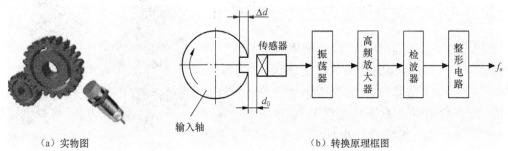

（a）实物图　　　　　　　　　　　　　　　（b）转换原理框图

图 8-15　电涡流式转速传感器

二、用电涡流式传感器测量厚度

图 8-16 所示为低频透射式电涡流式厚度传感器的结构原理图。在被测金属板的上方设有发射传感器线圈 L_1，在被测金属板下方设有接收传感器线圈 L_2。当在线圈 L_1 上加低频电压 U_1 时，线圈 L_1 上产生交变磁通 Φ_1，若两线圈间无金属板，则交变磁通直接耦合至线圈 L_2 中，线圈 L_2 产生感应电压 U_2；如果将被测金属板放入两线圈之间，则线圈 L_1 产生的磁场将导致在金属板中产生电涡流，并将贯穿金属板，此时磁场能量受到损耗，使到达线圈 L_2 的磁通将减弱为 Φ_1'，从而使线圈 L_2 产生的感应电压 U_2 下降。金属板越厚，涡流损失就越大，电压 U_2 就越小。因此，可根据 U_2 电压的大小得知被测金属板的厚度。低频透射式电涡流式厚度传感器的检测范围可达 $1\sim100$ mm，分辨率为 $0.1\,\mu\text{m}$，线性度为 1%。

三、用电涡流式传感器测量位移

图 8-17 所示为主轴轴向位移测量原理图。接通电源后，在涡流探头的有效面（感应工作

面）将产生一个交变磁场。当金属物体接近此感应面时，金属表面将吸取电涡流探头中的高频振荡能量，使振荡器的输出幅度线性地衰减，根据衰减量的变化，可计算出与被检物体的距离、振动等参数。这种位移传感器属于非接触测量，工作时不受灰尘等非金属因素的影响，寿命较长，可在各种恶劣条件下使用。

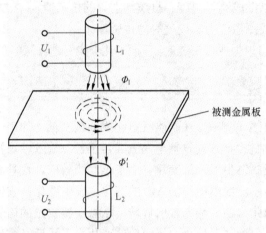

图 8-16　低频透射式电涡流式厚度传感器结构原理图

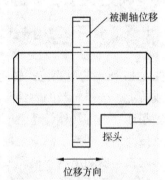

图 8-17　主轴轴向位移测量原理图

四、用电涡流式传感器探伤

利用电涡流式传感器可以检查金属表面裂纹、热处理裂纹，以及焊接的缺陷等，实现无损探伤，如图 8-18 所示。在探伤时，传感器应与被测导体保持距离不变。检测时，裂陷将引起导体电导率、磁导率的变化，从而引起输出电压的突变。

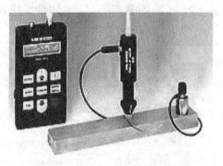

图 8-18　电涡流式传感器表面探伤

 项目小结

通过本项目的学习，读者应重点掌握涡流效应的概念，涡流式传感器的基本结构、工作方式、工作特点以及应用等。

1. 块状金属导体置于变化的磁场中或在磁场中做切割磁力线运动时，导体内将产生涡旋状的感应电流，该感应电流被称为电涡流或涡流，这种现象被称为涡流效应。电涡流式传感器是利用电涡流效应进行工作的。

2. 涡流式传感器的基本结构主要由线圈和框架组成。根据电涡流效应制成的传感器称为电涡流式传感器。按照电涡流在导体内的贯穿情况，此传感器可分为高频反射式和低频透射式两类，但从基本工作原理上来说仍是相似的。

3. 涡流式传感器的特点是结构简单，易于进行非接触的连续测量，灵敏度较高，适用性强，因此得到了广泛的应用。它的变换量可以是位移 x，也可以是被测材料的性质（ρ 或 μ），其应用大致有下列 4 个方面：①利用位移 x 作为变换量，可以做成测量位移、厚度、振幅、振摆、转速等的传感器，也可做成接近开关、计数器等；②利用材料电阻率 ρ 作为变换量，可以做成测量温度、材质判别等的传感器；③利用磁导率 μ 作为变换量，可以做成测量应力、硬度等的传感器；④利用变换量 x、ρ、μ 等的综合影响，可以做成探伤装置。

 项目训练

一、单项选择题

1．电涡流接近开关可以利用电涡流原理检测出（　　　）的靠近程度。

A．人体　　　　　　B．水　　　　　　　C．黑色金属零件　　D．塑料零件

2．电涡流探头的外壳用（　　　）制作较为恰当。

A．不锈钢　　　　　B．塑料　　　　　　C．黄铜　　　　　　D．玻璃

3．当电涡流线圈靠近非磁性导体（铜）板材后，线圈的等效电感 L（　　　），调频转换电路的输出频率 f（　　　）。

A．不变　　　　　　B．增大　　　　　　C．减小

4．欲探测埋藏在地下的金银财宝，应选择直径为（　　　）左右的电涡流探头。

A．0.1mm　　　　　B．5mm　　　　　　C．50mm　　　　　　D．500mm

二、分析题

用一电涡流式测振仪测量某机器主轴的轴向窜动，已知传感器的灵敏度为 2.5mV/mm。最大线性范围（优于 1%）为 5mm。现将传感器安装在主轴的右侧，使用高速记录仪记录下的振动波形如图 8-19 所示。

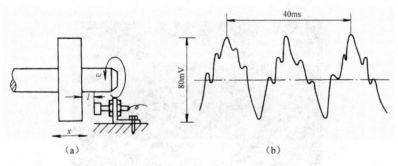

图 8-19　电涡流式测振仪测量示意图

1．轴向振动 $a_m\sin\omega t$ 的振幅 a_m 为多少？

2．主轴振动的基频 f 是多少？

3．为了得到较好的线性度与最大的测量范围，传感器与被测金属的安装距离 l 为多少毫米？

燃气灶熄火保护装置——测试热电式传感器

 项目描述

　　家用燃气灶是我们如今生活中必需的灶具，为防止熄火时其继续释放燃气造成危害，在燃气灶中必须装有熄火保护装置，如图 9-1 所示。熄火保护装置探测火焰的检测元件就是热电偶温度传感器。

图 9-1　具有熄火保护装置的家用燃气灶

　　目前，配置热电偶熄火保护装置的家用燃气灶，具有结构简单、维修方便、元器件耐用、可靠性好等优点，已在中、高档各品牌的家用燃气灶上得到广泛的采用。

　　本项目主要介绍热电式传感器的工作原理（热电效应）及相关传感器（热电偶传感器，简称"热电偶"）。

知识和能力目标

◎　掌握热电效应的概念及热电偶的基本定律。

◎　熟悉热电偶传感器的基本结构、类型及常用热电偶。

◎ 能正确熟练查找热电偶分度表。

◎ 熟悉热电偶补偿导线的作用，掌握热电偶冷端补偿方法。

 知识准备

热电式传感器是指基于热电效应原理工作的传感器。热电偶就是这种类型的传感器。由于它主要用于检测温度，因此，热电偶传感器又称为热电偶温度传感器。

一、热电效应

热电偶传感器工作的基本原理是热电效应及其基本定律，掌握好基本概念和基本定律是学好热电偶传感器的基础。

（一）热电效应及其基本概念

1. 热电效应

将两种不同成分的导体组成一个闭合回路，如图 9-2 所示，当闭合回路的两个结点分别置于不同的温度场中时，回路中将产生一个电动势，这种现象称为热电效应。热电效应是 1821 年由塞贝克（Seeback）发现的，故又称为赛贝克效应。两种导体组成的回路称为热电偶，这两种导体称为热电极，产生的电动势则称为热电动势。热电偶的两

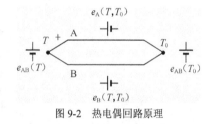

图 9-2 热电偶回路原理

个结点，一个称为测量端（工作端或热端），另一个称为参考端（自由端或冷端）。

热电动势由两部分组成，一部分是两种导体的接触电动势，另一部分是单一导体的温差电动势。

2. 接触电动势

当 A 和 B 两种不同材料的导体接触时，由于两者内部单位体积的自由电子数目不同（即电子密度不同），因此，电子在两个方向上扩散的速率就不一样。假设导体 A 的自由电子密度大于导体 B 的自由电子密度，则从导体 A 扩散到导体 B 的电子数要比从导体 B 扩散到导体 A 的电子数大。所以导体 A 失去电子带正电荷，导体 B 得到电子带负电荷。于是，在 A、B 两导体的接触界面上便形成一个由 A 到 B 的电场，如图 9-3（a）所示。该电场的方向与扩散进行的方向相反，它将引起反方向的电子转移，阻碍扩散作用的继续进行。当扩散作用与阻碍扩散作用相等时，即自导体 A 扩散到导体 B 的自由电子数与在电场作用下自导体 B 扩散到导体 A 的自由电子数相等时，便处于一种动态平衡状态。在这种状态下，A 与 B 两导体的接触处产生了电位差，称为接触电动势。接触电动势的大小与导体材料、结点的温度有关，与导体的直径、长度及几何形状无关。接触电动势大小为

$$e_{AB}(T) = \frac{kT}{e} \ln \frac{n_A}{n_B} \tag{9-1}$$

式中：$e_{AB}(T)$——导体 A、B 在结点温度为 T 时形成的接触电动势；

T——接触处的绝对温度，单位为 K；

k——玻尔兹曼常数，$k=1.38\times10^{-23}$J/K；

  e——单位电荷，$e=1.6\times10^{-19}$C；

  n_A、n_B——材料 A、B 在温度为 T 时的自由电子密度。

3. 温差电动势

  如图 9-3（b）所示，将某一导体两端分别置于不同的温度场 T、T_0 中，在导体内部，热端自由电子具有较大的动能，向冷端移动，从而使热端失去电子带正电荷，冷端得到电子带负电荷。这样，导体两端便产生了一个由热端指向冷端的静电场，该静电场阻止电子从热端向冷端移动，最后达到动态平衡。这样，导体两端便产生了电动势，我们称为温差电动势，即

$$e_A(T,\ T_0)=\int_{T_0}^{T}\sigma_A\mathrm{d}T \tag{9-2}$$

式中：$e_A(T,\ T_0)$——导体 A 在两端温度分别为 T 和 T_0 时的温差电动势；

    σ_A——导体 A 的汤姆逊系数，表示单一导体两端的温差为 1℃时所产生的温差电动势。

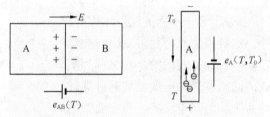

（a）接触电动势原理示意图   （b）温差电动势原理示意图

图 9-3   热电动势示意图

4. 热电偶的电动势

  设导体 A、B 组成热电偶的两结点温度分别为 T 和 T_0，热电偶回路所产生的总电动势 $E_{AB}(T,T_0)$ 包括接触电动势 $e_{AB}(T)$、$e_{AB}(T_0)$ 及温差电动势 $e_A(T,\ T_0)$、$e_B(T,\ T_0)$，取 $e_{AB}(T)$ 的方向为正，如图 9-3 所示，则

$$E_{AB}(T,\ T_0)=e_{AB}(T)-e_{AB}(T_0)-e_A(T,\ T_0)+e_B(T,\ T_0) \tag{9-3}$$

  一般地，在热电偶回路中接触电动势远远大于温差电动势，所以温差电动势可以忽略不计，式（9-3）可改写成

$$E_{AB}(T,\ T_0)=e_{AB}(T)-e_{AB}(T_0)=\frac{kT}{e}\ln\frac{n_A}{n_B}-\frac{kT_0}{e}\ln\frac{n_A}{n_B}=\frac{k}{e}(T-T_0)\ln\frac{n_A}{n_B} \tag{9-4}$$

  综上所述，可以得出以下结论。

  （1）如果热电偶两材料相同，则无论结点处的温度如何，总电动势为 0。

  （2）如果两结点处的温度相同，尽管 A、B 材料不同，总热电动势也为 0。

  （3）热电偶热电动势的大小，只与组成热电偶的材料和两结点的温度有关，而与热电偶的形状尺寸无关，当热电偶两电极材料固定后，热电动势便是两结点电位差。

  （4）如果使冷端温度 T_0 保持不变，则热电动势便成为热端温度 T 的单一函数。用实训方法求取这个函数关系。通常令 $T_0=0$℃，然后在不同的温差（$T-T_0$）情况下，精确地测定出回路总热电动势，并将所测得的结果列成表格（称为热电偶分度表），供使用时查阅。

（二）热电偶基本定律

热电偶在测量温度时，需要解决一系列的实际问题，以下由试验验证的几个定律为解决这些问题提供了理论上的依据。

1. 均质导体定律

由一种均质导体组成的闭合回路中，不论导体的截面和长度如何以及各处的温度分布如何，都不能产生热电动势。

这一定律说明，热电偶必须采用两种不同材料的导体组成，热电偶的热电动势仅与两结点的温度有关，而与热电偶的温度分布无关。如果热电偶的热电极是非均质导体，在不均匀温度场中测温时将造成测量误差。所以，热电极材料的均匀性是衡量热电偶质量的重要技术指标之一。

2. 中间导体定律

若在热电偶中接入第 3 种均质导体，只要第 3 种导体的两结点温度相同，则热电偶的热电动势不变。

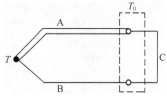

图 9-4　第 3 种导体接入热电偶回路

如图 9-4 所示，在热电偶中接入第 3 种导体 C，设导体 A 与 B 结点处的温度为 T，A 与 C、B 与 C 两结点处的温度为 T_0，则回路中的热电动势为

$$
\begin{aligned}
E_{\mathrm{ABC}}(T, T_0) &= e_{\mathrm{AB}}(T) + e_{\mathrm{BC}}(T_0) + e_{\mathrm{CA}}(T_0) \\
&= e_{\mathrm{AB}}(T) + \left(\frac{kT_0}{e} \ln \frac{n_{\mathrm{B}}}{n_{\mathrm{C}}} + \frac{kT_0}{e} \ln \frac{n_{\mathrm{C}}}{n_{\mathrm{A}}} \right) \\
&= e_{\mathrm{AB}}(T) - \frac{kT_0}{e} \ln \frac{n_{\mathrm{A}}}{n_{\mathrm{B}}} \\
&= e_{\mathrm{AB}}(T) - e_{\mathrm{AB}}(T_0) \\
&= E_{\mathrm{AB}}(T, T_0)
\end{aligned}
\tag{9-5}
$$

即
$$
E_{\mathrm{ABC}}(T, T_0) = E_{\mathrm{AB}}(T, T_0)
$$

热电偶的这种性质在实用上有很重要的意义，它使我们可以方便地在回路中直接接入各种类型的显示仪表或调节器，也可以将热电偶的两端不焊接而直接插入液态金属中或直接焊在金属表面测量。

推论：在热电偶中接入第 4 种，第 5 种，……，第 n 种导体时，只要保证插入导体的两结点温度相同，且是均质导体，则热电偶的热电动势仍不变。

3. 标准电极定律（参考电极定律）

如图 9-5 所示，已知热电极 A、B 分别与标准电极 C 组成热电偶，在结点温度为 (T, T_0) 时的热电动势分别为 $E_{\mathrm{AC}}(T, T_0)$ 和 $E_{\mathrm{BC}}(T, T_0)$，则在相同温度下，由 A、B 两种热电极配对后的热电动势为

$$
E_{\mathrm{AB}}(T, T_0) = E_{\mathrm{AC}}(T, T_0) - E_{\mathrm{BC}}(T, T_0)
\tag{9-6}
$$

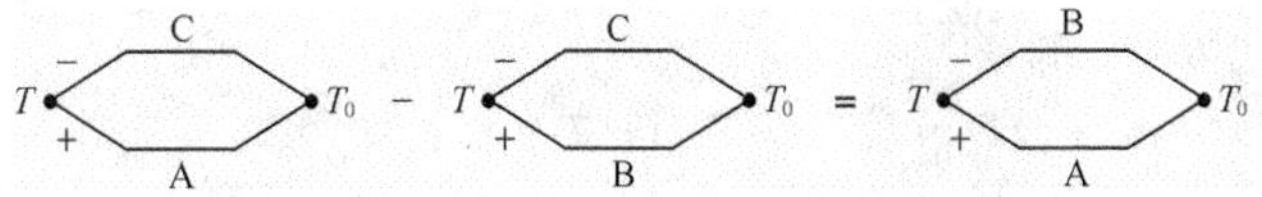

图 9-5　3 种导体分别组成的热电偶

参考电极定律大大简化了热电偶的选配工作。只要获得有关热电极与参考电极配对的热

电动势，那么任何两种热电极配对时的热电动势均可利用该定律计算，而不需要逐个进行测定。在实际应用中，由于纯铂丝的物理化学性能稳定、熔点高、易提纯，所以目前常用纯铂丝作为标准电极。

例 9.1 已知铂铑$_{30}$-铂热电偶的 $E_{AC}(1\ 084.5, 0) = 13.937\text{mV}$，铂铑$_6$-铂热电偶的 $E_{BC}(1\ 084.5, 0) = 8.354\text{mV}$。求铂铑$_{30}$-铂铑$_6$在相同温度条件下的热电动势。

解： 由标准电极定律可知，$E_{AB}(T, T_0) = E_{AC}(T, T_0) - E_{BC}(T, T_0)$，所以

$$E_{AB}(1\ 084.5, 0) = E_{AC}(1\ 084.5, 0) - E_{BC}(1\ 084.5, 0) = 13.937 - 8.354 = 5.583\ （\text{mV}）$$

表 9-1 为铂铑$_{30}$-铂铑$_6$热电偶（B 型）分度表。

表 9-1　　　　铂铑$_{30}$-铂铑$_6$热电偶（B 型）分度表（参考端温度为 0℃）

工作端温度/℃	0	10	20	30	40	50	60	70	80	90
	热电动势/mV									
0	−0.000	−0.002	−0.003	0.002	0.000	0.002	0.006	0.11	0.017	0.025
100	0.033	0.043	0.053	0.065	0.078	0.092	0.107	0.123	0.140	0.159
200	0.178	0.199	0.220	0.243	0.266	0.291	0.317	0.344	0.372	0.401
300	0.431	0.462	0.494	0.527	0.516	0.596	0.632	0.669	0.707	0.746
400	0.786	0.827	0.870	0.913	0.957	1.002	1.048	1.095	1.143	0.192
500	1.241	1.292	1.344	1.397	1.450	1.505	1.560	1.617	1.674	1.732
600	1.791	1.851	1.912	1.974	2.036	2.100	2.164	2.230	2.296	2.363
700	2.430	2.499	2.569	2.639	2.710	2.782	2.855	2.928	3.003	3.078
800	3.154	3.231	3.308	3.387	3.466	3.546	2.626	3.708	3.790	3.873
900	3.957	4.041	4.126	4.212	4.298	4.386	4.474	4.562	4.652	4.742
1 000	4.833	4.924	5.016	5.109	5.202	5.299 7	5.391	5.487	5.583	5.680
1 100	5.777	5.875	5.973	6.073	6.172	6.273	6.374	6.475	6.577	6.680
1 200	6.783	6.887	6.991	7.096	7.202	7.038	7.414	7.521	7.628	7.736
1 300	7.846	7.953	8.063	8.172	8.283	8.393	8.504	8.616	8.727	8.839
1 400	8.952	9.065	9.178	9.291	9.405	9.519	9.634	9.748	9.863	9.979
1 500	10.094	10.210	10.325	10.441	10.588	10.674	10.790	10.907	11.024	11.141
1 600	11.257	11.374	11.491	11.608	11.725	11.842	11.959	12.076	12.193	12.310
1 700	12.426	12.543	12.659	12.776	12.892	13.008	13.124	13.239	13.354	13.470
1 800	13.585	13.699	13.841	—	—	—	—	—	—	—

4. 中间温度定律

热电偶在两结点温度分别为 T、T_0 时的热电动势等于该热电偶在结点温度为 T、T_n 和 T_n、T_0 相应热电动势的代数和，即

$$E_{AB}(T, T_0) = E_{AB}(T, T_n) + E_{AB}(T_n, T_0) \tag{9-7}$$

中间温度定律为在工业测量温度中使用补偿导线提供了理论基础：只要选配与热电偶热电特性相同的补偿导线，便可使热电偶的参考端延长，使之远离热源到达一个温度相对稳定

的地方而不会影响测温的准确性。

该定律是参考端温度计算修正法的理论依据，其等效示意图如图9-6所示。

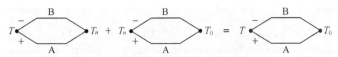

图9-6 热电偶中间温度定律等效示意图

在实际热电偶测温回路中，利用热电偶这一性质，可对参考端温度不为 0℃的热电动势进行修正。

例 9.2 镍铬-镍硅热电偶在工作时，其自由端温度为30℃，测得热电动势为39.17mV，求被测介质的实际温度。

解：由 t_0=0℃，查镍铬-镍硅热电偶（K 型）分度表，$E(30,0) \approx 1.2mV$，又知 $E(t,30)$=39.17mV，所以 $E(t,0)= E(30,0)+E(t,30)$=1.2mV+39.17mV=40.37mV。再用 40.37mV 反查分度表（见表9-2）得977℃，即被测介质的实际温度。

表 9-2　　　　　镍铬-镍硅热电偶（K 型）分度表（参考端温度为0℃）

工作端温度/℃	0	10	20	30	40	50	60	70	80	90
	热电动势/mV									
0	0.000	0.397	0.798	1.203	1.611	2.022	2.436	2.850	3.266	3.681
100	4.095	4.508	4.919	5.327	5.733	6.137	6.539	6.939	7.338	7.737
200	8.137	8.537	8.938	9.341	9.745	10.151	10.560	10.969	11.391	11.793
300	12.207	12.623	13.039	13.456	13.874	14.292	14.712	15.132	15.552	15.974
400	16.395	16.818	17.241	17.664	18.088	18.513	18.938	19.363	19.788	20.214
500	20.640	21.066	21.493	21.919	22.346	22.772	23.198	23.624	24.050	24.476
600	24.902	25.327	25.751	26.176	26.599	27.022	27.445	27.867	28.288	28.709
700	29.128	29.547	29.965	30.383	30.799	31.214	31.214	32.042	32.455	32.866
800	33.277	33.686	34.095	34.502	34.909	35.314	35.718	36.121	35.524	36.925
900	37.325	37.724	38.122	38.915	38.915	39.310	39.703	40.096	40.488	40.879
1 000	41.269	41.657	42.045	42.432	42.817	43.020	43.585	43.968	44.349	44.729
1 100	45.108	45.486	45.863	46.238	46.612	46.985	47.356	47.726	48.095	48.462
1 200	48.828	49.192	49.555	49.916	50.276	50.633	50.990	51.344	51.697	52.049
1 300	52.398	52.747	53.093	53.439	53.782	54.125	54.466	54.807	—	—

二、热电偶基本结构

为了适应不同生产对象的测温要求和条件，热电偶的结构形式有普通型热电偶、铠装型热电偶和薄膜热电偶等。热电偶的种类虽然很多，但通常均由金属热电极、绝缘管、保护管及接线装置等部分组成。

（一）热电偶基本结构类型

1. 普通型热电偶

普通型热电偶在工业上使用最多。它一般由热电极、绝缘管、保护管和接线盒组成，其结构如图 9-7 所示。普通型热电偶按其安装时的连接可分为固定螺纹连接、固定法兰连接、活动法兰连接、无固定装置等多种形式。

2. 铠装型热电偶

铠装型热电偶又称套管热电偶。它是由热电偶丝、绝缘材料和金属套管经拉伸加工而成的坚实组合体，如图 9-8 所示。它可以做得很细、很长，使用中根据需要能任意弯曲。铠装型热电偶的主要优点是测温端热容量小，动态响应快，机械强度高，挠性好，可安装在结构复杂的装置上，因此被广泛用于工业部门中。

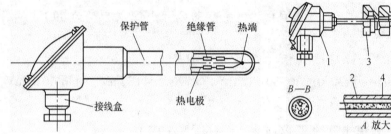

1—接线盒　2—金属套管　3—固定装置　4—绝缘材料　5—热电极

图 9-7　普通型热电偶结构图　　　　　图 9-8　铠装型热电偶结构

3. 薄膜热电偶

薄膜热电偶是利用真空蒸镀（或真空溅射）、化学涂层等工艺，将热电极材料沉积在绝缘基板上形成的一层金属薄膜。热电偶测量端既小又薄（厚度可达 $0.01\sim0.1\mu m$），因而热惯性小，反应快，可用于测量瞬变的表面温度和微小面积上的温度，如图 9-9 所示。薄膜热电偶的结构有片状、针状和将热电极材料直接蒸镀在被测表面上 3 种，所用的电极类型有铁-康铜、铁镍、铜-康铜、镍铬-镍硅等，测温范围为 $-200\sim300$℃。

1—测量结点　2—铁膜　3—铁丝　4—镍丝
5—接头夹具　6—镍膜　7—衬架

图 9-9　铁-镍薄膜热电偶结构

4. 表面热电偶

表面热电偶用来测量各种状态的固体表面温度，如测量轧辊、金属块、炉壁、橡胶筒和涡轮叶片等表面的温度。

此外还有测量气流温度的热电偶、浸入式热电偶等。

（二）热电偶材料

1. 对热电极材料的一般要求

（1）配对的热电偶应有较大的热电动势，并且热电动势对温度应尽可能有良好的线性关系。

（2）能在较宽的温度范围内应用，并且在长时间工作后，不会发生明显的化学及物理性能的变化。

（3）电阻温度系数小，电导率高。

（4）易于复制，工艺性与互换性好，便于制定统一的分度表，材料要有一定的韧性，焊接性能好，以便于制作。

2. 电极材料的分类

（1）一般金属：如镍铬-镍硅、铜-镍铜、镍铬-镍铝、镍铬-康铜等。

（2）贵金属：这类热电偶材料主要是由铂、铱、铑、钌、锇及其合金组成，如铂铑-铂、铱铑-铱等。

（3）难熔金属：这类热电偶材料由钨、钼、铌、铼、锆等难熔金属及其合金组成，如钨铼-钨铼等热电偶。

3. 绝缘材料

热电偶测温时，除测量端以外，热电极之间和连接导线之间均要求有良好的电绝缘性，否则会有热电动势损耗而产生测量误差，甚至无法测量。

（1）有机绝缘材料：这类材料具有良好的电气性能、物理及化学性能，以及工艺性，但耐高温、高频和稳定性较差。

（2）无机绝缘材料：其有较好的耐热性，常制成圆形或椭圆形的绝缘管，有单孔、双孔、四孔及其他特殊规格。其材料有陶瓷、石英、氧化铝和氧化镁等。除管材外，还可以将无机绝缘材料直接涂覆在热电极表面，或者把粉状材料经加压后烧结在热电极和保护管之间。

4. 保护管材料

对保护材料的要求如下。

（1）气密性好，可有效防止有害介质深入而腐蚀结点和热电极。

（2）应有足够的强度及刚度，耐振、耐热冲击。

（3）物理、化学性能稳定，在长时间工作中不和外部介质、绝缘材料和热电极互相作用，也不产生对热电极有害的气体。

（4）导热性能好，使结点与被测介质有良好的热接触。

（三）常用热电偶

热电偶可分为标准型热电偶和非标准型热电偶两种类型。标准型热电偶是指国家已经定型批量生产的热电偶；非标准型热电偶是指特殊用途试生产的热电偶，包括铂铑系、铱铑系及钨铼系热电偶等。目前工业上常用的有 4 种标准型热电偶，即铂铑$_{30}$-铂铑$_6$、铂铑$_{10}$-铂、镍铬-镍硅和镍铬-铜镍（我国通常称为镍铬-康铜）热电偶。下面简要介绍其性能。

1. 标准型热电偶

从 1988 年 1 月 1 日起，我国热电偶和热电阻的生产全部按国际电工委员会（IEC）的标准，并指定 S、B、E、K、R、J、T 7 种标准型热电偶为我国统一设计型热电偶。但其中的 R 型（铂铑$_{13}$-铂）热电偶，因其温度范围与 S 型（铂铑$_{10}$-铂）重合，因此我国没有生产和使用。

铂铑$_{30}$-铂铑$_6$：型号为 WRR，分度号是 B（旧的分度号是 LL-2）；测量范围是 0～1 800℃，100℃时的热电动势是 0.033mV。其主要特点有：使用温度高、性能稳定、精度高、易在氧化和中性介质中使用，但价格贵、热电动势小、灵敏度低。

铂铑$_{10}$-铂：型号为 WRP，分度号是 S（旧的分度号是 LB-3）；测温范围是 0～1 600℃，100℃时的热电动势是 0.645mV。其主要特点有：使用温度范围广、性能稳定、精度高、复现性好，但热电动势较小，高温下铑易升华、污染铂极，价格贵，一般用于较精密的测温中。

镍铬-镍硅：型号为 WRN，分度号是 K（旧的分度号是 EU-2）；测温范围是–200～1 300℃，100℃时的热电动势是 4.095mV。其特点有：热电动势大、线性好、价廉，但材料较脆、焊接性能及抗辐射性能较差。

镍铬-康铜：型号为 WRK，分度号是 EA-2；测温范围是 0～800℃，100℃时的热电动势是 6.95mV。其特点有：热电动势大、线性好、价廉，但测温范围小、康铜易受氧化而变质。

2. 非标准型热电偶

（1）铱和铱合金热电偶：如铱$_{50}$铑-铱$_{10}$钌、铱铑$_{40}$-铱、铱铑$_{60}$-铱热电偶，能在氧化环境中测量高达 2 100℃的高温，且热电动势与温度关系线性好。

（2）钨铼热电偶：它是 20 世纪 60 年代发展起来的，是目前一种较好的高温热电偶，可使用在真空惰性气体介质或氢气介质中，但高温抗氧能力差。

国产钨铼$_3$-钨铼$_{25}$、钨铼-钨铼$_{20}$热电偶使用温度范围在 300～2 000℃，分度精度为 1%，主要用于钢水连续测温、反应堆测温等场合。

（3）金铁-镍铬热电偶：主要用在低温测量，可在 2～273K 范围内使用，灵敏度约为 10μV/℃。

（4）钯-铂铱$_{15}$热电偶：这是一种高输出性能的热电偶，在 1 398℃时的热电动势为 47.255mV，比铂铑$_{10}$-铂热电偶在同样温度下的热电动势高出 3 倍，因而可配用灵敏度较低的指示仪表，常应用于航空工业。

3. 热电偶安装注意事项

热电偶主要用于工业生产中集中显示、记录和控制用的温度检测。在现场安装时要注意以下几方面。

（1）插入深度要求。安装时热电偶的测量端应有足够的插入深度，在管道上安装时应使保护管的测量端超过管道中心线 5～10mm。

（2）注意保温。为防止传导散热产生测温附加误差，保护管露在设备外部的长度应尽量短，并加装保温层。

（3）防止变形。为防止高温下保护管变形，应尽量垂直安装。在有流速的管道中必须倾斜安装，如有条件应尽量在管道的弯管处安装，并且安装的测量端要迎向流速方向。若需水平安装时，则应有支架支撑。

三、热电偶实用测温线路和温度补偿

热电偶在实际测温线路中有多种测温形式，为了减小误差、提高精度，还要对测温线路进行温度补偿。

（一）热电偶实用测温线路

热电偶测温时，它可以直接与显示仪表（如电子电位差计、数字表等）配套使用，也可与温度变送器配套，转换成标准电流信号。合理安排热电偶测温线路，对提高测温精度和维修等方面都具有十分重要的意义。

1. 测量某点温度的基本电路

基本测量电路包括热电偶、补偿导线、冷端补偿器、连接用铜线、动圈式显示仪表。图 9-10 所示为一支热电偶配一台仪表的测量线路。显示仪表如果是电位差计，则不必考虑线路电阻对测温精度的影响；如果是动圈式仪表，就必须考虑测量线路电阻对测温精度的影响。

2. 测量温度之和——热电偶串联测量线路

将 N 支相同型号的热电偶的正负极依次相连接，如图 9-11 所示。若 N 支热电偶的热电动势分别为 E_1，E_2，E_3，$\cdots$，E_N，则总电动势为

$$E_串 = E_1 + E_2 + E_3 + \cdots + E_N = NE \tag{9-8}$$

式中，E——N 支热电偶的平均热电动势。

串联线路的总热电动势为 E 的 N 倍，$E_串$ 所对应的温度可由 $E_串$-t 关系求得，也可根据平均热电动势 E 在相应的分度表上查得。串联线路的主要优点是热电动势大，精度比单支高；主要缺点是只要有一支热电偶断开，整个线路就不能工作，个别短路会引起示值显著偏低。

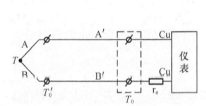

图 9-10　热电偶基本测量电路

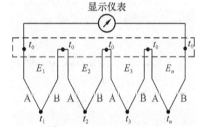

图 9-11　热电偶串联测量线路

3. 测量平均温度——热电偶并联测量线路

将 N 支相同型号的热电偶的正负极分别连在一起，如图 9-12 所示。

如果 N 支热电偶的电阻值相等，则并联电路总热电动势等于 N 支热电偶热电动势的平均值，即

$$E_并 = （E_1 + E_2 + E_3 + \cdots + E_N）/N \tag{9-9}$$

4. 测量两点之间的温差

实际工作中常需要测量两处的温差，可选用两种方法测温差，一种是用两支热电偶分别测量两处的温度，然后求算温差；另一种是将两支同型号的热电偶反串连接，直接测量温差电动势，然后求算温差，如图 9-13 所示。前一种测量方法较后一种测量方法精度差，对于要求精确的小温差测量，应采用后一种测量方法。

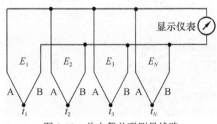

图 9-12　热电偶并联测量线路

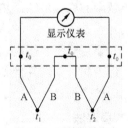

图 9-13　温差测量线路

（二）热电偶的冷端迁移

实际测温时，由于热电偶长度有限，自由端温度将直接受到被测物温度和周围环境温度的影响。例如，热电偶安装在电炉壁上，而自由端放在接线盒内，电炉壁周围温度不稳定，波及接线盒内的自由端，造成测量误差。虽然可以将热电偶做得很长，但这将提高测量系统的成本，是很不经济的。工业中一般是采用补偿导线来延长热电偶的冷端，使之远离高温区，将热电偶的冷端延长到温度相对稳定的地方。

由于热电偶一般都是较贵重的金属，为了节省材料，采用与相应热电偶的热电特性相近的材料做成的补偿导线连接热电偶，将信号送到控制室，如图 9-14 所示（其中 A′、B′ 为补偿导线）。它通常由两种不同性质的廉价金属导线制成，而且在 0～100℃ 温度范围内，要求补偿

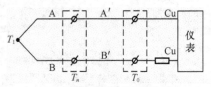

图 9-14　补偿导线连接示意图

线和所配热电偶具有相同的热电特性。所谓补偿导线，实际上是一对材料化学成分不同的导线，在 0～150℃ 温度范围内与配接的热电偶有一致的热电特性，价格相对要便宜。由此可知，我们不能用一般的铜导线传送热电偶信号，同时对不同分度号的热电偶采用的补偿导线也不同。常用热电偶的补偿导线如表 9-3 所示。根据中间温度定律，只要热电偶和补偿导线的两个结点温度一致，是不会影响热电动势输出的。

表 9-3　　　　　　　　　　　　　　　　常用补偿导线

补偿导线型号	配用热电偶型号	补偿导线		绝缘层颜色	
		正　极	负　极	正　极	负　极
SC	S	SPC（铜）	SNC（铜镍）	红	绿
KC	K	KPC（铜）	KNC（康铜）	红	蓝
KX	K	KPX（镍铬）	KNX（镍硅）	红	黑
EX	E	EPX（镍铬）	ENX（铜镍）	红	棕

使用补偿导线必须注意以下几个问题。

（1）两根补偿导线与两个热电极的结点必须具有相同的温度。

（2）只能与相应型号的热电偶配用，而且必须满足工作范围。

（3）极性切勿接反。

（三）热电偶的温度补偿

从热电效应的原理可知，热电偶产生的热电动势与两端温度有关。只有将冷端的温度恒定，热电动势才是热端温度的单值函数。由于热电偶分度表是以冷端温度为 0℃ 时制作的，因此在使用时要正确反映热端温度，要设法使冷端温度恒为 0℃。但实际应用中，热电偶的冷端通常靠近被测对象，且受到周围环境温度的影响，其温度不是恒定不变的。为此，必须采取一些相应的措施进行补偿或修正，常用的方法有以下几种。

1. 冷端恒温法

（1）0℃ 恒温法。在实训室及精密测量中，通常把参考端放入装满冰水混合物的容器中，以便参考端温度保持 0℃，这种方法又称冰浴法。

（2）其他恒温法。将热电偶的冷端置于各种恒温器内，使之保持恒定温度，避免由于环境温度的波动而引入误差。这类恒温器可以是盛有变压器油的容器，利用变压器油的热惰性恒温，也可以是电加热的恒温器。这类恒温器的温度不一定为 0℃，故最后还需对热电偶进行冷端修正。

2. 计算修正法

上述两种方法解决了一个问题，即设法使热电偶的冷端温度恒定。但是，冷端温度并非一定为 0℃，所以测出的热电动势还是不能正确反映热端的实际温度。为此，必须对温度进行修正，其公式为

$$E_{AB}(t,\ t_0)=E_{AB}(t,\ t_1)+E_{AB}(t_1,\ t_0) \tag{9-10}$$

式中：$E_{AB}(t,\ t_0)$——热电偶热端温度为 t，冷端温度为 0℃时的热电动势；

$E_{AB}(t,\ t_1)$——热电偶热端温度为 t，冷端温度为 t_1 时的热电动势；

$E_{AB}(t_1,\ t_0)$——热电偶热端温度为 t_1，冷端温度为 0℃时的热电动势。

例 9.3　用镍铬–镍硅热电偶测某一水池内水的温度，测出的热电动势为 2.436mV。再用温度计测出环境温度为 30℃（且恒定），求池水的真实温度。

解： 由镍铬–镍硅热电偶分度表查出 $E(30,0)= 1.203$mV，所以

$$E(T,0)= E(T,30)+E(30,0)$$
$$=2.436\text{mV}+1.203\text{mV}=3.639\text{mV}$$

查分度表知其对应的实际温度为 $T=88$℃，即池水的真实温度是 88℃。

3. 电桥补偿法

计算修正法虽然很精确，但不适合连续测温，为此，有些仪表的测温线路中带有补偿电桥，利用不平衡电桥产生的电动势补偿热电偶因冷端温度波动引起的热电动势的变化，如图 9-15 所示。

图 9-15 中，E 为热电偶产生的热电动势，U 为回路的输出电压。回路中串接了一个补偿电桥。$R_1\sim R_3$ 及 R_{CM} 均为桥臂电阻。R_{CM} 是用漆包铜丝绕制成的，它和热电偶的冷端感受同一温度。$R_1\sim R_3$ 均用温度系数小的锰铜丝绕成，阻值稳定。在

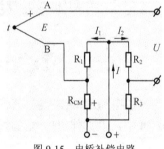

图 9-15　电桥补偿电路

设计桥路时，使 $R_1=R_2$，并且 R_1、R_2 要比桥路中其他电阻大得多。这样，即使电桥中其他电阻的阻值发生变化，左右两桥臂中的电流却差不多保持不变，从而认为其具有恒流特性。回路输出电压 U 为热电偶的热电动势 E、桥臂电阻 R_{CM} 的压降 U_{RCM} 及另一桥臂电阻 R_3 的压降 U_{R3} 三者的代数和，即

$$U = E + U_{RCM} - U_{R3} \tag{9-11}$$

当热电偶的热端温度一定、冷端温度升高时，热电动势将会减小。与此同时，铜电阻 R_{CM} 的阻值将增大，从而使 U_{RCM} 增大，由此达到了补偿的目的。

自动补偿的条件应为

$$\Delta e = I_1 R_{CM} a \Delta t \tag{9-12}$$

式中：Δe——热电偶冷端温度变化引起的热电动势的变化，它随所用的热电偶材料不同而异；

I_1——流过 R_{CM} 的电流；

a——铜电阻 R_{CM} 的温度系数，一般取 0.003 91/℃；

      Δt——热电偶冷端温度的变化范围。

通过上式，可得

$$R_{CM} = \frac{1}{aI_1}\left(\frac{\Delta e}{\Delta t}\right) \tag{9-13}$$

需要说明的是，热电偶所产生的热电动势与温度之间的关系是非线性的，每变化 1℃所产生的毫伏数并非都相同，但补偿电阻 R_{CM} 的阻值变化却与温度变化呈线性关系。因此，这种补偿方法是近似的。在实际使用时，由于热电偶冷端温度变化范围不会太大，因此这种补偿方法常被采用。

4. 显示仪表零位调整法

当热电偶通过补偿导线连接显示仪表时，如果热电偶冷端温度已知且恒定，可预先将有零位调整器的显示仪表的指针从刻度的初始值调至已知的冷端温度值上，这时显示仪表的示值即为被测量的实际值。

5. 软件处理法

对于计算机系统，不必全靠硬件进行热电偶冷端处理。例如，冷端温度恒定但不为 0℃的情况，只需在采样后加一个与冷端温度对应的常数即可。

对于 T_0 经常波动的情况，可利用热敏电阻或其他传感器把 T_0 信号输入计算机，按照运算公式设计一些程序，便能自动修正。

 项目实施

一、了解热电偶在燃气灶天然气保护控制中的应用原理

热电偶通常作为温度传感器元件与仪表配套后，作为温度的测量、指示或控制器件。图 9-16 中，上部伸出部分为熄火保护用的热电偶探头，下部分白色的为脉冲点火针。

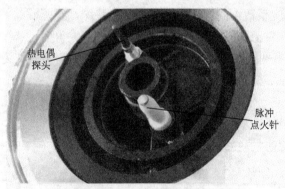

图 9-16　配置熄火保护装置的家用燃气灶

在家用燃气灶中，熄火保护装置主要由热电偶探头、导线、电磁阀总成及电磁阀外连杆等组成。当灶具的燃烧开关点火后，热电偶受热产生电动势，通过导线向电磁铁线圈供电，

使气路沟通，正常燃烧。因某种原因造成炉头熄火时，热电偶探头降温冷却，失去电动势，电磁铁线圈失电，阀门在复位弹簧的作用下关闭气路。

二、测试热电式传感器

1. 实训原理

热电偶是一种使用最多的温度传感器，它的原理是基于 1821 年发现的塞贝克效应，即两种不同的导体或半导体 A 或 B 组成一个回路，其两端相互连接，只要两节点处的温度不同，一端温度为 T，另一端温度为 T_0，则回路中就有电流产生。

2. 实训器件与单元

K 型热电偶、E 型热电偶、专用温度源、温度测量控制仪、数显单元（主控箱电压表）、直流稳压电源±15V。

3. 实训步骤

（1）在温度控制单元上选择加热和冷却方式均为"内控"方式，将 K、E 型热电偶插到温度测量控制仪的插孔中，K 型热电偶的自由端接到温度控制单元标有传感器字样的插孔中（此时传感器选择类型为热电偶类型）。

（2）温度源中"冷却输入"与主控箱中"冷却开关"连接，"风机电源"和主控箱中"+2～+24V"电源输出连接（此时电源旋钮打到最大值位置），同时打开温度源开关。

（3）参照图 9-17，从主控箱上将±15V 电压、地接到温度模块上，并将 R_5、R_6 两端短接同时接地，打开主控箱电源开关，将模块上的 V_{o2} 与主控箱数显表单元上的 V_i 相接。将 R_{P2} 旋至中间位置，调节 R_{P3} 使数显表显示为零。设定温度测量控制仪上的温度仪表控制温度 $T=40℃$。

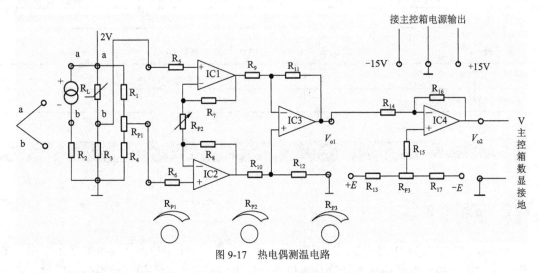

图 9-17 热电偶测温电路

（4）去掉 R_5、R_6 接地线及连线，将 E 型热电偶的自由端与温度模块的放大器 R_5、R_6 相接，同时 E 型热电偶的蓝色接线端子接地。观察温度仪表的温度值，当温度控制在 40℃时，调节 R_{P2}，对照分度表（见表 9-4）将 V_{o2} 输出调至和分度表 10 倍数值相当。

（5）调节温度仪表的温度值 $T=50℃$，等温度稳定后对照分度表观察数显表的电压值，若电压值超过分度表的 10 倍数值时，调节 R_{P2}（即调节放大倍数），使 V_{o2} 输出与分度表 10 倍数值相当。

（6）重新将温度设定值设为 $T=40℃$，等温度稳定后对照分度表观察数显表的电压值，看此时 V_{o2} 输出值是否与 10 倍分度表值相当，若不相当，则再次调节 R_{P2}，使其与分度表 10 倍数值接近。

（7）重复步骤（4）和步骤（5）以确定放大倍数为 10 倍关系。记录当 $T=50℃$ 时数显表的电压值。重新设定温度值为 $40℃+n\Delta t$，建议 $\Delta t=5℃$，$n=1$，…，7，每隔 $1n$ 读出数显表输出电压值与温度值，并记入表 9-5 中。

表 9-4 　　　　　　　　　　　　　　　E 型热电偶分度表

工作温度/℃	0	1	2	3	4	5	6	7	8	9
	热电动势/mV									
−10	−0.64	−0.70	−0.77	−0.83	−0.89	−0.96	−1.02	−1.08	−1.14	−1.21
−0	−0.00	−0.06	−0.13	−0.19	−0.26	−0.32	−0.38	−0.45	−0.51	−0.58
0	0.00	0.07	0.13	0.20	0.26	0.33	0.39	0.46	0.52	0.59
10	0.65	0.72	0.78	0.85	0.91	0.98	1.05	1.11	1.18	1.24
20	1.31	1.38	1.44	1.51	1.577	1.64	1.70	1.77	1.84	1.91
30	1.98	2.05	2.12	2.18	2.25	2.32	2.38	2.45	2.52	2.59
40	2.66	2.73	2.80	2.87	2.94	3.00	3.07	3.14	3.21	3.28
50	3.35	3.42	3.49	3.56	3.62	3.70	3.77	3.84	3.91	3.98
60	4.05	4.12	4.19	4.26	4.33	4.41	4.48	4.55	4.62	4.69
70	4.76	4.83	4.90	4.98	5.05	4.12	5.20	5.27	5.34	5.41
80	5.48	5.56	5.63	5.70	5.78	5.85	5.92	5.99	5.07	6.14
90	6.21	6.29	6.36	6.43	6.51	6.58	6.65	6.73	6.80	6.87
100	6.96	7.03	7.10	7.17	7.25	7.32	7.40	7.47	7.54	7.62

表 9-5 　　　　　　　　　　　　E 型热电偶电动势（经放大）与温度数据

$T+n\cdot\Delta t$/℃							
V/mV							

 项目拓展

一、热电偶测量炉温

图 9-18 所示为常用炉温测量采用的热电偶测量系统图。图中由毫伏定值器给出设定温度的相应毫伏值，如热电偶的热电动势与定值器的输出值有偏差，则说明炉温偏离给定，此偏差经放大器送入调节器，再经过晶闸管触发器去推动晶闸管执行器，从而调整炉丝的加热功率，消除偏差，达到控温的目的。

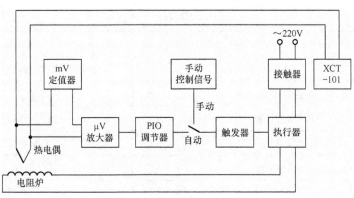

图 9-18 热电偶测量系统图

二、热电偶温度计

图 9-19 所示为由热电偶放大器 AD594 构成的热电偶温度计电路，该电路适用于电镀工艺流水线以及温度测量范围在 0～150℃内的各种场合。

（1）AD594。

AD594 是美国 Analog Devices 公司生产的具有基准点补偿功能的热电偶放大集成电路，适用于各种型号的热电偶。

AD594 集成电路内部结构框图如图 9-20 所示，它主要由两个差动放大器、一个高增益主放大器和基准点补偿器以及热电偶断线检测电路等组成。该集成电路采用 14 脚双列式封装，其各引脚功能如表 9-6 所示。

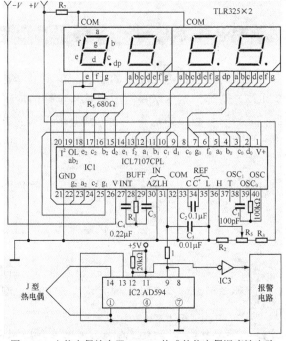

图 9-19 由热电偶放大器 AD594 构成的热电偶温度计电路

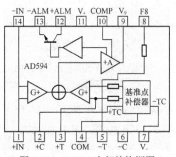

图 9-20 AD594 内部结构框图

表 9-6　　　　　　　　　　　　AD594 集成电路各引脚功能

引脚	功 能 说 明	引脚	功 能 说 明
1	温度检测信号放大器反相输入端	8	反馈元件引出脚端（属输入端）
2	基准点补偿器外接元件	9	主放大器信号输出端
3	放大器同相信号输入端	10	主放大器电路公共端
4	基准点补偿器公共端	11	正电源电压输入端
5	放大器反相信号输入端	12	热电偶断线检测端偏置电压输入端
6	未使用	13	热电偶断线检测端
7	负电源端（接地线）	14	温度检测信号放大器同相输入端

（2）工作原理。

在图 9-19 中，J 型热电偶的一对导线末端点作为热电偶的连接点，它是 AD594 进行补偿的结点。此点必须与 AD594 保持相同的温度，AD594 外壳和印制板在 1 脚和 14 脚用铜箔进行热接触，热电偶的引线接到它的外壳引线上，从而保持均温。

当热电偶的一条或两条引线断开时，AD594 的 12 脚变为低电平，通过 TTL 门电路 IC3 就会控制报警电路发出报警声，提示用户热电偶出现了断线故障。

热电偶的温度每变化 1℃，AD594 集成电路的 9 脚就有 10mV 的电压输出，该电压经 1Ω 电阻加至数字显示电路 ICL7107CPL 的 31 脚。

ICL7107CPL 是一块显示器驱动控制专用数字显示集成电路，其 31 脚输入的模拟量转换成数字量，经译码后输出驱动控制信号驱动 LED 显示器以显示当前检测到的温度。

 ## 项目小结

通过本项目的学习，读者应重点掌握热电效应的概念、热电动势的组成、热电偶基本定律、热电偶的结构和类型以及热电偶的温度补偿方法等，熟练掌握热电偶基本定律的应用。

1．将两种不同成分的导体组成一闭合回路，当闭合回路的两个结点分别置于不同的温度场中时，回路中将产生一个电动势，该电动势的方向和大小与导体的材料及两结点的温度有关，这种现象称为"热电效应"。

2．热电动势由两部分组成，一部分是两种导体的接触电动势，另一部分是单一导体的温差电动势。接触电动势比温差电动势大得多，可将温差电动势忽略掉。

3．热电偶有 4 个基本定律：均质导体定律、中间导体定律、标准电极定律和中间温度定律。它们是分析和应用热电偶的重要理论基础。

4．热电偶的种类很多，基本上都是由热电极、绝缘管、保护管及接线装置等部分组成。热电偶可分为标准型热电偶和非标准型热电偶两种类型。标准型热电偶是指国家已经定型批量生产的热电偶，非标准型热电偶是指特殊用途试生产的热电偶。

5．只有将热电偶冷端的温度恒定，热电动势才是热端温度的单值函数。但实际应用中，热电偶的冷端通常靠近被测对象，且受到周围环境温度的影响，其温度不是恒定不变的。为此，必须采取一些相应的措施进行补偿或修正，常用的方法有：冷端恒温法、计算处理法、计算修正法、电桥补偿法和显示仪表零位调整法等。

 项目训练

一、单项选择题

1. 热电偶可以测量（　　）。

    A. 压力　　　　　　　B. 电压　　　　　　　C. 温度　　　　　　　D. 热电动势

2. 下列关于热电偶传感器的说法中，（　　）是错误的。

    A. 热电偶必须由两种不同性质的均质材料构成

    B. 计算热电偶的热电动势时，可以不考虑接触电动势

    C. 在工业标准中，热电偶参考端温度规定为 0℃

    D. 接入第 3 导体时，只要其两端温度相同，对总热电动势没有影响

3. 热电偶的基本组成部分是（　　）。

    A. 热电极　　　　　　B. 保护管　　　　　　C. 绝缘管　　　　　　D. 接线盒

4. 为了减小热电偶测温时的测量误差，需要进行的冷端温度补偿方法不包括（　　）。

    A. 补偿导线法　　　　B. 电桥补偿法　　　　C. 冷端恒温法　　　　D. 差动放大法

5. 热电偶测量温度时（　　）。

    A. 需加正向电压　　　　　　　　　　　　B. 需加反向电压

    C. 加正向、反向电压都可以　　　　　　　D. 不需加电压

6. 热电偶中热电动势包括（　　）。

    A. 感应电动势　　　　B. 补偿电动势　　　　C. 接触电动势　　　　D. 切割电动势

7. 一个热电偶产生的热电动势为 E_0，当打开其冷端串接与两热电极材料不同的第 3 根金属导体时，若保证已打开的冷端两点的温度与未打开时相同，则回路中热电动势（　　）。

    A. 增加　　　　　　　　　　　　　　　　B. 减小

    C. 增加或减小不能确定　　　　　　　　　D. 不变

8. 热电偶中产生热电动势的条件有（　　）。

    A. 两热电极材料相同　　　　　　　　　　B. 两热电极材料不同

    C. 两热电极的几何尺寸不同　　　　　　　D. 两热电极的两端点温度相同

9. 利用热电偶测温时，只有在（　　）条件下才能进行。

    A. 分别保持热电偶两端温度恒定　　　　　B. 保持热电偶两端温差恒定

    C. 保持热电偶冷端温度恒定　　　　　　　D. 保持热电偶热端温度恒定

10. 实用热电偶的热电极材料中，用得较多的是（　　）。

    A. 纯金属　　　　　　B. 非金属　　　　　　C. 半导体　　　　　　D. 合金

11. 在实际的热电偶测温应用中，引用测量仪表而不影响测量结果是利用了热电偶的（　　）。

    A. 中间导体定律　　　B. 中间温度定律　　　C. 标准电极定律　　　D. 均质导体定律

12. 对于热电偶冷端温度不等于（　　），但能保持恒定不变的情况，可采用修正法。

    A. 20℃　　　　　　　B. 0℃　　　　　　　　C. 10℃　　　　　　　D. 5℃

13. 采用热电偶测温与其他感温元件一样，是通过热电偶与被测介质之间的（　　）实现的。

    A. 热量交换   B. 温度交换   C. 电流传递   D. 电压传递

二、简答题

1. 什么是金属导体的热电效应？产生热电效应的条件有哪些？

2. 热电偶产生的热电动势由哪几种电动势组成？起主要作用的是哪种电动势？

3. 什么是补偿导线？热电偶测温为什么要采用补偿导线？目前的补偿导线有哪几种类型？

4. 热电偶的参考端温度处理方法有哪几种？

5. 试述热电偶中间导体定律的内容，该定律在热电偶实际测温中有什么作用？

6. 试述热电偶标准电极定律的内容，该定律在热电偶实际测温中有什么作用？

7. 试述热电偶中间温度定律的内容，该定律在热电偶实际测温中有什么作用？

三、分析题

1. 试分析金属导体中产生接触电动势的原因，其大小与哪些因素有关？

2. 试分析金属导体中产生温差电动势的原因，其大小与哪些因素有关？

四、计算题

1. 用铂铑$_{10}$-铂（S型）热电偶测量某一温度，若参考端温度 T_0=30℃，测得的热电动势 $E(T，T_n)$=7.5mV，求测量端实际温度 T。

2. 用镍铬-镍硅（K型）热电偶测温度，已知冷端温度为 40℃，用高精度毫伏表测得这时的热电动势为 29.188mV，求被测点温度。

项目十

感应水龙头光控开关——测试光电式传感器

感应水龙头是指：需要用水时，无须接触水龙头，在感应区域内伸手即来水，收手离开感应区域即停水，开关水由感应器自动完成，如图 10-1 所示。

在感应水龙头中，有一重要器件就是反射型光电开关（光控开关），它集光发射器和光接收器于一体，当被测物体经过该光电开关时，发射器发出的光线（红外线）经被测物体表面反射，由接收器接收，于是产生开关电信号，然后开关电信号驱动电磁阀动作，控制水龙头出水或停水。

图 10-1　感应水龙头

由于这种水龙头无须接触，干净卫生，可有效避免交叉感染，同时能避免长时间流水的现象，节省水资源，因此被广泛用于酒店、宾馆、写字楼等场所。

本项目主要介绍光电式传感器（简称"光电传感器"）的工作原理（光电效应）及相关传感器。

知识和能力目标

◎ 掌握光电效应的概念及分类。

◎ 了解光电式传感器的基本结构、工作类型及它们各自的特点。

◎ 能根据不同测量物理量选择合适的光电式传感器。

◎ 掌握光电式传感器的应用场合，能够完成光电式传感器与外电路的接线及调试。

知识准备

一、光源与光辐射体

1. 光的特性

光是电磁波波谱（见图10-2）中的一员，不同波长光的分布如图10-2所示。这些光的频率（波长）各不相同，但都具有反射、折射、散射、衍射、干涉和吸收等性质。使用光电式传感器时，光照射到光电元件单位面积上的光通量（即光照度）越大，光电效应越明显。

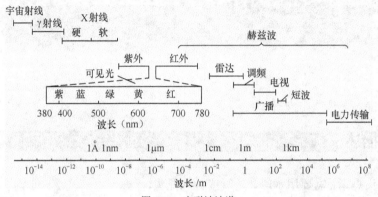

图 10-2　电磁波波谱

2. 光源与光辐射体

光电检测中遇到的光，可以由各种发光器件产生，也可以是物体的辐射光。下面简要介绍各种发光器件及物体的红外辐射。

（1）白炽光源。白炽灯又称钨丝灯、灯泡，是将灯丝通电加热到白炽状态，利用热辐射发出可见光的电光源。白炽光源产生的光，谱线较丰富，包含可见光与红外光。使用时，常加用滤色片来获得不同窄带频率的光。

（2）气体放电光源。气体放电光源是利用气体放电发光原理制成的。外界电场加速放电管中的电子，通过气体（包括某些金属蒸气）放电而导致原子发光的光谱，如日光灯、汞灯、钠灯、金属卤化物灯。气体放电有弧光放电和辉光放电两种，放电电压有低气压、高气压和超高气压3种。当放电电流很小时，放电处于辉光放电阶段；当放电电流增大到一定程度时，气体放电呈低电压大电流放电，这就是弧光放电。

气体放电光源光辐射的持续，不仅要维持其温度，而且有赖于气体的原子或分子的激发过程。原子辐射光谱呈现许多分离的明线条，称为线光谱。分子辐射光谱是一段段的带，称为带光谱。线光谱和带光谱的结构与气体成分有关。

目前常用的气体放电光源有碳弧灯、低压水银弧灯、高压水银弧灯、钠弧灯、氙弧灯等。高、低压水银弧灯的光色近于日光；钠弧灯发出的光呈黄色，发光效率特别高（200lm/W）；氙弧灯功率最大，光色也与日光相近。

（3）发光二极管。发光二极管（LED）是由镓（Ga）与砷（As）、磷（P）的化合物制成的二极管，当电子与空穴复合时能辐射出可见光，因而可以用来制成发光二极管。由于它是一种电致发光的半导体器件，与钨丝白炽灯相比具有体积小、功耗低、寿命长、响应快、便于与集成电路相匹配等优点，因此得到广泛应用。

发光二极管的种类很多，其发光波长如表 10-1 所示，GaAs1-xPx、GaP、SiC 发出的是可见光，而 GaAs、Si、Ge 为红外光。

表 10-1　　　　　　　　　　　　发光二极管光波峰值波长

材料	Ge	Si	GaAs	GaAs1-xPx	GaP	SiC
λ/nm	1 850	1 110	867	867~550	550	435

一般情况下（在几十毫安电流范围内），LED 单位时间发射的光子数与单位时间内注入二极管导带中的电子数成正比，即输出光强与输入电流成正比。电流的进一步增加会使 LED 输出产生非线性，甚至导致器件损坏。

（4）激光器。激光是新颖的高亮度光，它是由各类气体、固体或半导体激光器产生的频率单纯的光。在正常分布状态下，原子多处于稳定的低能级 E_1，如无外界的作用，原子可长期保持此状态。但在外界光子作用下，赋予原子一定的能量 ε，原子就从低能级 E_1 跃迁到高能级 E_2，这个过程称为光的受激吸收。光子能量与原子能级跃迁的关系为

$$\varepsilon = h\nu \approx E_2 - E_1 \qquad (10-1)$$

处在高能级 E_2 的原子在外来光的诱发下，跃迁至低能级 E_1 而发光，这个过程称为光的受激辐射。受激辐射发出的光子与外来光子具有完全相同的频率、传播方向、偏振方向。一个外来光子诱发出一个光子，在激光器中得到两个光子，这两个光子又可诱发出两个光子，得到 4 个光子，这些光子进一步诱发出其他光子，这个过程称为光放大。

如果通过光的受激吸收，使介质中处于高能级的粒子比处于低能级的多——"粒子数反转"，则光放大作用大于光吸收作用。这时受激辐射占优势，光在这种工作物质内被增强，这种工作物质就称为增益介质。若增益介质通过提供能量的激励源装置形成粒子数反转状态，这时大量处于低能级的原子在外来能量作用下将跃迁到高能级。

激光的形成必须具备以下 3 个条件。

① 具有能形成粒子数反转状态的工作物质——增益介质。

② 具有供给能量的激励源。

③ 具有提供反复进行受激辐射场所的光学谐振腔。

激光具有方向性强、亮度高、单色性好、相干性好的优点，被广泛用在光电检测系统中。

二、光电效应及分类

光电式传感器的工作原理是基于不同形式的光电效应。根据光的波粒二象性，我们可以认为光是一种以光速运动的粒子流，这种粒子称为光子。每个光子具有的能量 $h\nu$ 正比于光的频率 ν。每个光子具有的能量为

$$E = h\nu \qquad (10-2)$$

式中：h——普朗克常数，$h = 6.63 \times 10^{-34}$ J·s。

由此可见，对不同频率的光，其光子能量是不相同的，频率越高，光子能量越大。用光

照射某一物体，可以看作物体被一连串能量为 $h\nu$ 的光子所轰击，组成该物体的材料吸收光子能量而发生相应电效应的物理现象称为光电效应。光电效应通常分为以下 3 类。

1. 外光电效应

在光线作用下能使电子逸出物体表面的现象称为外光电效应。当物体在光线照射作用下，一个电子吸收了一个光子的能量后，其中的一部分能量消耗于电子由物体内逸出表面时所做的逸出功，另一部分则转化为逸出电子的动能。根据能量守恒定律，可得

$$h\nu = A_0 + \frac{1}{2}mv_0^2 \tag{10-3}$$

式中：A_0——电子逸出物体表面所需做的功；

$\quad\quad m$——电子的质量，$m = 9.109 \times 10^{-31}\ \text{kg}$；

$\quad\quad v_0$——电子逸出物体表面时的初速度。

式（10-3）即为著名的爱因斯坦光电方程式，它阐明了光电效应的基本规律。

（1）光电子能否产生，取决于光电子的能量是否大于该物体的表面电子逸出功 A_0。不同的物质具有不同的逸出功，即每一个物体都有一个对应的光频阈值，称为红限频率（即截止频率）或波长限。光线频率低于红限频率，光子能量不足以使物体内的电子逸出，因而小于红限频率的入射光，光强再大也不会产生光电子发射；反之，入射光频率高于红限频率，即使光线微弱，也会有光电子射出。

（2）如果产生了光电发射，在入射光频率不变的情况下，逸出的电子数目与光强成正比。光强越强意味着入射的光子数目越多，受轰击逸出的电子数目也越多。基于外光电效应的光电元件有光电管、光电倍增管等。

2. 光电导效应（内光电效应）

在光线作用下，半导体材料吸收了入射光子能量，若光子能量大于或等于半导体材料的禁带宽度，就激发出电子-空穴对，使载流子浓度增加，半导体的导电性增加，阻值减低，这种现象称为光电导效应。根据光电导效应制成的光电元器件有光敏电阻、光敏二极管、光敏三极管和光敏晶闸管等。

3. 光生伏特效应

在光线作用下，物体产生一定方向电动势的现象称为光生伏特效应。光生伏特效应可分为以下两类。

（1）势垒光电效应（结光电效应）。以 PN 结为例，当光照射 PN 结时，若光子能量大于半导体材料的禁带宽度 E_g，则使价带的电子跃迁到导带，产生自由电子-空穴对。在 PN 结阻挡层内电场的作用下，被激发的电子移向 N 区的外侧，被激发的空穴移向 P 区的外侧，从而使 P 区带正电，N 区带负电，形成光电动势。

（2）侧向光电效应。当半导体光电器件受光照不均匀时，有载流子浓度梯度将会产生侧向光电效应。当光照部分吸收入射光子的能量产生电子-空穴对时，光照部分载流子浓度比未受光照部分的载流子浓度大，就出现了载流子浓度梯度，因而载流子就要扩散。如果电子迁移率比空穴大，那么空穴的扩散不明显，则电子向未被光照部分扩散，就造成光照射的部分带正电，未被光照射部分带负电，光照部分与未被光照部分产生光电动势。基于光生伏特效应的光电元件有光电池、光敏二极管、光敏三极管、光敏晶闸管等。

第一类光电元件属于真空管元件，第二、三类属于半导体元件。

在以下光电元件的论述中将要应用到流明（lm）和勒克斯（lx）两个光学单位。流明是光通量的单位，所有的灯都以流明表征输出光通量的大小。勒克斯是照度的单位，它是表征受照物体被照程度的物理量。

三、光电管及基本测量电路

1. 结构与工作原理

光电管有真空光电管和充气光电管两类，二者结构相似，都是由一个涂有光电材料的阴极 K 和一个阳极 A 封装在玻璃壳内，如图 10-3（a）所示。当入射光照射在阴极上时，阴极就会发射电子，由于阳极的电位高于阴极，在电场力的作用下，阳极便收集到由阴极发射出来的电子，因此，在光电管组成的回路中形成了光电流 I_ϕ，并在负载电阻 R_L 上输出电压 U_o，如图 10-3（b）所示。在入射光的频谱成分和光电管电压不变的条件下，输出电压 U_o 与入射光通量成正比。

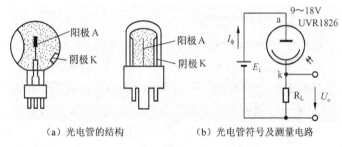

（a）光电管的结构　　　　（b）光电管符号及测量电路

图 10-3　光电管的结构、符号及测量电路

2. 光电管特性

光电管的性能指标主要有伏安特性、光电特性、光谱特性、响应特性、响应时间、峰值探测率和温度特性等。下面仅对其中的主要性能指标做简单介绍。

（1）光电特性。光电特性表示当阳极电压一定时，阳极电流 I 与入射在光电管阴极上光通量 ϕ 之间的关系，如图 10-4 所示。光电特性的斜率（光电流与入射光光通量之比）称为光电管的灵敏度。

（2）伏安特性。当入射光的频谱及光通量一定时，阳极电流与阳极电压之间的关系称为伏安特性，如图 10-5 所示。当阳极电压比较低时，阴极所发射的电子只有一部分到达阳极，其余部分受光电子在真空中运动时所形成的负电场作用回到阴极。随着阳极电压的增高，光电流随之增大。当阴极发射的电子全部到达阳极时，阳极电流便很稳定，称为饱和状态。当达到饱和时，阳极电压再升高，光电流 I 也不会增加。

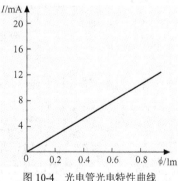

图 10-4　光电管光电特性曲线

（3）光谱特性。光电管的光谱特性通常是指阳极和阴极之间所加电压不变时，入射光的波长（或频率）与其绝对灵敏度的关系。它主要取决于阴极材料，不同阴极材料的光电管适用于不同的光谱范围。另一方面，不同光电管对于不同频率（即使光强度相同）的入射光，

其灵敏度也不同，图10-6中曲线Ⅰ、Ⅱ为常用的银氧铯阴极和锑铯阴极。

此外，光电管还有温度特性、疲劳特性、惯性特性、暗电流和衰老特性等，使用时应根据产品说明书和有关手册合理选用。

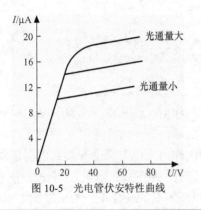

图10-5　光电管伏安特性曲线

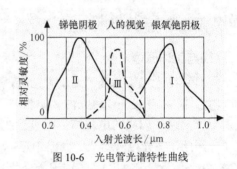

图10-6　光电管光谱特性曲线

四、光电倍增管及基本测量电路

1. 光电倍增管的结构与工作原理

光电倍增管是把微弱的光输入转换成电子，并使电子获得倍增的电真空器件。它有放大光电流的作用，灵敏度非常高，信噪比大，线性好，多用于微光测量。光电倍增管由两个主要部分构成：阴极室和若干光电倍增极，它们组成二次发射倍增系统。光电倍增管结构示意图如图10-7所示。从图中可以看到光电倍增管也有一个阴极K、一个阳极A。与光电管不同的是，在它的阴极与阳极之间设置了许多二次倍增极 D_1，D_2，D_3，…它们又称为第一倍增极，第二倍增极，第三倍增极，……相邻电极之间通常加上100V左右的电压，其电位逐级提高，阴极电位最低，阳极电位最高，两者之差一般在600～1 200V。

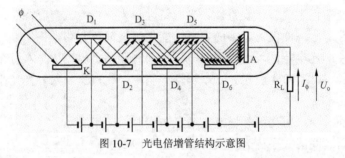

图10-7　光电倍增管结构示意图

当微光照射阴极K时，从阴极K上逸出的光电子在 D_1 的电场作用下，以高速向倍增极 D_1 射去，产生二次发射，于是更多的二次发射的电子又在 D_2 电场作用下，射向第二倍增极，激发更多的二次发射电子，如此下去，一个光电子将激发更多的二次发射电子，最后被阳极所收集。若每级的二次发射倍增率为 m，共有 n 级（通常可达9～11级），则光电倍增管阳极得到的光电流比普通光电管大 m^n 倍，因此光电倍增管的灵敏度极高。

图10-8所示为光电倍增管的基本电路。各倍增极的电压是用分压电阻 R_1，R_2，…，R_n 获得的，阳极电流流经电阻 R_L 得到输出电压 U_o。当用于测量稳定的辐射通量时，图中虚线连接的电容 C_1，C_2，…，C_n 和输出隔离电容 C_0 都可以省去。这时电路往往将电源正端

接地，并且输出可以直接与放大器输入端连接。当入射光通量为脉冲量时，则应将电源的负端接地，因为光电倍增管的阴极接地比阳极接地有更低的噪声，此时输出端应接入隔离电容，同时各倍增极的并联电容亦应接入，以稳定脉冲工作时的各级工作电压，稳定增益并防止饱和。

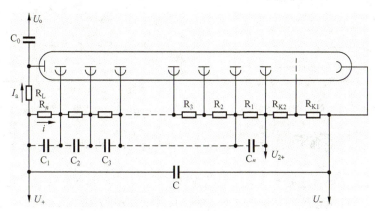

图 10-8　光电倍增管的基本电路

2. 光电倍增管的主要参数和特性

（1）光电倍增管的倍增系数 M 与工作电压的关系。倍增系数 M 等于 n 个倍增电极的二次电子发射系数 δ 的乘积。如果 n 个倍增电极的 δ 都相同，则 $M=\delta_i^n$。因此，阳极电流 I 为

$$I=i \cdot \delta_i^n \tag{10-4}$$

式中：i——光电倍增管阴极的光电流。

倍增系数 M 与工作电压 U 的关系是光电倍增管的重要特性。随着工作电压的增加，倍增系数也相应增加，如图 10-9 所示。M 与所加电压有关，M 在 $10^5 \sim 10^8$ 之间，稳定性为 1%左右，加速电压稳定性要在 0.1%以内。如果有波动，倍增系数也要波动，因此 M 具有一定的统计涨落。一般阳极和阴极之间的电压为 1 000～2 500V，两个相邻的倍增电极的电位差为 50～100V。对所加电压越稳越好，这样可以减小统计涨落，从而减小测量误差。

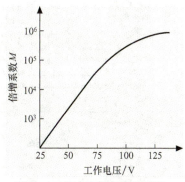

图 10-9　光电倍增管的特性曲线

（2）光电倍增管的伏安特性。光电倍增管的伏安特性也叫阳极特性，它是指阴极与各倍增极之间电压保持恒定的条件下，阳极电流 I_A（光电流）与最后一级倍增极和阳极间电压 U_{AD} 的关系，典型光电倍增管的伏安特性如图 10-10 所示。它是在不同光通量下的一组曲线簇。像光电管一样，光电倍增管的伏安特性曲线也有饱和区，照射在阴极上的光通量越大，饱和阳极电压越高，当阳极电压非常大时，由于阳极电位过高，使倒数第二级倍增极发出的电子直接奔向阳极，造成最后一级倍增极的入射电子数减少，影响了光电倍增管的倍增系数，因此，伏安特性曲线过饱和区段后略有降低。

（3）光电倍增管的光电特性。光电倍增管的光电特性是指阳极电流（光电流）与阴极接收到的光通量之间的关系。典型光电倍增管的光电特性如图 10-11 所示。从图 10-11 可以看出，当光通量 ϕ 在 $10^{-14} \sim 10^{-4}$lm（流明）时，光电特性曲线具有较好的线性关系；当光通量超过 10^{-4}lm 时，曲线就明显向下弯曲，其主要原因是强光照射下，较大的光电流使后几级倍

增极疲劳，灵敏度下降，因此，使用时光电流不要超过 1mA。

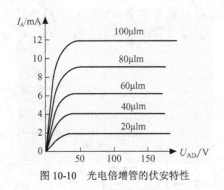

图 10-10　光电倍增管的伏安特性

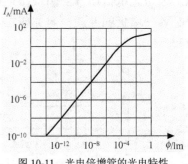

图 10-11　光电倍增管的光电特性

五、光敏电阻及基本测量电路

光敏电阻又称光导管，是一种均质半导体光电元件。它具有灵敏度高、光谱响应范围宽、体积小、重量轻、机械强度高、耐冲击、耐振动、抗过载能力强和寿命长等特点。

1. 光敏电阻的工作原理和结构

光敏电阻的工作原理是基于内光电效应。在半导体光敏材料两端装上电极引线，将其封装在带透明窗的管壳内就构成光敏电阻，如图 10-12（a）所示。为了增加灵敏度，常将两电极做成梳状，如图 10-12（b）所示，光敏电阻的图形符号如图 10-12（c）所示。

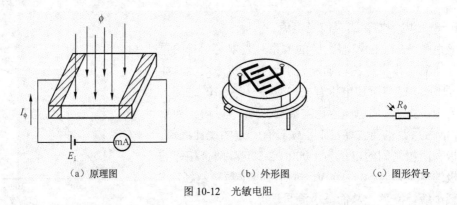

（a）原理图　　　　　　　　（b）外形图　　　　　（c）图形符号

图 10-12　光敏电阻

构成光敏电阻的材料有金属的硫化物、硒化物、碲化物等半导体。当光照射到光电导体上时，若这个光电导体为本征半导体材料，而且光辐射能量又足够强，光导材料价带上的电子将激发到导带上去，从而使导带的电子和价带的空穴增加，致使光导体的电导率变大。为实现能级的跃迁，入射光的能量必须大于光导材料的禁带宽度。光照越强，阻值越低。入射光消失，电子-空穴对逐渐复合，电阻也逐渐恢复原值。为了避免外来干扰，光敏电阻外壳的入射孔用一种能透过所要求光谱范围的透明窗（如玻璃，有时用专门的滤光片）作保护。为了避免灵敏度受湿度的影响，因此将电导体严密封装在壳体中。

2. 光敏电阻的基本特性和主要参数

（1）暗电阻和暗电流。置于室温、全暗条件下测得的稳定电阻值称为暗电阻，此时流过电阻的电流称为暗电流。这些是光敏电阻的重要特性指标。

（2）亮电阻和亮电流。置于室温、在一定光照条件下测得的稳定电阻值称为亮电阻，此时流过电阻的电流称为亮电流。

（3）伏安特性。光照度不变时，光敏电阻两端所加电压与流过电阻的光电流关系称为光敏电阻的伏安特性，如图 10-13 所示。从图中可知，伏安特性近似直线，但使用时应限制光敏电阻两端的电压，以免超过虚线所示的功耗区。因为光敏电阻都有最大额定功率、最高工作电压和最大额定电流，所以超过额定值可能导致光敏电阻的永久性损坏。

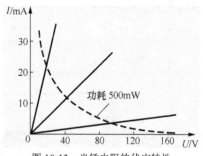

图 10-13　光敏电阻的伏安特性

（4）光电特性。在光敏电阻两极间电压固定不变时，光照度与亮电流间的关系称为光电特性，如图 10-14 所示。光敏电阻的光电特性呈非线性，这是光敏电阻的主要缺点之一。

（5）光谱特性。如图 10-15 所示，光敏电阻对不同波长的入射光，其对应光谱灵敏度不相同，而且各种光敏电阻的光谱响应峰值波长也不相同，所以在选用光敏电阻时，把元件和入射光的光谱特性结合起来考虑，才能得到比较满意的效果。

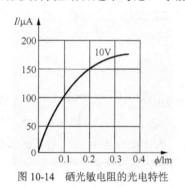

图 10-14　硒光敏电阻的光电特性

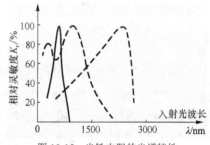

图 10-15　光敏电阻的光谱特性

（6）响应时间。光敏电阻受光照后，光电流并不立刻升到最大值，而要经历一段时间（上升时间）才能达到最大值。同样，光照停止后，光电流也需要经过一段时间（下降时间）才能恢复到其暗电流值，这段时间称为响应时间。光敏电阻的上升响应时间和下降响应时间为 $10^{-1} \sim 10^{-3}\text{s}$，故光敏电阻不能适用于要求快速响应的场合。

（7）温度特性。

光敏电阻和其他半导体器件一样，受温度影响较大。随着温度的上升，它的暗电阻和灵敏度都会下降。常用光电导材料如表 10-2 所示。

表 10-2　　　　　　　　　　　常用光电导材料

光电导器件材料	禁带宽度/eV	光谱响应范围/nm	峰值波长/nm
硫化镉（CdS）	2.45	400～800	515～550
硒化镉（CdSe）	1.74	680～750	720～730
硫化铅（PbS）	0.40	500～3 000	2 000
碲化铅（PbTe）	0.31	600～4 500	2 200
硒化铅（PbSe）	0.25	700～5 800	4 000

续表

光电导器件材料	禁带宽度/eV	光谱响应范围/nm	峰值波长/nm
硅（Si）	1.12	450～1 100	850
锗（Ge）	0.66	550～1 800	1 540
锑化铟（InSb）	0.16	600～7 000	5 500
砷化铟（InAs）	0.33	1 000～4 000	3 500

六、光敏晶体管及基本测量电路

光敏晶体管包括光敏二极管、光敏三极管、光敏晶闸管，它们的工作原理是基于内光电效应。光敏三极管的灵敏度比光敏二极管高，但频率特性较差，目前广泛应用于光纤通信、红外线遥控器、光电耦合器、控制伺服电动机转速的检测、光电读出装置等场合。光敏晶闸管主要应用于光控开关电路。

1. 光敏晶体管结构与工作原理

（1）光敏二极管。光敏二极管的结构与普通半导体二极管一样，都有一个 PN 结，两根电极引线，而且都是非线性器件，具有单向导电性能。不同之处在于光敏二极管的 PN 结装在管壳的顶部，可以直接受到光的照射。其外形与结构如图 10-16（a）、（b）所示，图形符号如图 10-16（c）所示。

光敏二极管在电路中通常处于反向偏置状态，如图 10-16（d）所示。当没有光照射时，其反向电阻很大，反向电流很小，这种反向电流称为暗电流；当有光照射时，PN 结及其附近产生电子-空穴对，它们在反向电压作用下参与导电，形成比无光照射时大得多的反向电流，这种电流称为光电流。入射光的照度增强，光产生的电子-空穴对数量也随之增加，光电流也相应增大，光电流与光照度成正比。

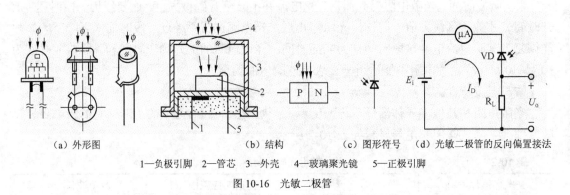

（a）外形图 （b）结构 （c）图形符号 （d）光敏二极管的反向偏置接法

1—负极引脚 2—管芯 3—外壳 4—玻璃聚光镜 5—正极引脚

图 10-16 光敏二极管

目前还研制出一种雪崩式光敏二极管（APD）。由于利用了二极管 PN 结的雪崩效应（工作电压达 100V 左右），所以灵敏度极高，响应速度极快，可达数百兆赫，可用于光纤通信及微光测量。

（2）光敏三极管。光敏三极管有两个 PN 结，从而可以获得电流增益，具有比光敏二极管更高的灵敏度。其结构、等效电路、图形符号及应用电路如图 10-17 所示，光线通过透明窗口照射在集电结上。当电路按图10-17（d）所示连接时，集电结反偏，发射结正偏。与光敏二极管相似，入射光使集电结附近产生电子-空穴对，电子受集电结电场吸引流向集电区，基区留下的空穴形成"纯正电荷"，使基区电压提高，致使电子从发射区流向基区，由于基区很薄，所以只有一小部分从发射区来的电子与基区空穴结合，而大部分电子穿过基区流向集电区，这一过程与普通三极管的放大作用相类似。集电极电流是原始光电电流的 β 倍。因此，光敏三极管比光敏二极管的灵敏度高许多倍。

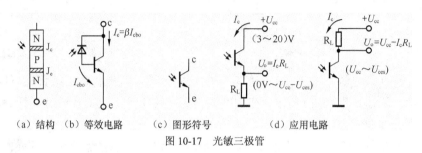

（a）结构　（b）等效电路　（c）图形符号　（d）应用电路

图10-17　光敏三极管

（3）光敏晶闸管。光敏晶闸管（LCR）又称为光控晶闸管，如图10-18所示。它有3个引出电极，即阳极A、阴极K和控制极G；有3个PN结，即 J_1、J_2、J_3。与普通晶闸管不同之处是，光敏晶闸管的顶部有一个透明玻璃透镜，能把光线集中照射到 J_2 上。图10-18（b）所示为光敏晶闸管的典型应用电路，光敏晶闸管的阳极接正极，阴极接负极，控制极通过电阻 R_G 与阴极相接。这时，J_1、J_3 正偏，J_2 反偏，光敏晶闸管处于正向阻断状态。当有一定照度的入射光通过玻璃透镜照射到 J_2 上时，在光能的激发下，J_2 附近产生大量的电子-空穴对，它们在外电压作用下，穿过 J_2 阻挡层，产生控制电流，从而使光敏晶闸管从阻断状态变为导通状态。电阻 R_G 为光敏晶闸管的灵敏度调节电阻，调节 R_G 的大小，可以使晶闸管在设定的照度下导通。

光敏晶闸管的特点是工作电压很高，有的可达数百伏，导通电流比光敏三极管大得多，因此输出功率很大，在自动检测控制和日常生活中的应用越来越广泛。

2. 光敏晶体管的基本特性

光敏晶体管的基本特性包括光谱特性、伏安特性、光电特性、温度特性、响应特性等。

（1）光谱特性。光敏晶体管在入射光照度一定时，输出的光电流（或相对灵敏度）随光波波长的变化而变化。一种晶体管只对一定波长的入射光敏感，这就是它的光谱特性，如图10-19所示。从图10-19中可以看出，不管是硅管还是锗管，当入射光波长超过一定值时，波长增加，相对灵敏度下降。这是因为光子能量太小，不足以激发电子-空穴对，当入射光波长太短时，由于光波穿透能力下降，光子只在晶体管表面激发电子-空穴对，而不能达到PN结，因此相对灵敏度下降。从曲线还可以看出，不同材料的光敏晶体管，其光谱响应峰值波长也不相同。硅管的峰值波长为 1.0μm 左右，锗管为 1.5μm 左右，由此可以确定光源与光电器件的最佳配合。由于锗管的暗电流比硅管大，因此锗管性能较差。故在探测可见光或炽热物体时，都用硅管，而在对红外线进行探测时，采用锗管较为合适。

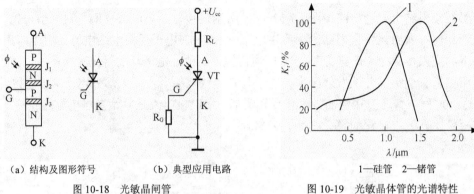

（a）结构及图形符号　　　　（b）典型应用电路

图 10-18　光敏晶闸管

1—硅管　2—锗管

图 10-19　光敏晶体管的光谱特性

（2）伏安特性。光敏三极管在不同照度下的伏安特性，就像普通三极管在不同基极电流下的输出特性一样，如图 10-20 所示。在这里改变光照就相当于改变普通三极管的基极电流，从而得到这样一簇曲线。

（3）光电特性。光电特性指外加偏置电压一定时，光敏晶体管的输出电流和光照度的关系。一般来说，光敏二极管光电特性的线性较好，而光敏三极管在照度较小时，光电流随照度增加较小，并且在照度足够大时，输出电流有饱和现象。这是由于光敏三极管的电流放大倍数在小电流和大电流时都会下降的缘故。图 10-21 中，曲线 1、曲线 2 分别是某种型号的光敏二极管、光敏三极管的光电特性。

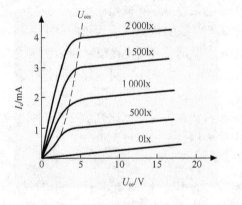

图 10-20　光敏三极管的伏安特性

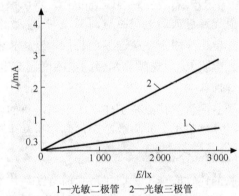

1—光敏二极管　2—光敏三极管

图 10-21　光敏晶体管的光电特性

（4）温度特性。温度变化对亮电流的影响较小，但对暗电流的影响相当大，并且是非线性的，这将给微光测量带来误差，如图 10-22 所示。为此，在外电路中可以采取温度补偿方法，如果采用调制光信号交流放大，由于隔直电容的作用，可使暗电流隔断，消除温度影响。

（5）频率特性。光敏晶体管受调制光照射时，相对灵敏度与调制频率的关系称为频率特性，如图 10-23 所示。减小负载电阻能提高响应频率，但输出降低。一般来说，光敏三极管的频率响应比光敏二极管差得多，锗光敏三极管的频率响应比硅光敏三极管小一个数量级。

（6）响应时间。工业用的硅光敏二极管的响应时间为 $10^{-5} \sim 10^{-7}$ s，光敏三极管的响应时间比相应的二极管约慢一个数量级，因此在要求快速响应或入射光调制频率比较高时应选用硅光敏二极管。

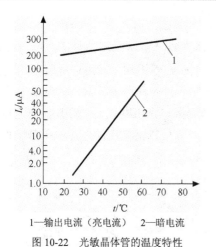

1—输出电流（亮电流）　2—暗电流

图 10-22　光敏晶体管的温度特性

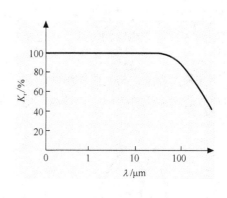

图 10-23　光敏晶体管的频率特性

七、光电池及基本测量电路

光电池的工作原理是基于光生伏特效应。当光照射到光电池上时，可以直接输出光电流。常用的光电池有两种：一种是金属-半导体型；另一种是 PN 结型，如硒光电池、硅光电池、锗光电池等，常见硅光电池如图 10-24（a）所示。下面以硅光电池为例说明光电池的结构及工作原理。

1. 光电池的结构及工作原理

图 10-24（b）、（c）所示为光电池的结构示意图与图形符号。通常是在 N 型衬底上渗入 P 型杂质形成一个大面积的 PN 结作为光照敏感面。当入射光子的能量足够大时，即光子能量 hv 大于硅的禁带宽度，P 型区每吸收一个光子就产生一对光生电子-空穴对，光生电子-空穴对的浓度从表面向内部迅速下降，形成由表及里扩散的自然趋势。PN 结内电场的方向是由 N 区指向 P 区，它使扩散到 PN 结附近的电子-空穴对分离，光生电子被推向 N 区，光生空穴被留在 P 区，从而使 N 区带负电，P 区带正电，形成光生电动势。若用导线连接 P 区和 N 区，电路中就有电流流过。

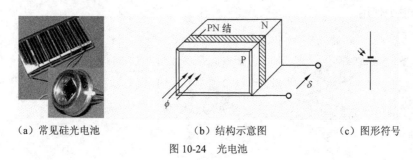

（a）常见硅光电池　　　　（b）结构示意图　　　　（c）图形符号

图 10-24　光电池

2. 光电池的基本特性

（1）光谱特性。光电池对不同波长的光有不同的灵敏度。图 10-25 所示为硅光电池和硒光电池的光谱特性曲线。从图 10-25 中可知，不同材料的光电池对各种波长的光波灵敏度不同。硅光电池的适用范围宽，对应的入射光波长 λ 可在 0.45～1.1μm，而硒光电池的 λ 只能在 0.34～0.57μm 的波长范围，适用于可见光检测。

在实际使用中可根据光源光谱特性选择光电池，也可根据光电池的光谱特性，确定应该使用的光源。

（2）光电特性。硅光电池的负载电阻不同，输出电压和电流也不同。图 10-26 中的曲线 1 是负载开路时的开路电压特性曲线，曲线 2 是负载短路时的"短路电流"特性曲线。开路电压与光照度的关系是非线性的，并且在 2 000lx 照度以上时趋于饱和，而短路电流在很大范围内与光照度呈线性关系，负载电阻越小，线性关系越好，而且线性范围越宽。当负载电阻短路时，光电流在很大程度上与光照度呈线性关系，因此当测量与光照度成正比的其他非电量时，应把光电池作为电流源来使用；当被测非电量是开关量时，可以把光电池作为电压源来使用。

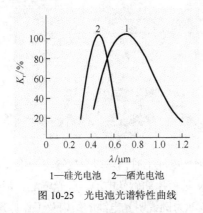

1—硅光电池　2—硒光电池

图 10-25　光电池光谱特性曲线

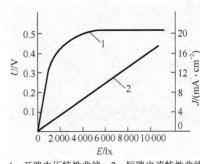

1—开路电压特性曲线　2—短路电流特性曲线

图 10-26　硅光电池的光电特性

（3）温度特性。光电池的开路电压和短路电流随温度变化的关系称为温度特性，如图 10-27 所示。从图中可以看出，光电池的开路电压随温度变化有较大变化，温度越高，电压越低，而短路电流随温度变化较小。当仪器设备中的光电池作为检测元件时，应考虑温度漂移的影响，要采用各种温度补偿措施。

（4）频率特性。频率特性是指输出电流与入射光的调制频率之间的关系。当光电池受到入射光照射时，产生电子-空穴对需要一定时间，入射光消失，电子-空穴对的复合也需要一定时间，因此，当入射光的调制频率太高时，光电池的输出电流将下降。如图 10-28 所示，硅光电池的频率特性较好，工作调制频率可达数十千赫至数兆赫；而硒光电池的频率特性较差，目前已很少使用。

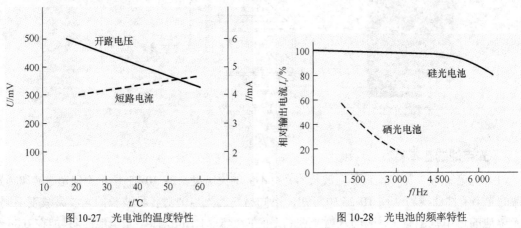

图 10-27　光电池的温度特性　　　　　　　图 10-28　光电池的频率特性

3. 短路电流的测量

在光电特性中谈到，光电流与光照度呈线性关系，当负载电阻短路时，线性关系最好，线性范围更宽。一般测量仪器很难做到负载为零，而采用集成运算电路较好地解决了这个问题。图 10-29 所示为光电池短路电流的测量电路。由于运算放大器的开环放大倍数 $A_{od} \to \infty$，所以 $U_{AB} \to 0$，A 点为 0 电位（虚地）。从光电池的角度来看，相当于 A 点对地短路，所以光电池的负载电阻值为 0，产生的光电流为短路电流。根据运算放大器的"虚断"性质，则输出电压 U_o 为

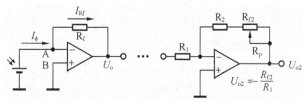

图 10-29　光电池短路电流测量电路

$$U_o = -U_{Rf} = -I_\phi R_f \qquad (10\text{-}5)$$

从式（10-5）可知，该电路的输出电压 U_o 与光电流 I_ϕ 成正比，从而达到电流/电压转换关系。

八、光电开关和光电断续器

从原理上讲，光电开关及光电断续器没有太大的差别，都是由红外线发射元件与光敏接收元件组成的，只是光电断续器是整体结构，其检测距离只有几毫米至几十毫米，而光电开关的检测距离可达几米至几十米。

1. 光电开关

光电开关器件是以光敏二极管、光敏二极管为核心，配以继电器组成的一种电子开关，如图 10-30 所示。当开关中的光敏元件受到一定强度的光照射时就会产生开关动作。

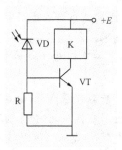
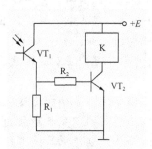
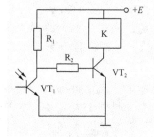

（a）光敏二极管结构　　　（b）光敏三极管结构（一）　　　（c）光敏三极管结构（二）

图 10-30　光电开关基本结构

光电开关可分为两类：遮断型和反射型。图 10-31（a）所示为遮断型；反射型又分为反射镜反射型和被测物体反射型（简称"散射型"）两种，如图 10-31（b）、（c）所示。

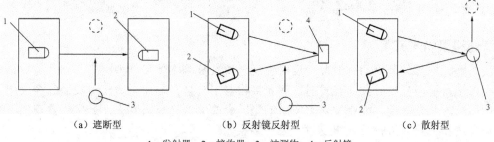

（a）遮断型　　　　　（b）反射镜反射型　　　　　（c）散射型

1—发射器　2—接收器　3—被测物　4—反射镜

图 10-31　光电开关类型及应用图

光电开关广泛应用于工业控制、自动化包装线及安全装置中作光控制和光探测装置。可在自控系统中用于物体检测、产品计数、料位检测、尺寸控制、安全报警及计算机输入接口等。

2. 光电断续器

光电断续器的工作原理与光电开关相同，但其光电发射器、接收器放置于一个体积很小的塑料壳体中，所以两者能可靠地对准，其外形和结构如图 10-32 所示。光电断续器也可分为遮断型和反射型两种。

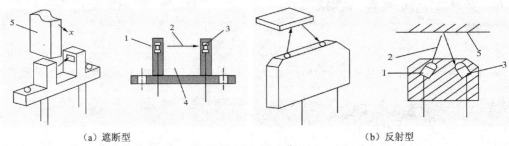

（a）遮断型　　　　　　　　　　（b）反射型

1—发光二极管　2—红外光　3—光电元件　4—槽　5—被测物

图 10-32　光电断续器

光电断续器实际上是一个电量隔离转换器，它具有抗干扰性能和单向信号传输功能，广泛应用在电路隔离、电平转换、噪声抑制、无触点开关及固态继电器等场合。

拓展阅读

伴随物联网及移动互联网等高新产业的快速发展，各产业集成化、信息化、智能化进程的推进，光电传感器的需求量将大幅上涨，为我国光电传感器行业带来广阔的市场和发展机遇。

目前，我国光电传感器广泛应用于智能工业、智能交通、智能电网、智能可穿戴设备等领域。为支持、鼓励和规范发展我国光电传感器行业，我国政府颁布了一系列相关文件政策，提供了可靠保障。

近年来，光电传感器呈现智能化、微型化、多功能化发展趋势，并且发展越来越迅速，它的种类、性能都在变多、变好。光电传感器的研究及产品的开发应用在国内外相关领域内受到了极大关注和重视。有理由相信：随着光电传感器技术的迅速发展，必将为信息技术领域及其他技术领域的新发展、新进步带来新的动力与活力。

 项目实施

一、了解光电开关的工作原理

1. 反射型光电开关

反射型光电开关分为两种情况：反射镜反射型及被测物体反射型。

反射镜反射型光电开关集光发射器和光接收器于一体，与反射镜相对安装配合使用。反射镜使用偏光三角棱镜，能将发射器发出的光转变成偏振光反射回去，光接收器表面覆盖了一层偏光透镜，只能接收反射镜反射回来的偏振光。

散射型光电开关集光发射器和光接收器于一体。当被测物体经过该光电开关时，光发射器发出的光线经被测物体表面反射由光接收器接收，于是产生开关信号。

158

2. 调制型光电开关

调制型光电开关的 LED 多采用中频（40kHz 左右）窄脉冲电流驱动，从而发射 40kHz 调制光脉冲。相应地，接收光电元件的输出信号经 40kHz 选频交流放大器及专用的解调芯片处理，既可以有效防止太阳光、日光灯的干扰，又可减小发射 LED 的功耗。

二、测试光敏三极管的光电特性

1. 实训原理

光敏三极管是一种光生伏特器件，用高阻 P 型硅作为基片，然后在基片表面进行掺杂形成 PN 结。N 区扩散得很浅，为 1μm 左右，而空间电荷区（即耗尽层）较宽，所以保证了大部分光子入射到耗尽层。光子入射到耗尽层内被吸收而激发电子-空穴对，电子-空穴对在外加反向偏压 V_{BB} 的作用下，空穴流向正极，形成了三极管的反向电流，即光电流。光电流通过外加负载电阻 R_L 后产生电压信号输出。

2. 实训器件与单元

主控箱、光敏三极管、发光二极管、光敏三极管模块、专用导线等。

3. 实训步骤

（1）将发光二极管和光敏三极管传感器分别旋入"专用光电连接筒"，用"专用导线"将发光二极管与"光电实验模块"上的接口"Ti"进行连接，同时将"光敏三极管传感器"和"光敏三极管实验模块 Ti"插口用专用导线连接。

（2）在光敏三极管实训模块按图 10-33 所示接线。

（3）检查接线是否正确，模块电路中 V+ 接实训仪的+15V，模块输出 V_o 接实训仪电压表。

（4）开启光强开关，调节光照度为 200 lx、400 lx、600 lx、800 lx、1 000 lx、1 200 lx、1 400 lx、1 600lx 时，分别记下电压表读数，并将数据填入表 10-3 中。

表 10-3　　　　　　　　　　　数据记录表

光照度/lx	200	400	600	800	1 000	1 200	1 400	1 600
V_o/V								
$(V_o/1\text{k}\Omega)$/mA								

（5）作出光照度-电流曲线。参考曲线如图 10-34 所示。

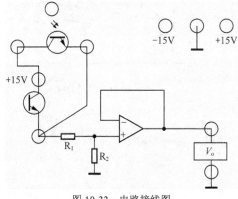

图 10-33　电路接线图

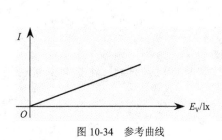

图 10-34　参考曲线

三、测试光敏三极管的伏安特性

1. 实训原理

当入射光的强度（或光通量）一定时，光电管输出的光电流与偏压的关系称为伏安特性。当入射光的强度（或光通量）一定时，相当于三极管的基极电流一定，因此光敏三极管的伏安特性和普通三极管的伏安特性是一致的。

2. 实训器件与单元

实训仪电源部分、光敏三极管、发光二极管、光敏三极管模块、光电实训模块、专用导线等。

3. 实训步骤

（1）将发光二极管和光敏三极管传感器分别旋入"专用光电连接筒"，用"专用导线"将发光二极管与"光电实验模块"上的接口"Ti"进行连接，同时将"光敏三极管传感器"和"光敏三极管实训模块 Ti"插口用专用导线连接。

（2）根据图 10-35 所示接线，开启光强开关，调节光照度为 1 000lx，分别调节光敏三极管供电电压+V 到+2V、+4V、+6V、+8V、+10V。

（3）每隔一步记录下电压表读数，并填入表 10-4 中。

表 10-4　　　　　　　　　　　　　数据记录表

V	+2V	+4V	+6V	+8V	+10V
（V_o/1kΩ）/mA					

（4）作出 $V\text{-}I$ 曲线。

（5）将光照度分别调至 500lx、1 500lx，重复步骤（2）～（4），比较 3 条 $V\text{-}I$ 曲线有什么不同。参考曲线如图 10-36 所示。

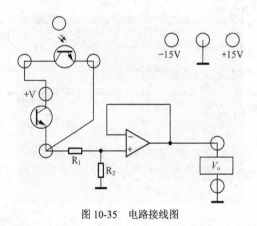

图 10-35　电路接线图

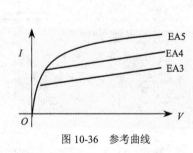

图 10-36　参考曲线

🖊 说明

光敏电阻、光敏二极管和光电池实训过程可参照本实训步骤。

项目拓展

一、光电式传感器的类型

光电式传感器属于非接触式测量，它通常由光源、光学通路和光电元件 3 部分组成。按照被测物、光源、光电元件三者之间的关系，通常有 4 种类型，如图 10-37 所示。

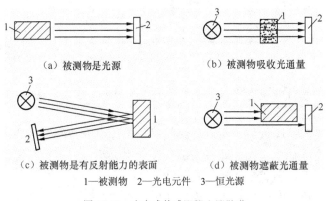

（a）被测物是光源　　　　　（b）被测物吸收光通量

（c）被测物是有反射能力的表面　　（d）被测物遮蔽光通量

1—被测物　2—光电元件　3—恒光源

图 10-37　光电式传感器的 4 种形式

（1）光源本身是被测物。被测物发出的光投射到光电元件上，光电元件的输出反映了某些物理参数，如图 10-37（a）所示。光电比色计、照相机照度测量装置、光照度表等运用了这种原理。

（2）恒定光源发出的光通量穿过被测物。其中一部分被吸收，另一部分投射到光电元件上，吸收量取决于被测物的某些参数，如图 10-37（b）所示。透明度、混浊度的测量即运用了这种原理。

（3）恒定光源发出的光通量投射到被测物上，然后从被测物反射到光电元件上，如图 10-37（c）所示。反射光的强弱取决于被测物表面的性质和形状。这种原理应用在测量纸张的粗糙度、纸张的白度等方面。

（4）被测物处在恒定光源与光电元件的中间。被测物阻挡住了一部分光通量，从而使光电元件的输出反映了被测物的尺寸或位置，如图 10-37（d）所示。这种原理可用于检测工件尺寸大小、工件的位置、振动等场合。

二、火焰探测报警器

图 10-38 是采用硫化铅光敏电阻为探测元件的火焰探测报警器电路图。硫化铅光敏电阻的暗电阻为 1 MΩ，亮电阻为 0.2 MΩ（在光功率密度 0.01 W/m² 下测试的），峰值响应波长为 2.2 μm。硫化铅光敏电阻处于 VT_1 管组成的恒压偏置电路中，其偏置电压约为 6 V，电流约为 6 μA。VT_1 管集电极电阻两端并联 68 μF 的电容，可以抑制 100 Hz 以上的高频，使其成为只有几十赫兹的窄带放大器。VT_2、VT_3 构成二级负反馈互补放大器，火焰的闪动信号经二级放大后送给中心控制站进行报警处理。采用恒压偏置电路是为了在更换光敏电阻或长时间使用后，器件阻值

的变化不致影响输出信号的幅度，从而保证火焰探测报警器能长期稳定地工作。

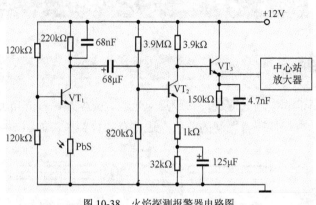

图 10-38　火焰探测报警器电路图

三、燃气热水器中脉冲点火控制器

由于燃气是易燃、易爆气体，所以对燃气器具中的点火控制器的要求是安全、稳定、可靠。为此电路中有这样一个功能，即打火确认针产生火花，才可打开燃气阀门；否则燃气阀门关闭，这样就保证了使用燃气器具的安全性。

图 10-39 为燃气热水器中的高压打火确认电路原理图。在高压打火时，火花电压可达一万多伏，这个脉冲高电压对电路工作影响极大，为了使电路正常工作，采用光电耦合器 VB 进行电平隔离，大大增强了电路抗干扰能力。当高压打火针对打火确认针放电时，光电耦合器中的发光二极管发光，耦合器中的光敏三极管导通，经 VT_1、VT_2、VT_3 放大，驱动强吸电磁阀将气路打开，燃气碰到火花即燃烧。若高压打火针与打火确认针之间不放电，则光电耦合器不工作，VT_1 等不导通，燃气阀门关闭。

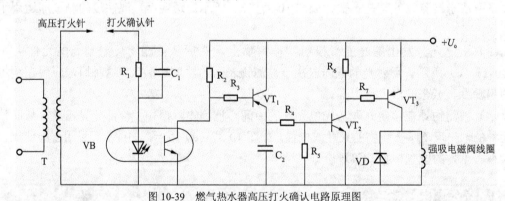

图 10-39　燃气热水器高压打火确认电路原理图

四、光电比色计

光电比色计是一种化学分析的仪器，如图 10-40 所示，光源 1 发出的光分为左右两束相等强度的光线。其中一束穿过光透镜 2，经滤色镜 3 把光线提纯，再通过标准样品 4 投射到光电池 7 上；另一束光线通过同样方式穿过被检测样品 5 到达光电池 6 上。两光电池产生的电信号同时输送给差动放大器 8，差动放大器输出端的放大信号经指示仪表 9 指示出两样品的差值。由于被检测样品在颜色、成分或浑浊度等某一方面与标准样品不同，导致两光电池接收的透射光强度不等，从而使光电池转换出来的电信号大小不同，经差动放大器放大后，用指示仪表显示出来，由此被检测样品的某项指标即可被检测出来。

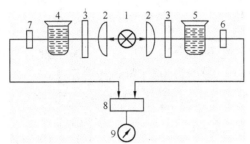

1—光源　2—光透镜　3—滤色镜　4—标准样品　5—被检测样品　6、7—光电池　8—差动放大器　9—指示仪表

图 10-40　光电比色计原理图

由于使用公共光源，不管光线强弱如何，光源光通量不稳定带来的变化可以被抵消，故其测量精度高。但两光电池的性能不可能完全一样，由此会带来一定误差。

 项目小结

通过本项目的学习，读者应重点掌握光电效应的概念及其分类，掌握光电管、光敏电阻、光电池等常用光电元件的工作原理、光电特性以及一些典型应用等。

1．用光照射某一物体，可以看作物体被一连串能量为 $h\nu$ 的光子所轰击，组成该物体的材料吸收光子能量而发生相应电效应的物理现象称为光电效应。这是光电式传感器的工作理论基础。光电测量一般具有结构简单、非接触、高精度、高分辨率、高可靠性和响应快等优点。

2．光电效应可分为光电导效应（内光电效应）、外光电效应和光生伏特效应等。本项目还详细介绍了光电管、光敏电阻、光电池等光电元件的基本结构、工作原理、基本特性以及一些典型应用。

3．光电式传感器属于非接触式测量，它通常由光源、光学通路和光电元件 3 部分组成。按照被测物、光源、光电元件三者之间的关系，光电式传感器通常有 4 种工作类型：光源本身是被测物，恒定光源发出的光通量穿过被测物，恒定光源发出的光通量投射到被测物上并反射到光电元件上和被测物处在恒定光源与光电元件的中间。

 项目训练

一、填空题

1．在光线作用下能使物体的_____的现象称为内光电效应，基于内光电效应的光电元件有光敏电阻、_____、光敏三极管、光敏晶闸管等。

2．光敏电阻的伏安特性是指光照度不变时，光敏电阻两端所加_____与流过电阻的关系。

3．光电池的开路电压和短路电流随温度变化的关系称为温度特性。光电池的_____随温度变化有较大变化，温度越高，_____越低，而光电流随温度变化很小。

二、单项选择题

1．光电式传感器的检测对象有可见光、不可见光，其中不可见光有紫外线、近红外线等。另外，光的不同波长对光电式传感器的影响也各不相同，因此使用相应的光电式传感器要根据（　　）来选择。

　　A．被检测光的性质　　　　　　　　B．光的波长和响应速度

　　C．检测对象是可见光还是不可见光　　D．光的不同波长

2．光敏电阻又称光导管，是一种均质半导体光电元件。它具有灵敏度高、光谱响应范围宽、体积小、重量轻、机械强度高、耐冲击、耐振动、抗过载能力强和寿命长等特点。光敏电阻的工作原理是基于（　　）。

　　A．外光电效应　　　　　　　　　　B．光生伏特效应

　　C．内光电效应　　　　　　　　　　D．压电效应

3．为了避免外来干扰，光敏电阻外壳的入射孔用一种能透过所要求光谱范围的透明窗（例如玻璃，有时用专门的滤光片）作保护窗。为了避免灵敏度受湿度的影响，因此将电导体严密封装在壳体中。该透明窗应该让所要求光谱范围的入射光（　　）。

　　A．尽可能多通过　　　　B．全部通过　　　　C．尽可能少地通过

4．在光线作用下，半导体的电导率增加的现象属于（　　）。

　　A．外光电效应　　　　B．内光电效应　　　　C．光电发射　　　　D．光导效应

5．当一定波长入射光照射物体时，反映该物体光电灵敏度的物理量是（　　）。

　　A．红限频率　　　　　B．量子效率　　　　　C．逸出功　　　　　D．普朗克常数

6．光敏三极管的结构，可以看成普通三极管的（　　）用光敏二极管替代的结果。

　　A．集电极　　　　　　B．发射极　　　　　　C．集电结　　　　　D．发射结

7．单色光的波长越短，它的（　　）。

　　A．频率越高，其光子能量越大　　　　B．频率越低，其光子能量越大

　　C．频率越高，其光子能量越小　　　　D．频率越低，其光子能量越小

8．光电管和光电倍增管的特性主要取决于（　　）。

　　A．阴极材料　　　　　B．阳极材料　　　　　C．纯金属阴极材料　　D．玻璃壳材料

9．用光敏二极管或光敏三极管测量某光源的光通量时，是根据它们的（　　）实现的。

　　A．光谱特性　　　　　B．伏安特性　　　　　C．频率特性　　　　　D．光电特性

三、简答题

1．什么是外光电效应？依据爱因斯坦光电效应方程式得出的两个基本概念是什么？

2．什么是内光电效应？什么是内光电导效应和光生伏特效应？

四、分析题

图 10-41 所示为路灯自动点熄电路，其中 CdS（硫化镉）为光敏电阻。

（1）电阻 R、电容 C 和二极管 VD 组成什么电路？有何作用？

（2）CdS（硫化镉）光敏电阻和继电器 J 组成光控继电器，请简述其工作原理。

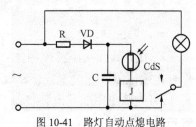

图 10-41　路灯自动点熄电路

项目十一

光控定位光纤开关——测试光纤式传感器

 项目描述

光控定位光纤开关与定尺寸检测装置是利用光纤中光强度的跳变来测出各种移动物体的极端位置的，如定尺寸、定位、记数等，特别是用于小尺寸工件的某些尺寸的检测时有其独特的优势。如图 11-1 所示，当光纤发出的光穿过标志孔时，若无反射，说明电路板方向放置正确。

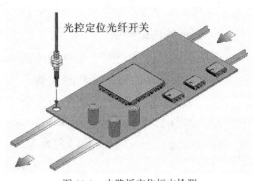

图 11-1　电路板定位标志检测

光纤开关可分为漫反射式和对射式两种类型。它是一种非接触式测量开关，具有抗电磁和原子辐射干扰、耐水、耐高温、耐腐蚀、结构简单、体积小、重量轻、耗能少等优点。

本项目主要介绍光纤式传感器（简称"光纤传感器"）的工作原理及相关传感器。

知识和能力目标

◎ 了解光纤的基本结构和传输原理。

◎ 掌握反射式光纤位移传感器的工作原理。

◎ 能正确安装、调试反射式光纤位移传感器。

 知识准备

一、光纤

光导纤维简称光纤，是 20 世纪 70 年代的重要发明之一，它与激光器、半导体探测器一起构成了新的光学技术，创造了光电子学的新天地。光纤的出现催生了光纤通信技术，特别是光纤在有线通信方面的优势越来越突出，它为人类 21 世纪的通信基础——信息高速公路奠定了基础，为多媒体通信提供了实现的必需条件。由于光纤具有许多新的特性，所以不仅在通信方面，在传感器等方面也获得了应用。

1. 光纤结构

光纤是以特别的工艺拉成的细丝。光纤透明、纤细，虽比头发丝还细，却具有能把光封闭在其中，并使其沿轴向进行传播的特征。光纤实物图如图 11-2（a）所示，目前基本上还是采用石英玻璃材料。其结构如图 11-2（b）所示，中心的圆柱体叫作纤芯，围绕着纤芯的圆形外层叫作包层。纤芯和包层主要由不同掺杂的石英玻璃制成。纤芯的折射率 n_1 略大于包层的折射率 n_2，在包层外面还常有一层保护套（包层和保护套之间还有一层涂覆层），多为尼龙材料。光纤的导光能力取决于纤芯和包层的性质，而光纤的机械强度由保护套维持。

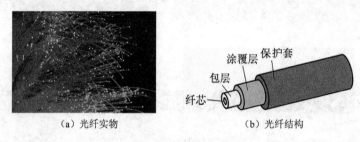

（a）光纤实物　　　　　　　　　（b）光纤结构

图 11-2　光纤

2. 光纤的传输原理

众所周知，光在空间中是直线传播的。在光纤中，光的传输限制在光纤中，并随光纤能传送到很远的距离。光纤的传输是基于光的全内反射，它是光纤传输光的物理基础。

（1）光的折射定律。当光由光密物质（折射率 n_1）入射至光疏物质（折射率 n_2）时会发生折射，如图 11-3（a）所示，其折射角大于入射角，即 $n_1 > n_2$ 时，$\varphi_2 > \varphi_1$。

n_1、n_2、φ_2、φ_1 之间的数学关系为

$$n_1 \sin\varphi_1 = n_2 \sin\varphi_2 \qquad (11\text{-}1)$$

可见，入射角 φ_1 增大时，折射角 φ_2 也随之增大，且始终 $\varphi_2 > \varphi_1$。

（a）入射角小于临界角　　　（b）入射角等于临界角　　　（c）入射角大于临界角

图 11-3　光线在临界面上发生的内反射示意图

当 $\varphi_2 = 90°$ 时，$\varphi_1 < 90°$，此时，出射光线（折射光线）沿界面传播，如图 11-3（b）所示，称为临界状态。这时有 $\sin\varphi_2 = \sin 90° = 1$，$\sin\varphi_c = n_2 / n_1$，$\varphi_c$ 为临界角。

当 $\varphi_1 > \varphi_c$ 并继续增大时，$\varphi_2 > 90°$，这时便发生全反射现象，如图 11-3（c）所示，其出射光不再折射而全部反射回来。

（2）光纤的传光原理。当光纤的直径比光的波长大很多时，可以用几何光学的方法来说明光在光纤内的传播。

设有一段圆柱形光纤，纤芯的折射率为 n_1，包层的折射率为 n_2，如图 11-4 所示，它的两个端面均为光滑的平面。当光线射入一个端面并与圆柱的轴线成 θ 角时，根据折射定律，在光纤内折射成 θ'，然后以 φ 角入射至纤芯与包层的界面。若要在界面上发生全反射，则纤芯与界面的光线入射角 φ 应大于临界角 φ_c，即

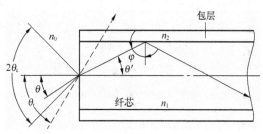

图 11-4　光纤的传光原理

$$\varphi > \varphi_c = \arcsin\frac{n_2}{n_1} \tag{11-2}$$

并在光纤内部以同样的角度反复逐次反射，直至传播到另一端面。

为满足光在光纤内的全反射，光入射到光纤端面的临界入射角 θ_c 应满足：

$$n_1 \sin\theta' = n_1 \sin\left(\frac{\pi}{2} - \varphi_c\right) = n_1 \cos\varphi_c$$
$$= n_1\sqrt{1 - \sin^2\varphi_c} = \sqrt{n_1^2 - n_2^2} \tag{11-3}$$

所以

$$n_0 \sin\theta_c = \sqrt{n_1^2 - n_2^2} \tag{11-4}$$

式中，n_0 为光纤所处环境的折射率。

实际工作时需要光纤弯曲，但只要满足全反射条件，光线仍可继续前进。可见这里的光线"转弯"实际上是由光的全反射所形成的。

一般光纤所处环境为空气，即 $n_0 = 1$。这样在界面上产生全反射，在光纤端面上的光线入射角为

$$\theta < \theta_c = \arcsin\sqrt{n_1^2 - n_2^2}$$

光纤集光本领的术语叫数值孔径（NA），即

$$NA = \sin\theta_c = \sqrt{n_1^2 - n_2^2} \tag{11-5}$$

3. 光纤的几个重要参数

（1）数值孔径。光从空气入射到光纤输入端面时，处在某一角度光锥内的光线一旦进入光纤，就将被截留在纤芯中，此光锥半角（θ）的正弦称为数值孔径。

数值孔径是一个无量纲的数，也就是说，它没有单位，只是用以衡量一个光学系统能够收集的光的角度范围。其意义是：无论光源发射功率有多大，只有入射光处于 $2\theta_c$ 的光锥内，光纤才能导光。如入射角过大，如图 11-4 所示的角 θ_r，经折射后不能满足式（11-5）的要求，光线便从包层逸出而产生漏光，所以 NA 是光纤的一个重要参数。一般希望有大的数值孔径，这有利于耦合效率的提高，但数值孔径过大，会造成光信号畸变，所以要适当选择数值孔径

的值。

（2）传播模式。光纤传输的光波，可分解为沿轴向和沿横截面传输的两种平面波。因为沿横截面传输的平面波是在纤芯和包层的界面处全反射的，所以，当每一次往返相位变化是 2π 的整数倍时，将在截面内形成驻波。能形成驻波的光线称为"模"，"模"是离散存在的，某种光纤只能传输特定模数的光。

实际中常用由麦克斯韦方程导出的归一化频率 ν 作为确定光纤传输模数的参数。ν 的值可以由纤芯半径 r、传输光波波长 λ 及光纤的数值孔径 NA 确定，即

$$\nu = 2\pi r \frac{\text{NA}}{\lambda} \tag{11-6}$$

ν 值小于 2.41 的光纤，纤芯很细（5～10 mm），仅能传输基模（截止波长最长的模式），故称为单模光纤。光纤 ν 值越大，则光纤所能拥有的即允许传输的模式（不同的离散波）数越多，所以 ν 值大的光纤传输的模数多，称为多模光纤，通常纤芯直径较粗（几十毫米以上），能传输几百个以上的模。

单模光纤传输性能好，常用于功能型光纤传感器，制成的传感器比多模传感器有更好的线性、更高的灵敏度和更宽的动态测量范围。但由于纤芯太小，制造、连接和耦合都很困难。

多模光纤性能较差，但纤芯截面大，容易制造，连接耦合也比较方便。这种光纤常用于非功能型光纤传感器。

在光纤中传播模式很多对信息传输是不利的。因为同一光信号采取很多模式传播，就会使这一光信号分为不同时间到达接收端的多个小信号，从而导致合成信号的畸变。在信息传输中一般希望模式数量越少越好。

（3）传播损耗。

光波在光纤中传输，随着传输距离的增加，光功率逐渐下降，这就是光纤的传输损耗。形成光纤损耗的原因很多，光纤纤芯材料的吸收、散射，光纤弯曲处的辐射损耗，光纤与光源的耦合损耗，光纤之间的连接损耗等，都会造成光信号在光纤中的传播有一定程度的损耗。通常用衰减率 A（单位为 dB/km）表示传播损耗，即

$$A = \frac{-10\lg(I_1/I_0)}{L} \tag{11-7}$$

式中：L——光纤长度；

I_0——输入端光强；

I_1——输出端光强。

（4）色散。

光纤的色散是由于光信号中的不同频率成分或不同的模式，在光纤中传输时，因速度不同而使得传播时间不同，从而产生波形畸变的现象。

当输入光束是光脉冲时，随着光的传输，光脉冲的宽度可被展宽。但如果光脉冲变得太宽以致发生重叠或完全吻合，施加在光束上的信息就会丧失。这种光纤中产生的脉冲展宽现象称为色散。

二、光纤传感器

光纤传感器与传统的各类传感器相比有一系列优点，如不受电磁干扰、体积小、重量轻、可挠曲、灵敏度高、耐腐蚀、电绝缘性好、防爆性好、易与计算机连接、便于遥测等。它能用于温度、压力、应变、位移、速度、加速度、磁、电、声和 pH 值等各种物理量的测量，具有极为广泛的应用前景。

1. 光纤传感器的基本工作原理

光纤传感器的工作原理是通过被测量对光纤内传输的光进行调制，使传输光的振幅、波长、相位、频率或偏振态等发生变化，再对被调制的光信号进行检测，从而得出相应的被测量。所谓光调制可归结为将一个携带信息的信号叠加到载波光波上的过程。

光调制技术是光纤传感器的基础和关键技术，按调制方式可分为强度调制、相位调制、偏振调制、频率调制和波长调制等。而且，同一种光调制方式可以实现多种物理量的检测，同一物理量的测量也可利用多种光调制方式来实现。

2. 光纤传感器的基本组成

光纤传感器主要包括光纤、光源和光探测器 3 个重要部件。

光源分为相干光源（各种激光器）和非相干光源（白炽光、发光二极管）。实际中，一般要求光源的尺寸小、发光面积大、波长合适、足够亮、稳定性好、噪声小、寿命长、安装方便等。

光探测器包括光敏二极管、光敏三极管、光电倍增管、光电池等。光探测器在光纤传感器中有着十分重要的地位，它的灵敏度、带宽等参数将直接影响传感器的总体性能。

3. 光纤传感器的类型

根据光纤在传感器中的作用，光纤传感器一般可分为功能型（传感型）光纤传感器和非功能型（传光型）光纤传感器两大类。

（1）功能型光纤传感器。

功能型光纤传感器又称传感型光纤传感器，其基本结构原理如图 11-5 所示。光纤在这类传感器中不仅是传光元件，而且可利用光纤本身的某些特性来感知外界因素的变化，所以它又是敏感元件。

图 11-5　功能型光纤传感器的结构原理图

功能型光纤传感器主要使用单模光纤，它是利用对外界信息具有敏感能力和检测功能的光纤，构成"传"和"感"合为一体的传感器。在功能型光纤传感器中，由于光纤本身是敏感元件，因此改变几何尺寸和材料性质可以改善灵敏度。功能型光纤传感器中的光纤是连续的，结构比较简单，但为了能够灵敏地感受外界因素的变化，往往需要用特种光纤作探头，使得制造比较困难。

（2）非功能型光纤传感器。

非功能型光纤传感器又称传光型光纤传感器。它通过在两根光纤中间或光纤端面放置敏感元件，来感受被测量的变化，光纤仅起传光作用，如图 11-6 所示。此类光纤传感器无须特殊光纤及其他特殊技术，比较容易实现，成本低，但灵敏度也较低，用于对灵敏度要求不太高的场合。

在非功能型光纤传感器中，也有并不需要外加敏感元件的情况。比如，光纤把测量对象辐射或反射、散射的光信号传播到光电元件，这种光纤传感器也称为探针型光纤传感器，或拾光型光纤传感器，使用单模光纤或多模光纤。典型的例子有光纤激光多普勒速度传感器和光纤辐射温度传感器等。

图 11-6　敏感元件在中间的非功能型光纤传感器
结构原理图

4. 反射式光纤位移传感器

反射式光纤位移传感器结构简单，设计灵活，性能稳定，造价低廉，能适应恶劣环境，在实际工作中得到了广泛应用。反射式光纤位移传感器的结构示意图如图 11-7（a）所示。由光源发出的光经发射光纤束传输入射到被测目标表面，被测目标表面的反射光由与发射光纤束扎在一起的接收光纤束传输至光敏元件。根据被测目标表面光反射至接收光纤束的光强度的变化来测量被测目标表面距离的变化。

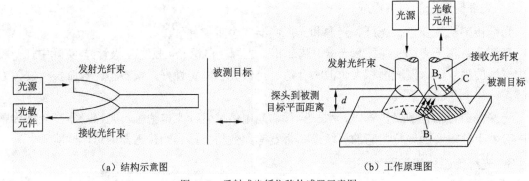

（a）结构示意图　　　　　　　　（b）工作原理图

图 11-7　反射式光纤位移传感器示意图

其工作原理如图 11-7（b）所示，由于光纤有一定的数值孔径，当光纤探头端部紧贴被测目标时，发射光纤束中的光不能反射到接收光纤中去，接收光纤束中无光信号；当被测目标表面逐渐远离光纤探头时，发射光纤束照亮被测目标表面的面积越来越大，于是相应的发射光锥和接收光锥重合面积越来越大，因而接收光纤端面上被照亮的 B_2 区也越来越大，有一个线性增长的输出信号；当整个接收光纤束被全部照亮时，输出信号就达到了位移—输出信号曲线上的光峰点，光峰点以前的曲线叫前坡区；当被测目标表面继续远离时，由于被反射光照亮的 B_2 面积大于 C 的面积，即有部分反射光没有反射进接收光纤，还由于接收光纤束更加远离被测表面，接收到的光强逐渐减小，光敏元件的输出信号逐渐减弱，进入曲线的后坡区，如图 11-8 所示。在位移-输出曲线的前

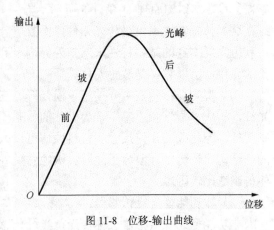

图 11-8　位移-输出曲线

坡区，输出信号的强度增加得非常快，这一区域可以用来进行微米级的位移测量；在后坡区，信号的减弱约与探头和被测目标表面之间距离的平方成反比，可用于距离较远而灵敏度、线

性度和精度要求不高的测量。在光峰区，信号达到最大值，其大小取决于被测目标表面的状态。所以这个区域可用于对表面状态进行光学测量。

 拓展阅读

光纤传感器技术是建立在光纤、光通信和光电子技术的基础上发展起来的，电磁干扰和腐蚀作用对它的影响很小，还能适应各种恶劣的气象环境，不需要额外的电源进行供电，就可以长距离的进行传输，已成为传感器行业的研究热点。

我国经济的快速发展不仅为光纤传感技术的实际应用提供了广阔的市场，同时也助推了这一领域基础研究的繁荣与进步，经过四十多年的学术研究与技术发展，在近几年形成了加速发展的趋势。

国内市场上光纤传感器应用主要有光纤陀螺、光纤光栅传感器、光纤电流传感器和光纤水听器等。近年来，我国特种光纤及其传感器件的快速发展，有力地推动了光纤传感技术水平迈上新台阶，出现了一些特种光纤，如抗弯曲光纤、保偏光纤、耐高温光纤、抗辐射光纤、旋转光纤等。

光纤传感器凭借着其大量的优点已经成为传感器家族的后起之秀，并且在各种不同的测量中发挥着自己独到的作用，成为传感器家族中不可缺少的一员。

项目实施

一、了解电路板定位标志检测原理

在自动化安装电子元器件的流水线过程中，首先需要对电路板精确定位，然后进行机械安装。

电路板上打有用来定位的标志孔，利用光纤开关检测标志孔，当光纤发出的光穿过标志孔时，若无反射，说明电路板方向放置正确，机械装置可以插装元器件；若有反射信号，说明位置不准确，需继续调整达到精确定位。

二、测试光纤传感器

1. 实训原理

本实训项目采用的是导光型多模光纤，它由两束光纤混合组成 Y 形光纤，探头为半圆分布，一束光纤端部与光源相接，用于发射光束，另一束光纤端部与光电转换器相接，用于接收光束。两光束混合后的端部是工作端，即探头，它与被测体相距 X，由光源发出的光通过光纤传到端部射出后再经被测体反射回来，由另一束光纤接收反射光信号再由光电转换器转换成电压量，而光电转换器转换的电压量大小与间距 X 有关，因此可用于测量位移。

2. 实训器件与单元

光纤传感器、光纤传感器实训模块、数显单元（主控箱电压表）、测微头、±15V 直流源、反射面。

3. 实训步骤

（1）根据图 11-9 所示安装光纤传感器，光纤传感器有分叉的两束插入实验板上的光电转换器上。其内部已和发光管 VD 及光电转换管 VT 相接。

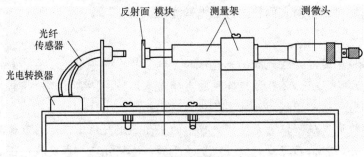

图 11-9　光纤传感器安装示意图

（2）将光纤传感器实训模块输出端 V_{o1} 与数显表（电压挡位打在 20V）相连，如图 11-10 所示。

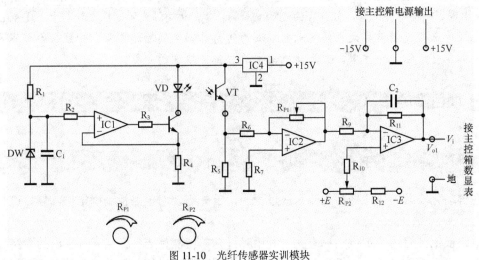

图 11-10　光纤传感器实训模块

（3）调节测微头，使探头与反射面轻微接触。

（4）实训模块接入 ±15V 电源，合上主控箱电源开关，调节 R_{P1} 到中间位置，调节 R_{P2} 使数显表显示为零。

（5）旋转测微头，被测体离开探头，每隔 0.1mm（或 0.2mm）读出数显表读数值，并将其填入表 11-1 中。

表 11-1　　　　　　　　　　　　　光纤传感器输出电压与位移数据

X/mm									
V_{o1}/V									

（6）根据表 11-1 中的数据，分析光纤传感器的位移特性，计算在量程为 1mm 时的灵敏度和非线性误差。

项目拓展

光纤传感器由于它独特的性能而受到广泛的重视，它的应用正在迅速地发展。下面介绍几种主要的光纤传感器。

一、光纤加速度传感器

光纤加速度传感器的结构组成如图 11-11 所示，它是一种简谐振子的结构形式。激光束通过分光板后分为两束光，透射光作为参考光束，反射光作为测量光束。当传感器感受到加速度时，由于质量块对光纤的作用，从而使光纤被拉伸，引起光程差的改变。相位改变的激光束由单模光纤射

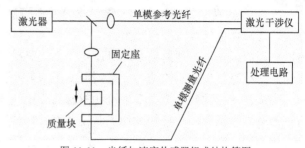

图 11-11　光纤加速度传感器组成结构简图

出后与参考光束会合产生干涉效应。激光干涉仪的干涉条纹的移动可由光电接收装置转换为电信号，经过处理电路处理后便可正确地测出加速度值。

二、光纤温度传感器

光纤温度传感器是目前仅次于光纤加速度传感器、光纤压力传感器而广泛使用的光纤传感器。其根据工作原理可分为相位调制型、光强调制型和偏振光型等。这里仅介绍一种光强调制型的半导体光吸收型光纤温度传感器，图 11-12 为这种传感器的结构原理图。它的敏感元件是一个半导体光吸收元件，光纤用来传输信号。传感器是由半导体光吸收元件、光纤、发射光源和包括光探测器在内的信号处理系统等组成的。它体积小、灵敏度高、工作可靠，被广泛应用于高压电力装置中的温度测量等特殊场合。

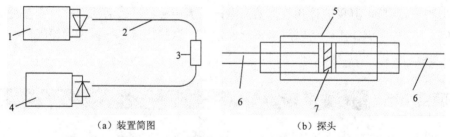

（a）装置简图　　　　　　　　（b）探头

1—光源　2、6—光纤　3—探头　4—光探测器　5—不锈钢套　7—半导体光吸收元件

图 11-12　半导体光吸收型光纤温度传感器

这种传感器的基本原理是利用了多数半导体的能带随温度的升高而减小的特性，如图 11-13 所示，材料的吸收光波长将随温度的增加而向长波方向移动，如果适当地选定一种波长在该材料工作范围内的光源，那么就可以使透射过半导体材料的光强随温度而变化，从而达到测量温度的目的。

这种光纤温度传感器结构简单、制造容易、成本低、便于推广应用，可测量 -10～300℃ 范围内的温度，响应时间约为 2 s。

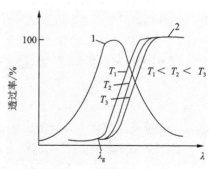

1—光源光谱分布　2—吸收边沿透过率 $f(\lambda, T)$

图 11-13　半导体的光透过率特性

三、光纤旋涡流量传感器

光纤旋涡流量传感器是将一根多模光纤垂直地装入流体管道，当液体或气体流经与其垂直的光纤时，光纤受到流体涡流的作用而振动，振动的频率与流速有关系，测出频率便可知流速。这种流量传感器的结构示意图如图 11-14 所示。

当流体流动受到一个垂直于流动方向的非流线体阻碍时，根据流体力学原理，在某些条件下，在非流线体的下游两侧产生有规则的旋涡，其旋涡的频率 f 与流体的流速近似成正比，

即

$$f \approx \frac{Sv}{d} \qquad (11\text{-}8)$$

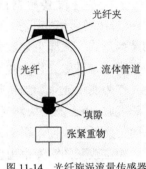

图 11-14　光纤旋涡流量传感器
结构示意图

式中：v——流速；

d——流体中物体的横向尺寸大小；

S——斯特罗哈（Strouhal）数，它是一个无量纲的常数，仅与雷诺数有关。

式（11-8）是光纤旋涡流量传感器测量流量的基本理论依据。由此可见，流体流速与涡流频率呈线性关系。

在多模光纤中，光以多种模式进行传输，在光纤的输出端，各模式的光就形成了干涉图样，也就是光斑。一根没被外界扰动的光纤所产生的干涉图样是稳定的，当光纤受到外界扰动时，干涉图样的明暗相间的斑纹或斑点会发生移动。如果外界扰动是由流体的涡流引起的，那么干涉图样的斑纹或斑点就会随着振动的周期变化来回移动，这时测出斑纹或斑点移动规律及参数，即可获得对应于振动频率 f 的信号，并根据式（11-8）推算流体的流速。

这种流量传感器可测量液体和气体的流量，因为传感器没有活动部件，测量可靠，而且对流体流动不产生阻碍作用，所以压力损耗非常小。这些特点是孔板、涡轮等许多传统流量传感器所无法比拟的，但在流速很小时，光纤振动会消失，因此存在一定的测量下限。

项目小结

通过本项目的学习，读者主要应掌握光纤传感器的结构类型、光纤的结构和传光原理，重点掌握反射式光纤位移传感器的应用等。

1. 光导纤维简称光纤，其导光原理是基于光的全内反射。光纤的导光能力取决于纤芯和包层的性质，而光纤的机械强度由保护套维持。

2. 光纤传感器可以分为两大类，一类是功能型（传感型）光纤传感器，另一类是非功能型（传光型）光纤传感器。功能型光纤传感器是利用光纤本身的特性把光纤作为敏感元件，被测量对光纤内传输的光进行调制，再通过对被调制过的信号进行解调，从而得出被测信号。非功能型光纤传感器是利用其他敏感元件感受被测量的变化，光纤仅作为信息的传输介质。本项目要求重点掌握非功能型光纤传感器。

3. 反射式光纤位移传感器由光源发出的光经发射光纤束传输入射到被测目标表面，被测目标表面的反射光由与发射光纤束扎在一起的接收光纤束传输至光敏元件。根据被测目标表面光反射至接收光纤束的光强度的变化来测量被测目标表面距离的变化。反射式光纤位移传

感器的结构简单，设计灵活，性能稳定，造价低廉，能适应恶劣环境，在实际工作中得到了广泛应用。

 项目训练

1. 简述光纤的结构组成。
2. 光纤按其传输模式可分为哪两种类型？
3. 光纤传感器有哪些主要优点？
4. 简述光纤传感器的类型及其特点。
5. 简述反射式光纤位移传感器的工作原理。

项目十二

热释电感应灯——测试热释电红外传感器

 项目描述

红外线人体感应灯（即热释电感应灯，见图 12-1）利用热释电原理来检测和感应人体活动信息，采用主动式红外线工作方式，可自动开启照明，人离开后可自动延时关闭，避免能源的人为浪费，延长电器使用寿命。

红外线人体感应灯具有稳定性好、抗干扰能力强、无接触感应等特点，目前已广泛应用于家庭、公寓和其他公共场所。

本项目主要介绍热释电红外传感器的工作原理及相关传感器。

红外线
人体感应灯

图 12-1　红外线人体感应灯

知识和能力目标

◎ 了解红外辐射基本物理特性。
◎ 熟悉红外探测器的种类和特点。
◎ 掌握热释电红外探测器的结构和工作原理。
◎ 能正确安装、调试和应用热释电红外探测器。

 知识准备

红外技术是最近几十年发展起来的一门新兴技术。它已在科技、国防和工农业生产等领域获得了广泛的应用。红外传感器按其应用可分为以下几方面。

（1）红外辐射计，用于辐射和光谱辐射测量。

（2）搜索和跟踪系统，用于搜索和跟踪红外目标，确定其空间位置并对它的运动进行跟踪。

（3）热成像系统，可产生整个目标红外辐射的分布图像，如红外图像仪、多光谱扫描仪等。

（4）红外测距和通信系统。

（5）混合系统，是指以上各类系统中的两个或多个的组合。

一、红外辐射

红外辐射俗称红外线，它是一种不可见光，由于是位于可见光中红色光以外的光线，故称红外线。它的波长范围为 0.76～1 000μm，红外线在电磁波谱中的位置如图 12-2 所示。工程上又把红外线所占据的波段分为 4 部分，即近红外、中红外、远红外和极远红外。

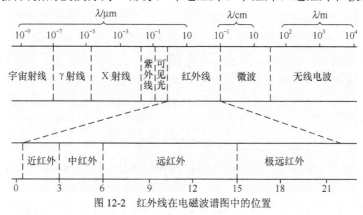

图 12-2　红外线在电磁波谱图中的位置

红外辐射本质上是一种热辐射。任何物体，只要它的温度高于绝对零度（-273 ℃），就会向外部空间以红外线的方式辐射能量，一个物体向外辐射的能量大部分是通过红外线辐射这种形式来实现的。物体的温度越高，辐射出来的红外线越多，辐射的能量就越强。另一方面，红外线被物体吸收后可以显著地转变为热能。

红外辐射的强度及波长与物体的温度和辐射率有关，能在任何温度下全部吸收投射到其表面的红外辐射的物体称为黑体，能全部反射红外辐射的物体称为镜体，能全部透过红外辐射的物体称为透明体，能部分反射或吸收红外辐射的物体称为灰体。自然界并不存在理想的黑体、镜体和透明体，绝大部分物体都属于灰体。

红外辐射和所有电磁波一样，是以波的形式在空间直线传播的。它在大气中传播时，大气层对不同波长的红外线存在不同的吸收带，红外线气体分析器就是利用该特性工作的，空气中对称的双原子气体，如 N_2、O_2、H_2 等不吸收红外线。而红外线在通过大气层时，有 3 个波段透过率高，它们是 2～2.6μm、3～5μm 和 8～14μm，统称它们为"大气窗口"。这 3 个波段对红外探测技术特别重要，因为红外探测器一般都工作在这 3 个波段之内。

二、红外探测器

红外传感器是利用红外辐射实现相关物理量测量的一种传感器。红外传感器的构成比较简单，一般是由光学系统、探测器、信号调节电路和显示单元等几部分组成。其中，红外探测器是红外传感器的核心器件。

红外探测器的种类很多，根据探测机理的不同，通常可分为两大类：光子探测器和热探测器。

1. 光子探测器

光子探测器利用入射红外辐射的光子流与探测器材料中电子的相互作用来改变电子的能量状态，引起各种电学现象，这种现象称光子效应。通过测量材料电子性质的变化，可以知道红外辐射的强弱。

利用光子效应制成的红外探测器，统称光子探测器。光子探测器有内光电探测器和外光电探测器两种，后者又分为光电导探测器、光生伏特探测器和光磁电探测器3种。

光子探测器的主要特点是灵敏度高，响应速度快，具有较高的响应频率，但探测波段较窄，一般需在低温下工作。

2. 热探测器

热探测器是利用红外辐射的热效应，探测器的敏感元件吸收辐射能后引起温度升高，进而使有关物理参数发生相应变化，通过测量物理参数的变化，便可确定探测器所吸收的红外辐射。与光子探测器相比，热探测器的探测率比光子探测器的峰值探测率低，响应时间长。但热探测器的主要优点是响应波段宽，响应范围可扩展到整个红外区域，可以在室温下工作，使用方便，应用相当广泛。

光子探测器和热探测器的主要区别是：光子探测器在吸收红外能量后，直接产生电效应；热探测器在吸收红外能量后，产生温度变化，从而产生电效应，温度变化引起的电效应与材料特性有关。

热探测器主要类型有热释电型、热敏电阻型、热电偶型和气体型探测器。而热释电红外探测器在热探测器中探测率最高，频率响应最宽，所以这种探测器备受重视，发展很快。这里主要介绍热释电红外探测器。

三、热释电红外探测器

1. 热释电效应

一些陶瓷材料具有自发极化（如铁电晶体）的特征，且其自发极化的大小在温度有稍许变化时有很大的变化。在温度长时间恒定时，由自发极化产生的表面极化电荷数目一定，它吸附空气中的电荷达到平衡，并与吸附的存在于空气中的符号相反的电荷产生中和；若温度因吸收红外光而升高，则极化强度会减小，使单位面积上的极化电荷相应减少，释放一定量的吸附电荷；若与一个电阻连成回路会形成电流，则电阻上可以产生一定的电压降，这种因温度变化引起自发极化值变化的现象称为热释电效应。热释电红外探测器的工作原理就是基于热释电效应。

能产生热释电效应的晶体称为热释电体，称为热电元件。热电元件常用的材料有单晶（$LiTaO_3$ 等）、压电陶瓷（PZT 等）及高分子薄膜（PVF 等）。

2. 热释电红外探测器的结构

热释电红外探测器一般都采用差动平衡结构，由敏感元件、场效应管（FET）、高值电阻等组成，如图 12-3（b）所示。

（1）敏感元件。敏感元件是用热释电人体红外材料（通常是锆钛酸铝）制成的，先把热释电材料制成很小的薄片，再在薄片两面镀上电极，构成两个串联的有极性的小电容器。将极性相反的两个敏感元件做在同一晶片上，是为了抑制由于环境与自身温度变化而产生热释电信号的干扰，如图 12-3（c）所示。而热释电红外传感器在实际使用时，前面要安装透镜，通过透镜的外来红外线只会聚在一个敏感元件上，以增强接收信号。热释电红外传感器的特点是它只在由于外界的辐射而引起它本身的温度变化时，才给出一个相应的电信号，当温度的变化趋于稳定后就再没有信号输出，所以说热释电信号与它本身的温度的变化率成正比，或者说热释电红外传感器只对运动的人体敏感，因此其一般应用于当今探测人体移动报警电路中。

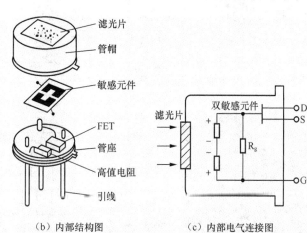

（a）热释电红外探测器实物图　　　　（b）内部结构图　　　　（c）内部电气连接图

图 12-3　热释电红外探测器

（2）场效应管和高阻值电阻 R_g。通常敏感元件材料阻值高达 $10^3\Omega$，因此，要用场效应管进行阻抗变换。场效应管常用 2SK303V3、2SK94X3 等来构成源极跟随器。高阻值电阻 R_g 的作用是释放栅极电荷，使场效应管正常工作。一般在源极输出接法下，源极电压为 0.4～1.0V。通过场效应管，传感器的输出信号就能用普通放大器进行处理。

（3）滤光窗。热释电红外传感器中的敏感元件是一种广谱材料，能探测各种波长辐射。为了使传感器对人体最敏感，而对太阳、电灯光等有抗干扰性，传感器采用了滤光片作窗口，即滤光窗。滤光片是在 S 基板上镀多层膜做成的。每个物体都发出红外辐射，其辐射最强的波长满足维恩位移定律：

$$\lambda_m \cdot T = 2\,989(\mu m \cdot K)$$

式中：λ_m——最大波长；

　　　　T——绝对温度。

人体温度为 36～37℃，即 309～310K，其辐射的红外波长 $\lambda_m = 2\,989/（309～310）≈9.67～9.64$（$\mu m$）。可见，人体辐射的红外线最强的波长正好在滤光片的响应波长 7.5～14mm 的中心处。故滤光窗能有效地让人体辐射的红外线通过，而阻止太阳光、灯光等可见光中的红外线通过，免除干扰。所以，热释电红外传感器只对人体和近似人体体温的动物有敏感作用。

（4）菲涅尔透镜。菲涅尔镜片是红外线探头的"眼镜"，它就像人的眼镜一样，配用得当与否直接影响到使用的功效，若配用不当会产生误动作和漏动作，致使用户或者开发者对其失去信心；若配用得当则会充分发挥人体感应的作用，使其应用领域不断扩大。

菲涅尔透镜的作用有两个。一是聚焦作用，即将探测空间的红外线有效地集中到传感器上。

不使用菲涅尔透镜时传感器的探测半径不足 2m，只有配合菲涅尔透镜使用才能发挥最大作用。配上菲涅尔透镜时传感器的探测半径可达到 10m。第二个作用是将探测区域内分为若干明区和暗区，使进入探测区域的移动物体能以温度变化的形式在敏感元件上产生变化的热释红外信号。

菲涅尔透镜是用普遍的聚乙烯制成的，如图 12-4（a）所示，安装在传感器的前面。透镜的水平方向上分成 3 部分，每一部分在竖直方向上又分成若干不同的区域，所以菲涅尔透镜实际上是一个透镜组，如图 12-4（b）所示。当光线通过透镜单元后，在其反面则形成明暗相间的可见区和盲区。每个透镜单元只有一个很小的视场角，视场角内为可见区，之外为盲区。而相邻的两个单元透镜的视场既不连续，也不交叠，却都相隔一个盲区。当人体在这一监视范围中运动时，顺次地进入某一单元透镜的视场，又走出这一视场，热释电红外传感器对运动的人体时而可以感应到，时而又感应不到，于是人体的红外线辐射不断改变热释电体的温度，使它输出一个又一个相应的信号。输出信号的频率为 0.1～10Hz，这一频率范围由菲涅尔透镜、人体运动速度和热释电红外传感器本身的特性决定。

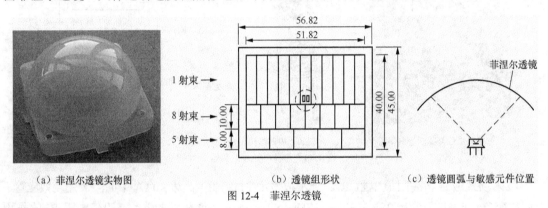

（a）菲涅尔透镜实物图　　　　（b）透镜组形状　　　　（c）透镜圆弧与敏感元件位置

图 12-4　菲涅尔透镜

四、红外传感系统

红外传感系统的工作原理并不复杂，一个典型的红外传感器系统主要包括以下几部分。

（1）待测目标。根据待测目标的红外辐射特性可进行红外系统的设定。

（2）大气衰减。待测目标的红外辐射通过地球大气层时，由于气体分子和各种气体以及各种溶胶粒的散射和吸收，将使得红外源发出的红外辐射发生衰减。

（3）光学接收器。它接收目标的部分红外辐射并传输给红外传感器。其相当于雷达天线。常用的光学接收器是物镜。

（4）辐射调制器。其又称调制盘和斩波器，对来自待测目标的辐射调制成交变的辐射光，提供目标方位信息，并可滤除大面积的干扰信号。它具有多种结构。

（5）红外探测器。这是红外系统的核心。它是利用红外辐射与物质相互作用所呈现出来的物理效应探测红外辐射的传感器，多数情况下是利用这种相互作用所呈现出来的电学效应。

（6）探测器制冷器。由于某些探测器必须要在低温下工作，所以相应的系统必须有制冷设备。经过制冷，设备可以缩短响应时间，提高探测灵敏度。

（7）信号处理系统。将探测的信号进行放大、滤波，并从这些信号中提取出信息。然后将此类信息转化成为所需要的格式，最后输送到控制设备或者显示器中。

（8）显示设备。这是红外传感系统的终端设备。常用的显示器有示波器、显像管、红外感光材料、指示仪器和记录仪等。

红外传感器已经在现代化的生产实践中发挥着它的巨大作用。随着探测设备和其他部分技术的提高，红外传感器将拥有更多的性能和更好的灵敏度。红外传感器可用于非接触式的温度测量、气体成分分析、红外遥感以及事目标的侦察、搜索、跟踪和通信等。

 拓展阅读

早在 1938 年就有人提出利用热释电效应探测红外辐射，但并未受到重视。直到 60 年代，随着激光、红外技术的迅速发展，人们对热释电效应的研究和对热释电材料的应用开发才真正开始。

我国的热释电红外传感器技术最开始围绕着红外透镜、红外滤光片、红外敏感陶瓷、接收电路等进行一系列的研究。2000 年之后，由于安防、灯具、玩具、家电等产业的飞速发展，热释电红外传感器的用量成倍增加，市场呈现供不应求的状态。

近年来，由于我国的成本优势，加上制造技术的日益成熟，我国已经成为全球热释电红外传感器制造中心。特别是进入 2010 年以来，热释电红外传感器市场在我国得到了快速增长。特别是在"平安中国""智慧城市"的背景下，热释电红外传感器的下游领域如智能家居、LED 照明、安防等行业的快速发展必将带动热释电红外传感器市场的高速增长。

项目实施

一、了解人体感应灯的工作原理

图 12-5 所示为由红外线检测集成电路 RD8702 构成的人体感应自动灯开关电路，适用于家庭、楼道、公共厕所、公共走道中的照明灯等。

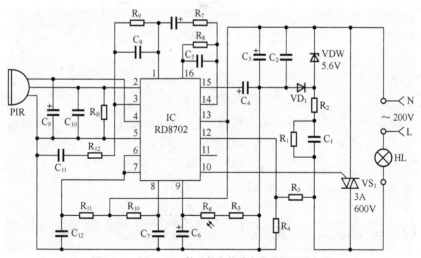

图 12-5　由 RD8702 构成的人体感应自动灯开关电路

该电路主要由人体红外线检测、信号放大及控制信号输出、晶闸管开关及光控等单元电路组成。由于灯泡串接在电路中，所以不接灯泡电路不工作。

当红外线人体感应传感器 PIR 未检测到人体感应信号时，电路处于守候状态，RD8702 的 10 脚和 11 脚（未使用）无输出，双向晶闸管 VS_1 截止，HL 灯泡处于关闭状态。当有人进入检测范围时，红外线人体感应传感器 PIR 中产生的交变信号通过 RD8702 的 2 脚输入 IC

内。经 IC 处理后从 10 脚输出晶闸管过零触发信号，使双向晶闸管 VS$_1$ 导通，灯泡得电点亮，11 脚输出继电器驱动信号（未使用）供执行电路使用。

光敏电阻 R$_g$ 连接在 RD8702 的 9 脚。有光照时，R$_g$ 的阻值较小，9 脚内电路抑制 10 脚和 11 脚输出控制信号。晚上光线较暗时，R$_g$ 的阻值较大，9 脚内电路解除对输出控制信号的抑制作用。

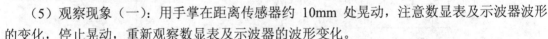

二、测试热释电红外传感器

1. 实训原理

热释电红外传感器是利用热释电效应的热电型红外传感器。热释电红外传感器在温度没有变化时不产生信号，称为积分型传感器，多用于人体温度检测电路。热释电红外传感器的输出是电荷，这并不能使用，要附加电阻 R$_g$，用电压形式输出。但因其电阻值非常大（1～100GΩ），要用场效应管进行阻抗变换。

2. 实训器件与单元

直流稳压电源、±15V 电源、+5V 电源、热释电红外传感器、热释电实训模块、专用导线等。

3. 实训步骤

（1）热释电红外传感器探头用专用导线连接后，导线另一端插入热释电红外传感器上的"热释电远红外传感器 Ti"插口。

（2）按图 12-6 所示接线。观察传感器的圆形感应端面，中间黑色小方孔是滤色片，内装有敏感元件。

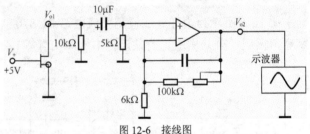

图 12-6　接线图

（3）V$_+$接+5V 电源，实训模块电源接±15V。

（4）开启主电源，注意周围人体尽量不要晃动，并调整好示波器（Y 轴：50mV/div；X 轴：0.25S/div）。

（5）观察现象（一）：用手掌在距离传感器约 10mm 处晃动，注意数显表及示波器波形的变化，停止晃动，重新观察数显表及示波器的波形变化。

（6）观察现象（二）：用手掌靠近传感器并晃动，注意数显表及示波器的波形变化。

（7）通过步骤（5）、（6），可得出波形（自己绘制）。

 ## 项目拓展

一、红外测温仪

红外测温仪是利用热辐射体在红外波段的辐射通量来测量温度的。当物体的温度低于 1 000℃时，它向外辐射的不再是可见光而是红外光，可用红外测温仪检测温度。如采用分离出所需波段的滤光片，可使红外测温仪工作在任意红外波段。

图 12-7 是目前常见的红外测温仪方框图。它是一个光、机、电一体化的红外测温系统，图中的光学系统是一个固定焦距的透射系统，滤光片一般采用只允许 8～14μm 的红外辐射能通过的材料。步进电动机带动调制盘转动，将被测的红外辐射调制成交变的红外辐射线。红外探测器一般为（钽酸锂）热释电红外探测器，透镜的焦点落在其光敏面上。被测目标的红外辐射通过透镜聚焦在红外探测器上，红外探测器将红外辐射变换为电信号输出。

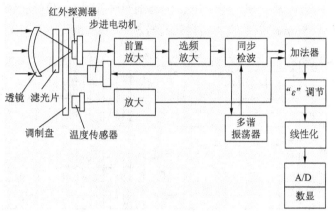

图 12-7　红外测温仪方框图

　　红外测温仪电路比较复杂，包括前置放大，选频放大，温度补偿，线性化，发射率（ε）调节等环节。目前已有一种带单片机的智能红外测温仪，利用单片机与软件的功能，大大简化了硬件电路，提高了仪表的稳定性、可靠性和准确性。

　　红外测温仪的光学系统可以是透射式的，也可以是反射式的。反射式光学系统多采用凹面玻璃反射镜，并在镜的表面镀金、铝、镍或铬等对红外辐射反射率很高的金属材料。

二、热释电红外传感器 P228 探测电路

　　图 12-8 所示为由热释电红外传感器 P228 构成的红外线探测电路，适用于自动节能灯、自动门、报警器等。

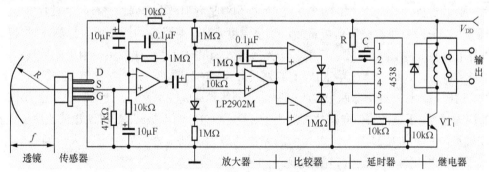

图 12-8　由 P228 构成的红外线探测电路

　　该电路主要由传感器、放大器、比较器、延时器、继电器等组成。当有人进入检测现场时，透镜将红外辐射的能量"聚焦"送入传感器，感应出微量的电压经阻抗匹配送到放大器。放大器的增益要求大于 72.5dB，频宽为 0.3～7Hz。放大后的信号既含有用信号，也含噪声信号。为取出有用信号，用一级比较器取出有用成分，经延时后推动继电器动作，由其触点控制报警电路等进入工作状态。

三、红外线气体分析仪

红外线气体分析仪是根据气体对红外线具有选择性的吸收特性来对气体成分进行分析的。不同气体的吸收波段（吸收带）不同，图 12-9 所示为几种气体对红外线的透射光谱，从图中可以看出，CO 气体对波长为 4.65μm 附近的红外线具有很强的吸收能力，CO_2 气体则在 2.78μm 和 4.26μm 附近以及波长大于 13μm 的范围对红外线有较强的吸收能力。如分析 CO 气体，则可以利用 4.65μm 附近的吸收波段进行分析。

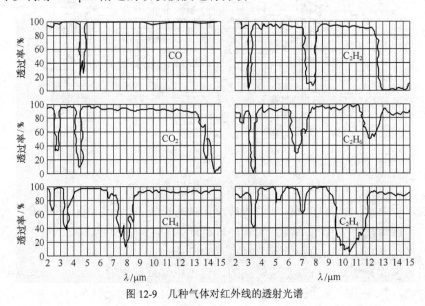

图 12-9　几种气体对红外线的透射光谱

图 12-10 所示为工业用红外线气体分析仪。它由红外线辐射光源、测量气室、红外探测器及电路等部分组成。

图 12-10（b）中，光源由镍铬丝通电加热发出 3～10μm 的红外线，切光片将连续的红外线调制成脉冲状的红外线，以便于红外探测器信号的检测。测量气室中通入被分析气体，参比气室中封入不吸收红外线的气体（如 N_2 等）。红外探测器是薄膜型电容器，它有两个吸收气室，充以被测气体，当它吸收了红外辐射能量后，气体温度升高，导致室内压力增大。测量时（如分析 CO 气体的含量），两束红外线经反射、切光后射入测量气室和参比气室。由于测量气室中含有一定量的 CO 气体，该气体对 4.65μm 的红外线有较强的吸收能力，而参比气室中的气体不吸收红外线，这样射入红外探测器两个吸收气室的红外线光造成能量差异，使两吸收室压力不同，测量边的压力减小，于是薄膜偏向定片方向，改变了薄膜电容两电极间的距离，也就改变了电容 C。

如被测气体的浓度越大，两束光强的差值也越大，则电容的变化也越大，因此电容变化量反映了被分析气体中被测气体的浓度。

如图 12-10（b）所示结构中还设置了滤波气室。它的设置是为了消除干扰气体对测量结果的影响。所谓干扰气体，是指与被测气体吸收红外线波段有部分重叠的气体，如 CO 气体和 CO_2 气体在 4～5μm 波段内红外吸收光谱有部分重叠，则 CO_2 的存在对分析 CO 气体带来影响，这种影响称为干扰。为此，在测量边和参比边各设置了一个封有干扰气体的滤波气室，它能将 CO_2 气体对应的红外线吸收波段的能量全部吸收，因此左、右两边吸收气室的红外线能量之差只与被测气体（如 CO）的浓度有关。

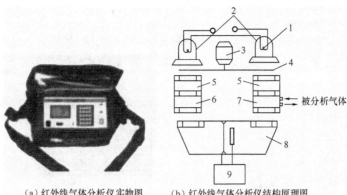

（a）红外线气体分析仪实物图　（b）红外线气体分析仪结构原理图
1—光源　2—抛物体反射镜　3—同步电动机　4—切光片　5—滤波气室
6—参比气室　7—测量气室　8—红外探测器　9—放大器

图 12-10　工业用红外线气体分析仪

四、热释电红外传感器信号处理集成电路（BISS0001）

BISS0001 是一款高性能的热释电红外传感器信号处理集成电路。其静态电流极小，配以热释电红外探测器和少量外围元器件即可构成被动式的热释电红外传感器，被广泛用于安防、自控等领域。

BISS0001 是由运算放大器、电压比较器、状态控制器、延迟时间定时器以及封锁时间定时器等构成的数/模混合专用集成电路，其内部电路如图 12-11 所示。

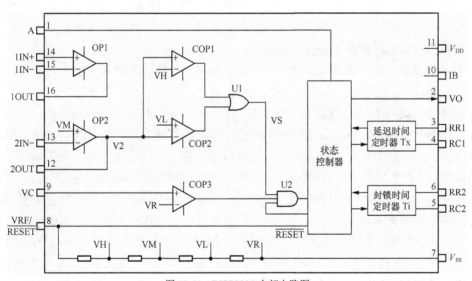

图 12-11　BISS0001 内部电路图

运算放大器 OP1 将热释电红外传感器的输出信号做第一级放大，然后由 C_3 耦合给运算放大器 OP2 进行第二级放大，再经由电压比较器 COP1 和 COP2 构成的双向鉴幅器处理后，检出有效触发信号 V_s 启动延迟时间定时器,输出信号 V_o 经晶体管 VT 放大驱动继电器去接通负载。BISS0001 的典型应用电路如图 12-12 所示。

R_3 为光敏电阻，用来检测环境照度。当作为照明控制时，若环境较明亮，R_3 的电阻值会降低，使 9 脚的输入保持为低电平，从而封锁触发信号 V_{ss}。SW1 是工作方式选择开关，当

SW$_1$ 与 1 端连通时，芯片处于可重复触发工作方式；当 SW$_1$ 与 2 端连通时，芯片则处于不可重复触发工作方式。输出延迟时间 T_x 由外部的 R_9 和 C_7 进行大小调整，值为 $T_x \approx 24576 R_9 C_7$；触发封锁时间 T_i 由外部的 R_{10} 和 C_6 进行大小调整，值为 $T_i \approx 24 R_{10} C_6$。

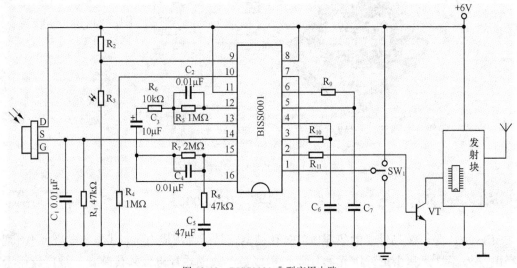

图 12-12　BISS0001 典型应用电路

项目小结

　　本项目主要介绍了红外辐射的特性、红外探测器的种类和特点，读者应重点掌握热释电红外探测器的结构组成和各部分的作用等。

　　1. 红外辐射的物理本质是热辐射。一个炽热物体向外辐射的能量大部分是通过红外线辐射出来的。物体的温度越高，辐射出来的红外线越多，辐射的能量就越强。

　　2. 红外传感器一般由光学系统、探测器、信号调节电路及显示单元等组成。红外探测器是红外传感器的核心。红外探测器的种类很多，常见的有两大类：热探测器和光子探测器。

　　热探测器的主要类型有热释电型、热敏电阻型、热电偶型和气体型。而热释电红外探测器在热探测器中的探测率最高，频率响应最宽，所以这种探测器备受重视，发展很快。

　　3. 热释电红外传感器一般都采用差动平衡结构，由敏感元件、场效应管、高值电阻等组成，另外还附有滤光窗和菲涅尔透镜。滤光窗能有效地让人体辐射的红外线通过，而阻止太阳光、灯光等可见光中的红外线通过，免除干扰。菲涅尔透镜的作用有两个：一是聚焦作用，即将探测空间的红外线有效地集中到传感器上；另一个是将探测区域内分为若干明区和暗区，使进入探测区域的移动物体能以温度变化的形式在敏感元件上产生变化的热释红外信号。

项目训练

一、单项选择题

1. 下列对红外传感器的描述错误的是（　　　　）。

　　A. 红外辐射是一种人眼不可见的光线

B．红外线的波长范围为 0.76～1 000μm

C．红外线是电磁波的一种形式，但不具备反射、折射特性

D．红外传感器是利用红外辐射实现相关物理量测量的一种传感器

2．对于工业上用的红外线气体分析仪，下面说法中正确的是（   ）。

　　A．参比气室内装被分析气体　　　　B．参比气室中的气体不吸收红外线

　　C．测量气室内装 N_2　　　　　　　D．红外探测器工作在"大气窗口"之外

3．红外辐射的物理本质是（   ）。

　　A．核辐射　　　　B．微波辐射　　　　C．热辐射　　　　D．无线电波

4．红外线是位于可见光中红色光以外的光线，故称红外线。它的波长范围大致在（   ）～ 1 000μm 的频谱范围之内。

　　A．0.76nm　　　B．1.76nm　　　C．0.76μm　　　D．1.76μm

5．在红外技术中，一般将红外辐射分为 4 个区域，即近红外区、中红外区、远红外区和（   ）。这里所说的"远近"是相对红外辐射在电磁波谱中与可见光的距离而言的。

　　A．微波区　　　B．微红外区　　　C．X 射线区　　　D．极远红外区

6．红外辐射在通过大气层时，有 3 个波段透过率高，它们是 0.2～2.6μm、3～5μm 和（   ），统称它们为"大气窗口"。

　　A．8～14μm　　　B．7～15μm　　　C．8～18μm　　　D．7～14.5μm

7．光子传感器是利用某些半导体材料在入射光的照射下，产生（   ），使材料的电学性质发生变化。通过测量电学性质的变化，可以知道红外辐射的强弱。

　　A．光子效应　　　B．霍尔效应　　　C．热电效应　　　D．压电效应

8．当红外辐射照射在某些半导体材料表面上时，半导体材料中有些电子和空穴可以从原来不导电的束缚状态变为能导电的自由状态，使半导体的导电率增加，这种现象叫（   ）。

　　A．光电效应　　　B．光电导现象　　　C．热电效应　　　D．光生伏特现象

9．研究发现，太阳光谱中各种单色光的热效应从紫色光到红色光是逐渐增大的，而且最大的热效应出现在（   ）的频率范围内。

　　A．紫外线区域　　　B．X 射线区域　　　C．红外辐射区域　　　D．可见光区域

10．关于红外传感器，下述说法不正确的是（   ）。

　　A．红外传感器是利用红外辐射实现相关物理量测量的一种传感器

　　B．红外传感器的核心器件是红外探测器

　　C．光子探测器在吸收红外能量后，将直接产生电效应

　　D．为保持高灵敏度，热探测器一般需要低温冷却

二、简答题

1．什么是热释电效应？热释电型传感器与哪些因素有关？

2．什么是红外辐射？简述红外传感器的工作原理。

3．简述热探测器、热释电传感器的工作原理。

4．简述光子探测器的工作原理、主要特点和分类。

5．简述红外测温的特点。

项目十三

霍尔压力变送器——测试霍尔式传感器

 项目描述

图 13-1 是我国自主研发、生产的 YSH-1 型霍尔压力变送器。该变送器适用于测量对铜及铜合金不起腐蚀作用的、非结晶和非凝固的液体或蒸气的压力及负压，由于变送器能将各种被测压力转换成 0～20mV 的信号，因此变送器与二次仪表配套使用可以对冶金、电力、石油、化工工业部门实现远程控制和集中检测，和调节器配套使用可以实现对系统的自动调节。

该变送器采用了霍尔效应原理，即把霍尔元件固定于弹性元件产生位移，带动霍尔元件在磁场中移动，从而产生毫伏直流信号。

图 13-1　YSH-1 型霍尔压力变送器

本项目主要介绍霍尔式传感器（简称"霍尔传感器"）的工作原理（霍尔效应）及相关传感器。

知识和能力目标

◎ 掌握霍尔效应、磁阻效应的概念。

◎ 熟悉集成霍尔传感器的特性及应用。

◎ 了解霍尔元件的主要参数及误差补偿措施。

◎ 能分析由霍尔传感器组成检测系统的工作原理，熟练应用霍尔传感器对磁场、位移、压力等物理量进行测量。

 知识准备

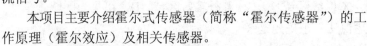

一、霍尔效应及霍尔元件

早在 1879 年，美国物理学家霍尔（E. H. Hall）就在金属中发现了霍尔效应。但是由于这种效应在金属中非常微弱，当时并没有引起人们的重视。1948 年以后，由于半导体技术迅速发展，人们找到了霍尔效应比较明显的半导体材料，并开发了多种霍尔元件。我国从 20 世纪 70 年代开始研究霍尔元件，目前已能生产各种性能的霍尔元件。

1. 霍尔效应

将金属或半导体薄片置于磁感应强度为 B 的磁场（磁场方向垂直与薄片）中，如图 13-2 所示，当有电流 I 通过时，在垂直于电流和磁场的方向上将产生电动势 U_H，这种物理现象称为霍尔效应。该电动势 U_H 称为霍尔电动势。

假设薄片为 N 型半导体，磁感应强度为 B 的磁场方向垂直于薄片（见图 13-2）。在薄片左右两端通以控制电流 I，那么半导体中的载流子（电子）将沿着与电流 I 相反的方向运动。由于外磁场 B 的作用，使电子受到磁场力 F_L（洛伦兹力）而发生偏转，结果在半导体的前端面上电子积累带负电，而后端面缺少电子带正电，在前、后端面间形成电场。该电场产生的电场力 F_E 阻止电子继续偏转。当 F_E 和 F_L 相等时，电子积累达到动态平衡。这时在半导体前、后两端面之间（即垂直于电流和磁场方向）建立电场，称为霍尔电场 E_H，相应的电动势 U_H 称为霍尔电动势。

如图 13-2 所示，一块长为 L、宽为 W、厚为 d 的 N 型半导体薄片，位于磁感应强度为 B 的磁场中，B 垂直于 L-W 平面，沿 L 通电流 I，N 型半导体的载流体——电子将受到 B 产生的洛伦兹力 F_L 的作用：

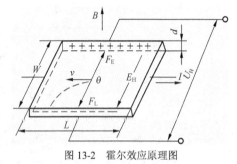

图 13-2　霍尔效应原理图

$$F_L = evB \tag{13-1}$$

式中：e——基本电荷，$e = 1.602 \times 10^{-19} \text{C}$；

　　　v——半导体中电子的运动速度，其方向与外电路 I 的方向相反，在讨论霍尔效应时，假设所有电子载流子的运动速度相同。

在力 F_L 的作用下，电子向半导体薄片的一个侧面偏转，在该侧面上形成电子的积累，而在相对的另一侧面上因缺少电子而出现等量的正电荷。在这两个侧面上产生霍尔电场 E_H。该电场使运动电子受电场力 F_E 的作用：

$$F_E = eE_H \tag{13-2}$$

电场力阻止电子继续向原侧面积累，当电子所受电场力和洛伦兹力相等时，电荷的积累达到动态平衡，由于存在 E_H，半导体薄片两侧面间出现电位差 U_H，称为霍尔电动势，即

$$U_H = \frac{R_H}{d} IB = K_H IB \tag{13-3}$$

式中：R_H——霍尔系数；

　　　K_H——霍尔元件的灵敏度。

由式（13-3）可见，霍尔电动势正比于激励电流及磁感应强度，其灵敏度与霍尔系数 R_H 成正比，而与霍尔片厚度 d 成反比。为了提高灵敏度，霍尔元件常制成薄片形状。

如果磁场与薄片法线夹角为 θ，那么

$$U_H = K_H IB\cos\theta \tag{13-4}$$

又因 $R_H = \mu\rho$，即霍尔系数等于霍尔片材料的电阻率 ρ 与电子迁移率 μ 的乘积。一般金属

材料载流子迁移率很高，电阻率很小；而绝缘材料电阻率极高，载流子迁移率极低。故只有半导体材料适于制造霍尔片。目前常用的霍尔元件材料有锗、硅、砷化铟、锑化铟等半导体材料。其中 N 型锗容易加工制造，其霍尔系数、温度性能和线性度都较好。N 型硅的线性度最好，其霍尔系数、温度性能同 N 型锗相近。锑化铟对温度最敏感，尤其在低温范围内温度系数大，但在室温时其霍尔系数较大。砷化铟的霍尔系数较小，温度系数也较小，输出特性线性度好。表 13-1 所示为常用国产霍尔元件的技术参数。

表 13-1　　　　　　　　　　　　常用国产霍尔元件的技术参数

参 数 名 称	符号	单位	HZ-1 型	HZ-2 型	HZ-3 型	HZ-4 型	HT-1 型	HT-2 型	HS-1 型
			材料（N 型）						
			Ge（111）	Ge（111）	Ge（111）	Ge（100）	InSb	InSb	InAs
电阻率	ρ	Ω·cm	0.8～1.2	0.8～1.2	0.8～1.2	0.4～0.5	0.003～0.01	0.003～0.05	0.01
几何尺寸	$l×b×d$	mm×mm×mm	8×4×0.2	4×2×0.2	8×4×0.2	8×4×0.2	6×3×0.2	8×4×0.2	8×4×0.2
输入电阻	R_i	Ω	110（1±20%）	110（1±20%）	110（1±20%）	45（1±20%）	0.8（1±20%）	0.8（1±20%）	1.2（1±20%）
输出电阻	R_o	Ω	100（1±20%）	100（1±20%）	100（1±20%）	40（1±20%）	0.5（1±20%）	0.5（1±20%）	1（1±20%）
灵敏度	K_H	mV/(mA·T)	>12	>12	>12	>4	1.8（1±20%）	1.8（1±20%）	1（1±20%）
不等位电阻	R_0	Ω	<0.07	<0.05	<0.07	<0.02	<0.005	<0.005	<0.003
寄生直流电动势	U_{OD}	μV	<150	<200	<150	<100			
额定控制电流	I_c	mA	20	15	25	50	250	300	200
霍尔电动势温度系数	α	1/℃	0.04%	0.04%	0.04%	0.03%	−1.5%	−1.5%	
内阻温度系数	β	1/℃	0.5%	0.5%	0.5%	0.3%	−0.5%	−0.5%	
热阻	R_θ	℃/mW	0.4	0.25	0.2	0.1			
工作温度	T	℃	−40～45	−40～45	−40～45	−40～75	0～40	0～40	−40～60

2．霍尔元件

霍尔元件的结构很简单，它由霍尔片、引线和壳体组成，如图 13-3（a）所示。霍尔片是一块矩形半导体单晶薄片，可引出 4 个引线：a、b 两根引线加激励电压或电流，称为激励电极；c、d 引线为霍尔输出引线，称为霍尔电极，如图 13-3（b）所示。霍尔元件壳体由非导磁金属、陶瓷或环氧树脂封装而成。图 13-3（c）所示为霍尔元件常用的 3 种图形符号。

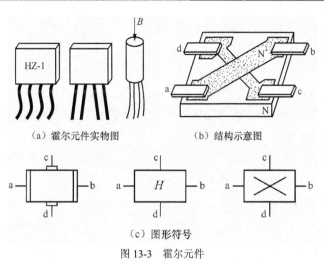

（a）霍尔元件实物图　　　　（b）结构示意图

（c）图形符号

图 13-3　霍尔元件

3. 霍尔元件测量电路

（1）基本测量电路。霍尔元件的基本测量电路如图 13-4 所示。激励电流由电压源 E 供给，其大小由可变电阻来调节。

（2）霍尔元件的输出电路。在实际应用中，要根据不同的使用要求采用不同的连接电路方式。如在直流激励电流情况下，为了获得较大的霍尔电压，可将几块霍尔元件的输出电压串联，如图 13-5（a）所示。在交流激励电流情况下，几块霍尔元件的输出可通过变压器接成图 13-5（b）所示的形式，以增加霍尔电压或输出功率。

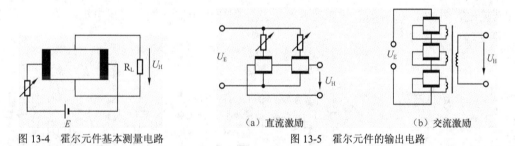

图 13-4　霍尔元件基本测量电路　　　（a）直流激励　　　（b）交流激励
　　　　　　　　　　　　　　　　　　图 13-5　霍尔元件的输出电路

4. 霍尔元件主要特性参数

（1）霍尔灵敏度 K_H。在单位控制电流和单位磁感应强度作用下，霍尔元件输出端的开路电压，称为霍尔灵敏度 K_H，霍尔灵敏度 K_H 的单位为 V/（A·T）。

（2）额定激励电流 I_N 和最大允许激励电流 I_{max}。霍尔元件在空气中产生的温升为 10℃时，所对应的激励电流称为额定激励电流 I_N。以元件允许的最大温升为限制，所对应的激励电流称为最大允许激励电流 I_{max}。

（3）输入电阻 R_i、输出电阻 R_o。R_i 为霍尔元件两个激励电极之间的电阻，R_o 为两个霍尔电极之间的电阻。

（4）不等位电动势 U_0 和不等位电阻 R_0。当霍尔元件的激励电流为额定值 I_N 时，若元件所处位置的磁感应强度为零，则它的霍尔电动势应该为零，但实际不为零，这时测得的空载霍尔电动势称为不等位电动势。不等位电动势主要由于霍尔电极安装不对称造成的，由于半导体材料的电阻率不均匀、基片的厚度和宽度不一致、霍尔电极与基片的接触不良（部分接触）等原因，即使霍尔电极的装配绝对对称，也会产生不等位电动势。

不等位电阻定义为 $R_0 = U_0/I_N$，R_0 越小越好。

（5）寄生直流电动势 U_{OD}。当不加磁场，霍尔元件通以交流控制电流时，元件输出端除出现交流不等位电动势以外，如果还有直流电动势，则此直流电动势称为寄生直流电动势 U_{OD}。

产生交流不等位电动势的原因与直流不等位电动势相同。产生 U_{OD} 的原因主要是器件本身的 4 个电极没有形成欧姆接触，有整流效应。

（6）霍尔电动势温度系数 α。在一定磁感应强度和激励电流下，温度每变化 1℃时，霍尔电动势变化的百分率，称为霍尔电动势温度系数 α，α 越小越好。

5. 霍尔元件的误差补偿

（1）不等位电动势的补偿。在制造霍尔元件的过程中，要使不等位电动势为零是相当困难的，所以有必要利用外电路对不等位电动势进行补偿，以便能反映霍尔电动势的真实值。

为分析不等位电动势，可将霍尔元件等效为一电阻电桥，不等位电动势 U_0 就相当于电桥的不平衡输出。因此，所有能使电桥平衡的外电路都可用来补偿不等位电动势。但应指出，因 U_0 随温度变化，在一定温度下进行补偿后，当温度变化时，原来的补偿效果会变差。

图 13-6 所示为常用的不等位电动势的补偿电路，图 13-6（a）所示是不对称补偿电路，在不加磁场时，可调节 R_P 使 U_0 为零。但 R_P 与霍尔元件的等效电桥臂电阻的电阻温度系数不相同，所以当温度变化时，原来的补偿关系将被破坏。但这种方法简单，在 U_0 不大时，对器件的输入、输出信号的削弱也不大。图 13-6（b）～（d）所示为 3 种电路的对称补偿电路，因而对温度变化的补偿稳定性要好一些。但图 13-6（b）、（c）所示电路会减小输入电阻，降低霍尔电动势输出。图 13-6（d）的上述影响要小一些，但要求把器件做成五端电极。图 13-6（c）、（d）都使输出电阻增大。

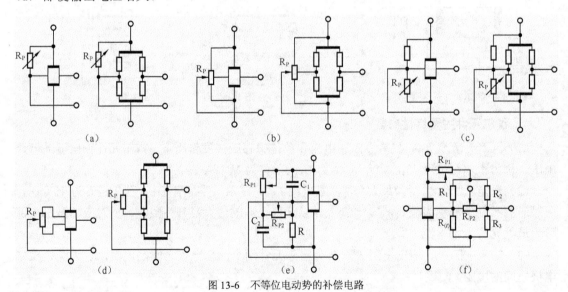

图 13-6　不等位电动势的补偿电路

当控制电流为交流时，可用图 13-6（e）的补偿电路，这时不仅要进行幅值补偿，还要进行相位补偿。图 13-6（f）中不等位电动势 U_0 分成恒定部分 U_{OL} 和随温度变化部分 ΔU_0，分别进行补偿。U_{OL} 相当于允许工作温度下限 t_L 时的不等位电动势。电桥的一个桥臂接入热敏电阻 $R_{(t)}$。设温度为 t_L 时电桥已平衡，调节 R_{P1} 可补偿 U_{OL}。当工作温度为上限 t_H 时，不等

位电动势增加 ΔU_0，可调节 R_{P2} 进行补偿。适当选择热敏电阻 $R_{(t)}$，可使从 t_L 到 t_H 之间各温度下也能得到较好的补偿。当 $R_{(t)}$ 与霍尔元件的材料相同时，则可以达到相当高的补偿精度。

（2）温度补偿。霍尔元件温度补偿的方法很多，下面介绍 3 种常用的方法。

① 恒流源供电，输入端并联电阻，如图 13-7 所示；或恒压源供电，输入端串联电阻，如图 13-8 所示。

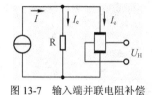

图 13-7　输入端并联电阻补偿　　　　　图 13-8　输入端串联电阻补偿

② 合理选择负载电阻。霍尔电动势的负载通常是放大器、显示器或记录仪的输入电阻，其值一定，可用串、并联电阻的方法使输出负载电压不变，但此时灵敏度将相应有所降低。

③ 采用热敏元件。这是最常采用的补偿方法。图 13-9 所示为几种补偿电路的例子，其中图 13-9（a）～（c）所示为恒压源输入，图 13-9（d）所示为恒流源输入，R_i 为恒压源内阻；$R_{(t)}$ 和 $R'_{(t)}$ 为热敏电阻，其温度系数的正负和数值要与 U_H 的温度系数匹配选用。例如，对于图 13-9（b）的情况，如果 U_H 的温度系数为负值，随着温度上升，U_H 要下降，则选用电阻温度系数为负的热敏电阻 $R_{(t)}$。当温度上升时，$R_{(t)}$ 变小，流过器件的控制电流变大，使 U_H 回升。当 $R_{(t)}$ 阻值选用适当，就可使 U_H 在精度允许范围内保持不变。经过简单计算，不难预先估算出所需 $R_{(t)}$。

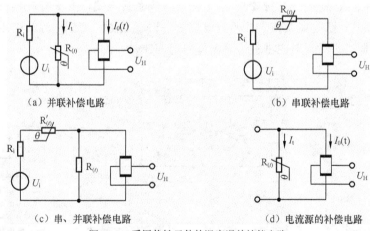

（a）并联补偿电路　　　　　　　　　　（b）串联补偿电路

（c）串、并联补偿电路　　　　　　　　（d）电流源的补偿电路

图 13-9　采用热敏元件的温度误差补偿电路

二、集成霍尔传感器

集成霍尔传感器是利用硅集成电路工艺将霍尔元件、放大器、施密特触发器以及输出电路等集成在一起的一种传感器。它取消了传感器和测量电路之间的界限，实现了材料、元件、电路三位一体。集成霍尔传感器与分立元件相比，由于减少了焊点，因此显著提高了可靠性。

集成霍尔传感器的输出是经过处理的霍尔输出信号。其输出信号快，传送过程中无抖动现象，且功耗低，对温度的变化是稳定的，灵敏度与磁场移动速度无关。按照输出信号的形式，可以分为线性集成霍尔传感器和开关集成霍尔传感器两种类型。

1. 线性集成霍尔传感器

线性集成霍尔传感器的特点是输出电压与外加磁感应强度 B 呈线性关系。其内部框图如图 13-10（b）所示，由霍尔元件 HG、放大器 A、差动输出电路 D 和稳压电源 R 等组成。图 13-10（c）所示为其输出特性，在一定范围内输出特性为线性，线性中的平衡点相当于 N 和 S 磁极的平衡点。较典型的线性集成霍尔传感器型号有 UGN3501 等。

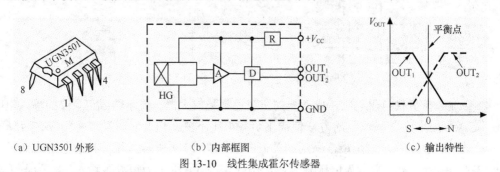

（a）UGN3501 外形　　　　（b）内部框图　　　　（c）输出特性

图 13-10　线性集成霍尔传感器

2. 开关集成霍尔传感器

开关集成霍尔传感器如图 13-11 所示。图 13-11（b）所示为开关集成霍尔传感器的内部框图，由霍尔元件 HG、放大器 A、输出晶体管 VT、施密特电路 C 和稳压电源 R 等组成，与线性集成霍尔传感器不同之点是增设了施密特电路 C，通过晶体管 VT 的集电极输出。图 13-11（c）所示为其输出特性，它是一种开关特性。开关集成霍尔传感器只有一个输出端，是以一定磁场电平值进行开关工作的。由于内设有施密特电路，开关特性具有时滞性，因此有较好的抗噪效果。开关集成霍尔传感器一般内有稳压电源，工作电源的电压范围较宽，可为 3～16V。较典型的开关集成霍尔传感器型号有 UGN3020 等。

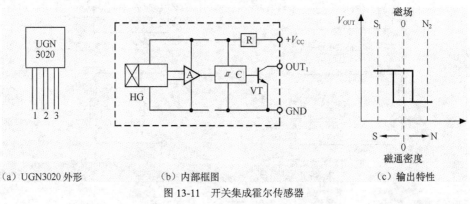

（a）UGN3020 外形　　　　（b）内部框图　　　　（c）输出特性

图 13-11　开关集成霍尔传感器

 项目实施

一、了解霍尔压力变送器的工作原理

国产 YSH-1 型霍尔压力变送器的转换机构如图 13-12（b）所示。霍尔压力传感器由两部分组成：一部分是弹性敏感元件的膜盒，用以感受压力 P，并将 P 转换为弹性元件的位移量 x，即 $x = K_P P$，其中系数 K_P 为常数；另一部分是霍尔元件和磁系统，磁系统形成一个均匀梯度磁场，在其工作范围内，$B = K_B x$，其中斜率 K_B 为常数；霍尔元件固定在弹性元件上，因此霍尔元件在均匀梯度磁场中的位移也是 x。这样，霍尔电动势 U_H 与被测压力 P 之间的关系就可表示为 $U_H = K_H IB = K_H I K_B K_P P$。

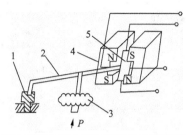

（a）YSH-1 型霍尔压力变送器实物图　　　（b）YSH-1 型霍尔压力变送器的转换机构示意图

1—调节螺钉　2—杠杆　3—膜盒　4—磁钢　5—霍尔元件

图 13-12　YSH-1 型霍尔压力变送器

二、测试霍尔传感器

1. 实训原理

实训的基本原理是根据霍尔效应、霍尔电动势 $U_H = K_H IB$，当霍尔元件处在梯度磁场中运动时，就可以进行位移测量。

2. 实训器件与单元

霍尔传感器实训模块、霍尔传感器、直流源 $\pm 4V$ 和 $\pm 15V$、测微头、数显单元。

3. 实训步骤

（1）将霍尔传感器按图 13-13 所示安装。霍尔传感器与实训模块的连接按图 13-14 进行。1、3 为电源 $\pm 4V$，2、4 为信号输出。

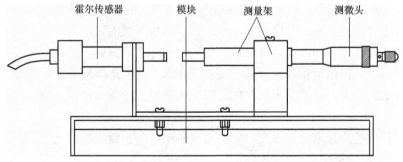

图 13-13　霍尔传感器安装示意图

（2）开启电源，调节测微头使霍尔元件在磁钢中间位置，再调节 R_{P1}（R_{P3} 处于中间位置）使数显表指示为零。

（3）旋转测微头使其向轴向方向推进，每转动 0.2mm 记下一个数显表的读数，直到读数近似不变，将读数填入表 13-2 中，其中 X（mm）表示移动位移量，V（mV）表示输出电压量。

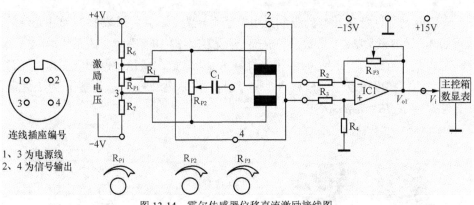

图 13-14 霍尔传感器位移直流激励接线图

表 13-2 数据记录表

X/mm								
V/mV								

作出 V-X 曲线，计算不同线性范围时霍尔传感器的灵敏度和非线性误差。

（4）思考题：本实训中霍尔元件位移的线性度实际上反映的是什么量的变化？

项目拓展

一、霍尔传感器的用途

由于霍尔传感器具有在静态状态下感受磁场的独特能力，而且具有结构简单、体积小、重量轻、频带宽（从直流到微波）、动态特性好和寿命长、无触点等许多优点，因此在测量技术、自动化技术和信息处理等方面有着广泛应用。

归纳起来，霍尔传感器有 3 个方面的用途。

（1）当控制电流不变时，使霍尔传感器处于非均匀磁场中，则霍尔传感器的霍尔电动势正比于磁感应强度，利用这一关系可反映位置、角度或励磁电流的变化。

（2）当控制电流与磁感应强度皆为变量时，霍尔传感器的输出与这两者乘积成正比。在这方面的应用有乘法器、功率计以及除法、倒数、开方等运算器，此外，也可用于混频、调制、解调等环节中。但由于霍尔元件具有变换频率低、温度影响较显著等缺点，其在这方面的应用受到一定的限制，这有待于元件的材料、工艺等方面的改进或电路上的补偿措施来加以改善。

（3）若保持磁感应强度恒定不变，则利用霍尔电压与控制电流成正比的关系，可以组成回转器、隔离器和环行器等控制装置。

二、霍尔无刷电动机

传统的直流电动机使用换向器来改变转子（或定子）电枢电流的方向，以维持电动机的持续运转。霍尔无刷电动机取消了换向器和电刷，而采用霍尔元件来检测转子和定子之间的相对位置，其输出信号经放大、整形后触发电子电路，从而控制电枢电流的换向，维持电动机的正常运转。图 13-15 所示为霍尔无刷电动机结构示意图。

由于霍尔无刷电动机不产生电火花及电刷磨损等问题，所以它在录像机、CD 唱机、光盘驱动器等家用电器中得到越来越广泛的应用。

三、霍尔传感器在扫地机器人中的应用

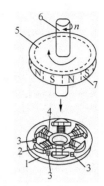

1—电子底座　2—定子铁心　3—霍尔元件
4—线圈　5—外转子　6—转轴　7—磁极
图 13-15　霍尔无刷电动机结构示意图

电动机是决定扫地机器人吸力大小最关键的一点，市面上的扫地机器人采用的电动机不外乎两种：有刷电动机和无刷电动机。有刷电动机的换向一直是通过石墨电刷与安装在转子上的环形换向器相接触来实现的，但是随着时间的推移，后续会产生各种问题，维修成本较大。而无刷电动机则通过霍尔传感器把转子位置反馈回控制电路，使其能够获知电动机相位换向的准确时间。大多数无刷电动机生产商生产的电动机都具有 3 个霍尔效应定位传感器（霍尔传感器推荐型号：SS569，其特点是：防尘、防水，即使在恶劣的环境下也能稳定给出精准的信号）。由于无刷电动机没有电刷，故也没有相关接口，因此更干净，噪声更小，事实上也无须维护，寿命更长，如图 13-16 所示。

（a）实物图　　　　　　　（b）无刷电动机

图 13-16　扫地机器人

四、霍尔加速度传感器

图 13-17 所示为霍尔加速度传感器的结构示意图和静态特性曲线。在盒体上固定均质弹簧片 S，弹簧片 S 的中部装一惯性块 M，弹簧片 S 的末端固定测量位移的霍尔元件 H，H 的上、下方装上一对永磁体，它们同极性相对安装。盒体固定在被测对象上，当它们与被测对象一起做垂直向上的加速运动时，惯性块在惯性力的作用下使霍尔元件 H 产生一个相对盒体的位移，并使霍尔电压 U_H 发生变化。可从 U_H 与加速度的关系曲线上求得加速度。

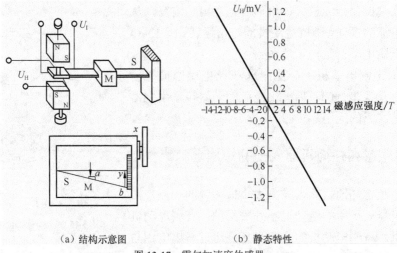

（a）结构示意图　　　　　　　（b）静态特性

图 13-17　霍尔加速度传感器

五、无触点开关

键盘是电子计算机系统中一个重要的外部设备，早期的键盘都采用机械接触式，在使用过程中容易产生抖动噪声，系统的可靠性较差。霍尔无触点开关的每个键上都有两小块永久磁铁，当按钮未按下时，磁铁处于图 13-18（a）所示位置，通过霍尔传感器的磁力线是由上向下的。当按下按钮时，磁铁处于图 13-18（b）所示位置，这时通过霍尔传感器的磁力线是由下向上的。霍尔传感器输出不同的状态，将此输出的开关信号直接与后面的逻辑门电路连接使用。这类键盘开关工作十分稳定可靠，功耗很低，动作过程中传感器与机械部件之间没有机械接触，使用寿命较长。

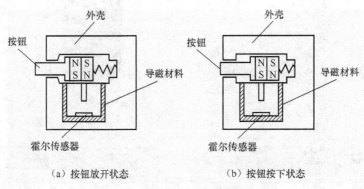

（a）按钮放开状态　　　　　　　（b）按钮按下状态

图 13-18　集成霍尔传感器构成的按钮

六、霍尔计数装置

霍尔开关传感器 SL3501 是具有较高灵敏度的集成霍尔元件，能感受到很小的磁场变化，因而可对黑色金属零件进行计数检测。图 13-19 所示为对钢球进行计数的工作示意图和电路图。当钢球通过霍尔开关传感器时，传感器可输出峰值 20mV 的脉冲电压，该电压经运算放大器 A（μA741）放大后，驱动半导体三极管 VT（2N5812）工作，VT 输出端便可接计数器进行计数，并由显示器显示检测数值。

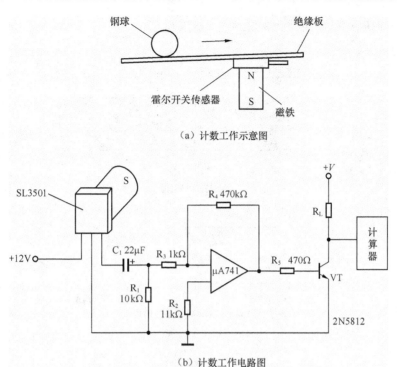

（a）计数工作示意图

（b）计数工作电路图

图 13-19 霍尔计数装置的内部结构

七、磁敏电阻器

1. 磁阻效应

将一个载流导体位于外加磁场中，除了会产生霍尔效应外，其电阻值也会随着磁场变化而变化，这种现象称为磁电阻效应，简称磁阻效应。磁阻效应是与霍尔效应同时发生的一种物理效应，磁敏电阻就是利用磁阻效应制作成的一种磁敏元件。

当温度恒定时，在弱磁场范围内，磁阻与磁感应强度 B 的平方成正比。在器件只有电子参与导电的简单情况下，理论推导出来的磁阻效应方程为

$$\rho_B = \rho_0(1 + 0.273\mu^2 B^2) \qquad (13\text{-}5)$$

半导体中仅存在一种载流子时，磁阻效应很弱。若同时存在两种载流子，则磁阻效应很强。迁移率越高的材料（如 InSb、InAs、NiSb 等半导体材料），磁阻效应越明显。从微观上讲，材料的电阻率增加是因为电流的流动路径因磁场的作用而加长所致。

2. 磁敏电阻的结构

磁阻效应除了与材料有关外，还与磁敏电阻的形状有关。在恒定磁感应强度下，磁敏电阻的长度 l 与宽度 b 的比越小，电阻率的相对变化越大。长方形磁阻器件只有在 $l<b$ 的条件下，才表现出较高的灵敏度。在实际制作磁阻器件时，需在 $l>b$ 的长方形磁阻材料上面制作许多平行等间距的金属条（即短路栅格），以短路霍尔电动势。圆盘形的磁阻最大，故大多做成圆盘结构，如图 13-20 所示。

3. 磁敏电阻的应用

由于磁阻元件具有阻抗低、阻值随磁场变化率大、非接触式测量、频率响应好、动态范围广及噪声小等特点，可广泛应用于许多场合，如无触点开关、压力开关、旋转编码器、角

度传感器、转速传感器等，如图 13-21 和图 13-22 所示。

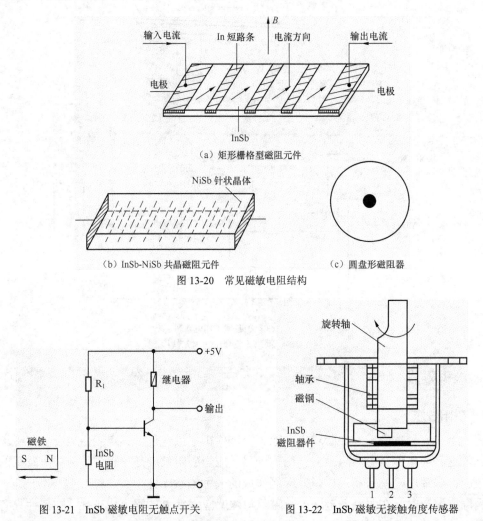

（a）矩形栅格型磁阻元件

（b）InSb-NiSb 共晶磁阻元件　　　　　　　（c）圆盘形磁阻器

图 13-20　常见磁敏电阻结构

图 13-21　InSb 磁敏电阻无触点开关　　　图 13-22　InSb 磁敏无接触角度传感器

八、磁敏晶体管

1. 磁敏二极管

（1）磁敏二极管的结构。磁敏二极管为 P^+-i-N^+ 结构，如图 13-23（a）所示。本征（i 型）或近本征半导体（即高电阻率半导体）i 的两端分别制作成一个 P^+-i 结和一个 N^+-i 结，并在 i 区的一个侧面制备一个载流子的高复合区，记为 r 区。凡进入 r 区的载流子，都将因复合作用而消失，不再参与电流的传输作用。当对磁敏二极管加正向偏压（即 P^+ 接电源正极，N^+ 接电源负极）时，P^+-i 结向 i 区注入空穴，N^+-i 结向 i 区注入电子，有电流 I 流过二极管。图 13-23（b）所示为磁敏二极管的电路图形符号。

（2）磁敏二极管的工作原理。当外磁场 $B=0$ 时，如图 13-24（a）所示。注入 i 区的空穴和电子，通过少子的漂移和多子的扩散运动，大部分都能通过 i 区到达对面的电极，形成电流 I_0，只有离高复合区 r 区较近的载流子中，有少部分载流子因其热运动而进入 r 区被复合而消失。

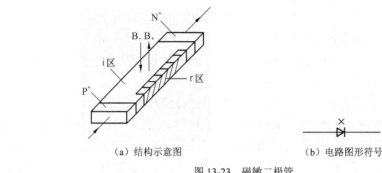

（a）结构示意图　　　　　　　（b）电路图形符号

图 13-23　磁敏二极管

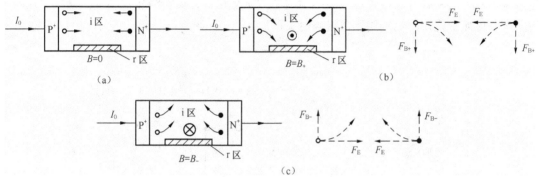

图 13-24　磁敏二极管工作原理

当磁敏二极管有外加磁场时，电流 I 将随外加磁场变化而变化，下面分两种情况讨论。

① 当 $B=B_+$ 时，磁场的方向如图 13-24（b），用 B_+ 表示，称为正向磁场。这时注入 i 区的空穴和电子在洛伦兹力 F_{B+} 的作用下，都向 r 区偏转，其中一部分进入 r 区而复合消失（这个数量比热运动造成的载流子数多），i 区载流子浓度下降，因此电流 I 减小（记为 I_+），电阻增加。B_+ 越大，进入 r 区的空穴和电子就越多（即复合消失的载流子就越多），电流 I_+ 就越小，电阻也越大。这导致分配在 i 区上的外电压增加，分配在 P^+-i 结和 N^+-i 结上的正向电压相应地减少，使这两个结向 i 区注入的载流子减少，电流进一步减小。但在一定的电场力 F_E 作用下，总有一定数量的载流子来不及进入 r 区就已到达对面的电极，所以流过磁敏二极管的电流 I_+ 在一定的 B_+ 下将有一个稳定值。在一定的外加电压下，总有 $I_+<I_0$。

② 当 $B=B_-$ 时，磁场的方向如图 13-24（c）所示，用 B_- 表示，它与 B_+ 的方向相反。这时注入 i 区的空穴和电子在洛伦兹力 F_{B-} 的作用下，都背向 r 区，向与 r 区相对的侧面偏转。但该侧面对载流子的复合作用很小。另一方面，因无规则热运动而进入 r 区的载流子数比 $B=0$ 时大为减少，i 区的载流子浓度比 $B=0$ 时增大，使向 i 区的载流子注入增强，电流进一步增大，直至达到相应 B_- 下的一个稳定值 I_-，$I_->I_0$。

通过对电流的测定，即可测定磁场 B。

（3）温度补偿和提高磁灵敏度的措施。磁敏二极管的特性受温度影响较大，所以应进行必要的温度补偿。

① 互补式电路。如图 13-25（a）所示，其中两只管子的特性要相同，高复合 r 区相向或背向放置，以使磁场对它们的作用为磁极性相反。输出电压 U_B 取决于两只管子等效电阻的分压比。当两只管子的特性完全一致时，则等效电阻随温度同步变化。在输入磁感应强度不变的情况下，分压比保持不变，因此输出电压保持不变，从而达到温度补偿的目的。

互补式电路还能提高磁灵敏度。在一定的磁感应强度条件下，由于两只管子的磁性相反，因此它们的伏安特性曲线向相反方向移动。

输出电压的变化量$|\Delta U_B|=|\Delta U_{1+}|+|\Delta U_{2-}|$，输出电压变化量增大，即磁灵敏度提高。

磁敏二极管的工作点不能选在大电流区，这不仅会使磁灵敏度减小，而且电流变化太大，易烧坏管子。有负阻特性的管子不能用互补式电路进行补偿。

② 差分式电路。如图 13-25（b）所示，两只特性相同的管子的磁性仍然相反配置，磁灵敏度仍为两只管子磁灵敏度之和，温度影响互相抵消，而且对有负阻特性的管子也适用。

③ 热敏电阻补偿。如图 13-25（c）所示，选用适当的热敏电阻 $R_{(t)}$，使得温度变化时，热敏电阻的阻值与磁敏二极管等效电阻的阻值同步变化，以维持分压比不变，输出电压将不随温度变化而变化，但此电路不能提高磁灵敏度。

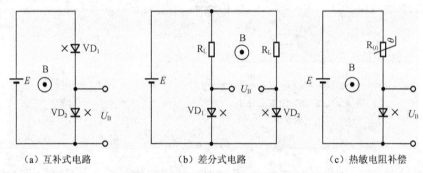

（a）互补式电路　　　　（b）差分式电路　　　　（c）热敏电阻补偿

图 13-25　磁敏二极管温度补偿电路

2. 磁敏三极管

现以 NPN 型磁敏三极管为例介绍磁敏三极管的结构和工作原理。

（1）磁敏三极管的结构。图 13-26（a）所示为磁敏三极管的结构示意图。将磁敏二极管原来 N^+ 区的一端，改成在一端的上、下两侧各做一个 N^+ 区。与高复合面同侧的 N^+ 区为发射区，并引出发射极 e；对面一侧的 N^+ 区为集电区，并引出集电极 c；P^+ 区为基极 b。图 13-26（b）所示为表示磁敏三极管的两种电路图形符号。

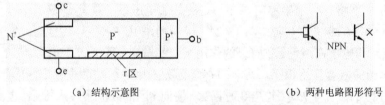

（a）结构示意图　　　　　　　　　（b）两种电路图形符号

图 13-26　磁敏三极管

（2）磁敏三极管工作原理。当无磁场作用时，由于基区宽度（两个 N^+ 区的间距）大于载流子的有效扩散长度，只有少部分从 e 区注入基区的载流子（电子）能到达 c 区，大部分流向基极，如图 13-27（a）所示，$I_b>I_c$，电流放大系数 $\beta=I_c/I_b<1$。当有施加正向磁场 B_+ 时，如图 13-27（b）所示，由于洛伦兹力的作用，e 区注入基区的电子偏离 c 极，使 I_c 比 B=0 时明显下降。当施加反向磁场 B_- 时，如图 13-27（c）所示，注入基区的电子在洛伦兹力的作用下向 c 极偏转，I_c 比 B=0 时明显增大。通过对电流的测定，即可测定磁场 B。

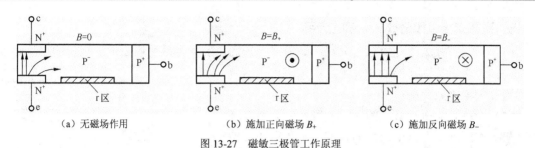

图 13-27　磁敏三极管工作原理

（3）磁敏三极管的温度补偿和提高灵敏度的措施。硅磁敏三极管的 I_c 具有负温度系数，可用 I_c 具有正温度系数的普通非磁敏硅三极管对它进行补偿，如图 13-28（a）所示。图 13-28（b）所示为用磁敏二极管对磁敏三极管输出电压 U_o 的温度补偿。图 13-28（c）所示为差分补偿电路，选两只特性一致的磁敏三极管，并使它们对磁场的极性相反放置在一起。这种电路输出电压的磁灵敏度为单管的正、负向磁灵敏度之和。该电路既进行了温度补偿，又提高了磁灵敏度。

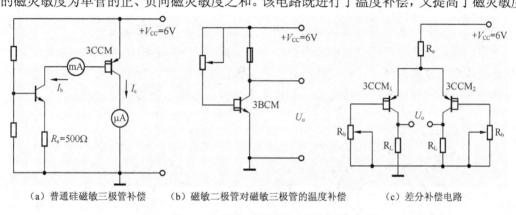

图 13-28　磁敏三极管的温度补偿方法

由于挑选两只特性一致的磁敏三极管非常困难，因此多采用图 13-29（a）所示的双集电极磁敏三极管。这种双集电极磁敏三极管实际上就是做在一块芯片上的差分对管，它只有一个共用的基区。由于共发射极电流放大系数小于 1，功耗主要消耗在共用基区上，因此基区的热效应对两只管子的影响相同。另外，两只管子容易做得对称，使特性更一致，它们对外界的温度影响也更一致。对于图 13-29（b）所示的结构，使用时外磁场是垂直于硅片表面的，这极大地方便了用户。

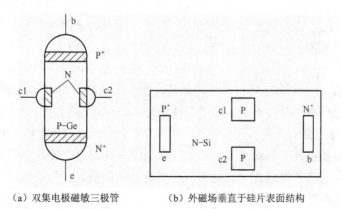

図 13-29　双集电极磁敏三极管及其应用

3．磁敏二极管和磁敏三极管的应用

（1）无触点开关。在要求无火花、低噪声、长寿命的场合，可用磁敏三极管制成无触点开关，如计算机按键、接近开关等。图 13-30 所示为无触点开关电路原理图。

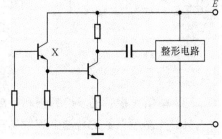

图 13-30　无触点开关电路原理图

（2）无刷直流电动机。图 13-31 所示为无刷直流电动机工作原理图。该电动机的转子为永久磁铁，当接通磁敏二极管的电源后，受到转子磁场作用的磁敏二极管就输出一个信号给控制电路。控制电路先接通定子上靠近转子磁极的电磁铁的线圈，电磁铁产生的磁场吸引或排斥转子的磁极，使转子旋转。当转子磁场按顺序作用于各磁敏二极管，磁敏二极管信号就顺序接通各定子线圈，定子线圈就产生旋转磁场，使转子不停地旋转。

（3）测量电流。通电导线在其周围空间产生磁场，所产生的磁场大小与导线中的电流有关，用磁敏管测量这个磁场就可知通电导线中的电流。图 13-32 所示为测量电流的原理图。使载流导线穿过软铁磁环，软铁磁环开有一窄缝隙，磁敏二极管置于此缝隙中。这缝隙中的磁感应强度与载流导线中的电流有关，因此这个电流与磁敏二极管的输出有关。

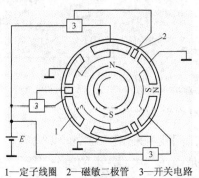

1—定子线圈　2—磁敏二极管　3—开关电路

图 13-31　无刷直流电动机工作原理图

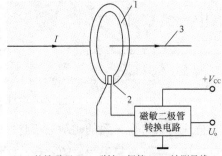

1—软铁磁环　2—磁敏二极管　3—被测导线

图 13-32　磁敏二极管测量电流工作原理图

 项目小结

本项目主要介绍了霍尔效应和磁阻效应的概念、霍尔传感器的类型、霍尔元件的不等位电动势的补偿以及霍尔传感器的用途等。

1．位于磁场中的静止载流导体，当电流 I 的方向与磁场强度 B 的方向垂直时，则在载流导体中平行于 B、I 的两侧面之间将产生电动势，这个电动势称为霍尔电动势，这种物理现象称为霍尔效应。利用霍尔效应原理制成的传感器称为霍尔传感器。

2．霍尔传感器有分立元件式（简称"霍尔元件"）和集成式（简称"集成霍尔传感器"）两种。霍尔元件由霍尔片、引线和壳体组成；集成霍尔传感器是将霍尔元件、放大器、施密特触发器以及输出电路等集成在一起的一种传感器。按照输出信号的形式，可以分为开关集成霍尔传感器和线性集成霍尔传感器两种类型。

3．由于在制造工艺方面的原因存在一个不等位电动势 U_0，从而对测量结果造成误差。

为解决这一问题，可采用具有温度补偿的桥式补偿电路。为了减小霍尔电动势温度系数 α，需要对基本测量电路进行温度补偿的改进，常用方法有：采用恒流源提供控制电流；选择合理的负载电阻进行补偿；在输入回路或输出回路中加入热敏电阻进行温度误差的补偿。

4．霍尔传感器有 3 个方面的用途：①当控制电流不变时，使传感器处于非均匀磁场中，则霍尔传感器的霍尔电动势正比于磁感应强度；②当控制电流与磁感应强度皆为变量时，霍尔传感器的输出与这两者乘积成正比；③若保持磁感应强度恒定不变，则利用霍尔电压与控制电流成正比的关系，可以组成回转器、隔离器和环行器等控制装置。

5．磁阻效应将一个载流导体位于外加磁场中，除了会产生霍尔效应外，其电阻值也会随着磁场变化而变化，这种现象称为磁电阻效应，简称磁阻效应。磁阻效应是与霍尔效应同时发生的一种物理效应，磁敏电阻就是利用磁阻效应制作成的一种磁敏元件。磁敏二极管、硅磁敏三极管都是利用半导体材料中的自由电子或空穴随磁场变化而改变其运动方向这一特性而制成的一种磁敏传感器。

项目训练

一、单项选择题

1．霍尔电动势 $U_H=K_H IB\cos\theta$ 公式中的角 θ 是指（　　　）。
　　A．磁力线与霍尔片平面之间的夹角
　　B．磁力线与霍尔元件内部电流方向的夹角
　　C．磁力线与霍尔片的垂线之间的夹角
2．霍尔元件采用恒流源激励是为了（　　　）。
　　A．提高灵敏度　　　B．克服温漂　　　　C．减小不等位电动势
3．下列元件属于四端元件的是（　　　）。
　　A．应变片　　　　　B．压电晶体　　　　C．霍尔元件　　　　D．热敏电阻
4．与线性集成霍尔传感器不同，开关集成霍尔传感器增设了施密特电路，目的是（　　　）。
　　A．增加灵敏度　　　B．减小温漂　　　　C．提高抗噪能力

二、简答题

1．什么是霍尔效应？写出霍尔电动势的表达式。
2．什么是磁阻效应？
3．为什么有些导体材料和绝缘材料均不宜做成霍尔元件？
4．试说明霍尔元件产生电动势误差的原因，常用误差补偿方法有哪些？
5．霍尔集成传感器分为哪几种类型？各有什么特点？
6．磁敏二极管的特性受温度影响较大，常用哪些温度补偿措施？
7．磁敏三极管的温度补偿方法有哪些？

三、分析题

1．图 13-33 所示为霍尔电流传感器，请分析其工作原理。

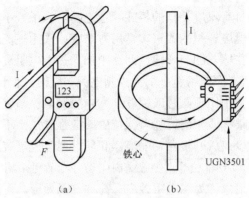

（a） （b）

图 13-33 霍尔电流传感器

2. 图 13-34 是利用霍尔传感器构成的一个自动供水装置，请分析其工作原理。

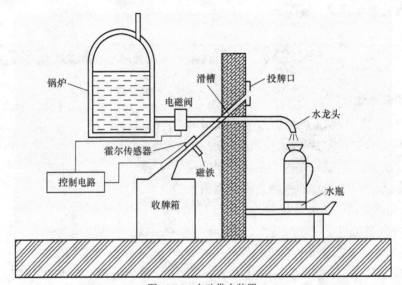

图 13-34 自动供水装置

项目十四

压电式血压计——测试压电式传感器

 项目描述

  家庭医疗保健已成为现代人的医疗保健时尚。过去人们测量血压必须到医院才行，而今只要拥有了家用电子血压计（见图 14-1），坐在家里便可随时监测血压的变化。如发现血压异常便可及时去医院治疗，起到了预防脑出血、心功能衰竭等疾病猝发的作用。

  压电式血压计是最常用的电子血压计，它是基于压电效应原理来工作的。由于它使用方便，不需要很专业的知识也能测量，因此深受高血压患者和医生的喜爱，已经成为家庭自测血压的主要工具，也越来越多地被用于医院等医疗机构。

图 14-1　家用电子血压计

  本项目主要介绍压电式传感器（简称"压电传感器"）的工作原理（压电效应）及相关传感器。

知识和能力目标

◎ 掌握压电效应和逆压电效应的概念。

◎ 熟悉常用的压电材料及其特性。

◎ 了解压电式传感器的应用及前置放大器的特性。

◎ 能分析由压电式传感器组成的检测系统的工作原理，正确安装和调试压电式传感器。

知识准备

一、压电效应

1. 压电效应的概念

某些电介质，当沿着一定方向对其施力而使它变形时，其内部就产生极化现象，同时在它的两个表面上产生符号相反的电荷，当外力去掉后，其又重新恢复到不带电状态，这种现象称为压电效应。相反，当在电介质极化方向施加电场时，这些电介质也会产生变形，这种现象称为逆压电效应（电致伸缩效应）。具有压电效应的材料称为压电材料，压电材料能实现机-电能量的相互转换，如图 14-2 所示。

图 14-2　压电效应可逆性

2. 压电效应原理

具有压电效应的物质很多，如石英晶体、压电陶瓷、高分子压电材料等。现以石英晶体为例，简要说明压电效应的机理。

石英晶体是一种应用广泛的压电晶体。它是二氧化硅单晶体，属于六角晶系。图 14-3（a）所示为天然的完整的石英晶体，它为规则的六角棱柱体。石英晶体有 3 个晶轴：x 轴、y 轴和 z 轴，如图 14-3（b）所示。z 轴又称光轴，它与晶体的纵轴线方向一致：x 轴又称电轴，它通过六面体相对的两个棱线并垂直于光轴：y 轴又称为机械轴，它垂直于两个相对的晶柱棱面。

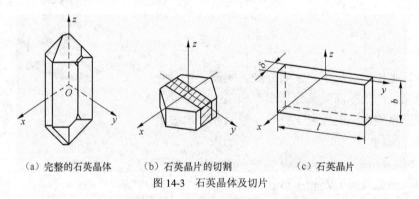

（a）完整的石英晶体　　　（b）石英晶片的切割　　　（c）石英晶片

图 14-3　石英晶体及切片

从晶体上沿 x、y、z 轴线切下的一片平行六面体的薄片称为晶片，如图 14-3（c）所示。它的 6 个面分别垂直于光轴、电轴和机械轴。通常把垂直于 x 轴的上、下两个面称为 x 面，把垂直于 y 轴的面称为 y 面。当沿着 x 轴对晶片施加力时，将在 x 面上产生电荷，这种现象称为纵向压电效应。沿着 y 轴施加力的作用时，电荷仍出现在 x 面上，这种现象称为横向压电效应。当沿着 z 轴方向施加力时不产生压电效应。

石英晶体的压电效应与其内部结构有关，产生极化现象的机理可用图 14-4 来说明。石英晶体的化学式为 SiO_2，它的每个晶胞中有 3 个硅离子和 6 个氧离子，一个硅离子和两个氧离子交替排列（氧离子是成对出现的）。沿光轴看去，可以等效地认为有如图 14-4（a）所示的正六边形排列结构。

（1）在无外力作用时，硅离子所带正电荷的等效中心与氧离子所带负电荷的等效中心是重合的，整个晶胞不呈现带电现象，如图 14-4（a）所示。

（2）当晶体沿电轴（x 轴）方向受到压力时，晶格产生变形，如图 14-4（b）所示。硅离子的正电荷中心上移，氧离子的负电荷中心下移，正、负电荷中心分离，在晶体的 x 面的上表面产生正电荷、下表面产生负电荷，从而形成电场。反之，当受到拉力作用时，情况恰好相反，x 面的上表面产生负电荷，下表面产生正电荷。如果受到的是交变力，则将在 x 面的上、下表面间产生交变电场。如果在 x 上、下表面镀上银电极，就能测出所产生电荷的大小。

（3）同样，当晶体的机械轴（y 轴）方向受到压力时，也会产生晶格变形，如图 14-4（c）所示。硅离子的正电荷中心下移，氧离子的负电荷中心上移，在 x 面的上表面产生负电荷，在 x 面的下表面产生正电荷，这个过程恰好与 x 轴方向受压力时的情况相反。

（4）当晶体的光轴（z 轴）方向受力时，由于晶格的变形不会引起正、负电荷中心的分离，所以不会产生压电效应。

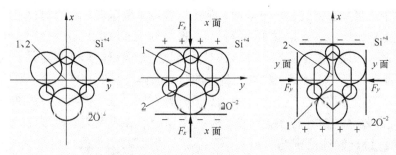

(a) 未受力的石英晶体　　(b) 受 x 向压力时的石英晶体　　(c) 受 y 向压力时的石英晶体
1—正电荷等效中心　　2—负电荷等效中心

图 14-4　石英晶体的压电效应机理

在晶体的弹性限度内，在 x 轴方向上施加压力 F_x 时，x 面上产生的电荷为

$$Q = d_{11}F_x \qquad (14\text{-}1)$$

式中，d_{11}——x 轴压电常数。

在 y 轴方向施加压力 F_y 时，在 x 面上产生的电荷为

$$Q = d_{12}\frac{l}{\delta}F_y = -d_{11}\frac{l}{\delta}F_y \qquad (14\text{-}2)$$

式中，l——石英晶片的长度；

δ——石英晶片的厚度；

d_{12}——y 轴压电常数。

从式（14-2）可见沿机械轴方向的力作用在晶体上时，产生的电荷与晶体切面的几何尺寸有关，式中的负号说明沿机械轴的压力引起的电荷极性与沿电轴的压力引起的电荷极性恰好相反。

二、压电材料

1. 压电材料的主要特性参数

压电材料的主要特性参数有如下几个。

（1）压电常数。压电常数是衡量材料压电效应强弱的参数，它直接关系到压电输出的灵敏度。

（2）弹性常数。压电材料的弹性常数、刚度决定着压电器件的固有频率和动态特性。

（3）介电常数。对于一定形状、尺寸的压电元件，其固有电容与介电常数有关；而固有电容又影响着压电式传感器的频率下限。相对介电常数等于以预测材料为介质与以真空为介质的介电常数之比。

（4）机械耦合系数。在压电效应中，机械耦合系数的值等于转换输出能量（如电能）与输入能量（如机械能）之比的平方根；它是衡量压电材料机电能量转换效率的一个重要参数。

（5）绝缘电阻。电阻压电材料的绝缘电阻能减少电荷泄漏，从而改善压电式传感器的低频特性。

（6）居里点。压电材料丧失压电特性的温度称为居里点。

2. 常用压电材料

在自然界中大多数晶体具有压电效应，但压电效应十分微弱。随着对材料的深入研究，人们发现石英晶体、钛酸钡、锆钛酸铅等材料是性能优良的压电材料。应用于压电式传感器中的压电元件材料一般有3类：石英晶体、经过极化处理的压电陶瓷和高分子压电材料。

（1）石英晶体。石英晶体是一种性能良好的压电晶体，如图14-5所示。它的突出优点是性能非常稳定，介电常数与压电常数的温度稳定性特别好，且居里点高，达到 573℃（即到573℃时，石英晶体将丧失压电特性）。此外，它还具有机械强度大、机械性能稳定、绝缘性能好、动态响应快、线性范围宽、迟滞小等优点。但石英晶体的压电常数小（$d_{11}=2.31\times10^{-12}$C/N），灵敏度低，且价格较贵，所以只在标准传感器、高精度传感器或高温环境下工作的传感器中作为压电元件使用。石英晶体分为天然石英晶体与人造石英晶体两种。天然石英晶体性能优于人造石英晶体，但天然石英晶体价格较贵。

（a）石英晶体切片　　　　　　　　（b）封装的石英晶体

图14-5　石英晶体

（2）压电陶瓷。压电陶瓷是人工制造的多晶体压电材料，如图14-6所示。与石英晶体相比，压电陶瓷的压电常数很高，具有烧制方便、耐湿、耐高温、易于成形等特点，制造成本很低。因此，在实际应用中的压电式传感器，大多采用压电陶瓷材料。压电陶瓷的弱点是，居里点较石英晶体要低 200℃以上，且性能没有石英晶体稳定。但随着材料科学的发展，压电陶瓷的性能正在逐步提高。常用的压电陶瓷材料有以下几种。

图14-6　压电陶瓷

① 钛酸钡压电陶瓷（$BaTiO_3$）。钛酸钡是由 $BaCO_3$ 和 TiO_2 在高温下合成的，具有较高的压电常数（$d_{11}=190\times10^{-12}$C/N）和相对介电常数，但居里点较低（约为 120℃），机械强度

也不如石英晶体，目前使用较少。

② 锆钛酸铅系列压电陶瓷（PZT）。锆钛酸铅系列压电陶瓷是钛酸铅和锆酸铅材料组成的固溶体。它有较高的压电常数[d_{11}=（200～500）×10^{-12}C/N]和居里点（300℃以上），工作温度可达250℃，是目前工业中经常采用的一种压电材料。在上述材料中掺入微量的镧（La）、铌（Nb）或锑（Sb）等，可以得到不同性能的材料。

③ 铌酸盐系列压电陶瓷。铌酸铅具有很高的居里点和较低的介电常数。铌酸钾的居里点为435℃，常用于水声传感器。铌酸锂具有很高的居里点，可作为高温压电式传感器。

④ 铌镁酸铅压电陶瓷（PMN）。铌镁酸铅具有较高的压电常数[d_{11}=（800～900）×10^{-12}C/N]和居里点（260℃），它能在压力为70MPa时正常工作，因此可作为高压下的力传感器。

（3）高分子压电材料。某些合成高分子聚合物薄膜经延展拉伸和电场极化后，具有一定的压电性能，这类薄膜称为高分子压电薄膜，如图14-7所示。目前出现的压电薄膜有聚偏二氟乙烯（PVDF）、聚氟乙烯（PVF）、聚氯乙烯（PVC）等。这些是柔软的压电材料，不易破碎，可以大量生产和制成较大的面积。

 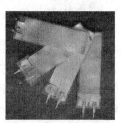

（a）压电薄膜　　　　　　（b）压电薄膜传感器

图14-7　高分子压电材料

如果将压电陶瓷粉末加入到高分子压电化合物中，可制成高分子压电陶瓷薄膜。这种复合材料既保持了高分子压电薄膜的柔韧性，又具有压电陶瓷材料的优点，是一种很有发展前途的材料。在选用压电材料时应考虑其转换特性、机械特性、电气特性、温度特性等几方面的性能，以便获得最好的效果。

三、压电式传感器等效电路

将压电晶片产生电荷的两个晶面封装上金属电极后，就构成了压电元件。当压电元件受力时，就会在两个电极上产生电荷，因此，压电元件相当于一个电荷源；两个电极之间是绝缘的压电介质，因此它又相当于一个以压电材料为介质的电容器，其电容值为

$$C_a = \varepsilon_R \varepsilon_0 A / \delta \tag{14-3}$$

式中：A——压电元件电极面积；

　　　δ——压电元件厚度；

　　　ε_R——压电材料的相对介电常数；

　　　ε_0——真空的介电常数。

因此，可以把压电元件等效为一个与电容相并联的电荷源，也可以等效为一个与电容相串联的电压源，如图14-8所示。

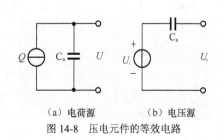

（a）电荷源　　　　（b）电压源

图14-8　压电元件的等效电路

压电式传感器与检测仪表连接时，还必须考虑电缆电容 C_c、放大器的输入电阻 R_i 和输入电容 C_i，以及传感器的泄漏电阻 R_a，图 14-9 所示为压电式传感器实际等效电路。由于外力作用在压电传感元件上所产生的电荷只有在无泄漏的情况下才能保存，即需要测量回路具有无限大的内阻抗，这实际上是达不到的，所以压电式传感器不能用于静态测量。压电元件只有在交变力的作用下，电荷才能源源不断地产生，可以供给测量回路以一定的电流，故只适用于动态测量。

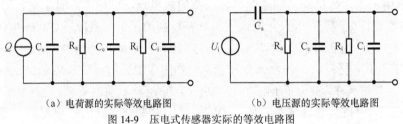

（a）电荷源的实际等效电路图　　　　　　（b）电压源的实际等效电路图

图 14-9　压电式传感器实际的等效电路图

四、压电式传感器测量电路

压电式传感器的内阻很高，而输出的信号微弱，因此一般不能直接显示和记录。它要求与高输入阻抗的前置放大电路配合，然后再与一般的放大、检波、显示、记录电路连接，这样，才能防止电荷的迅速泄漏而使测量误差减小。

压电式传感器的前置放大器的作用有两个：一是把传感器的高阻抗输出变为低阻抗输出；二是把传感器的微弱信号进行放大。

根据压电式传感器的工作原理及等效电路，它的输出可以是电荷信号，也可以是电压信号，因此与之配套的前置放大器也有电荷放大器和电压放大器两种形式。由于电压前置放大器的输出电压与电缆电容有关，故目前多采用电荷放大器。

1. 电荷放大器

并联输出型压电元件可以等效为电荷源。电荷放大器实际上是一个具有反馈电容 C_f 的高增益运算放大器电路，如图 14-10 所示。当放大器开环增益 A 和输入电阻阻值 R_i、反馈电阻阻值 R_f（用于防止放大器直流饱和）相当大时，在计算中，可以把输入电阻阻值 R_i 和反馈电阻阻值 R_f 忽略，放大器的输出电压 U_o 正比于输入电荷 Q。

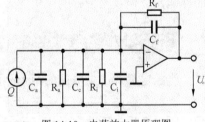

图 14-10　电荷放大器原理图

设 C 为总电容，则有

$$U_o = -AU_i = -AQ/C \tag{14-4}$$

根据密勒定理，反馈电容 C_f 折算到放大器输入端的等效电容为 $(1+A)C_f$，则

$$U_o = -AQ/[C_a + C_c + C_i + (1+A)C_f] \tag{14-5}$$

当 A 足够大时，则 $(1+A)C_f \gg (C_a + C_c + C_i)$，这样式（14-5）可写成

$$U_o \approx -AQ/[(1+A)C_f] \approx -Q/C_f \tag{14-6}$$

由式（14-6）可见，电荷放大器的输出电压仅与输入电荷和反馈电容有关，电缆电容等其他因素的影响可以忽略不计。

2. 电压放大器（阻抗变换器）

串联输出型压电元件可以等效为电压源，但由于压电效应引起的电容量 C_a 很小，因而其电压源等效内阻很大，在接成电压输出型测量电路时，要求前置放大器不仅有足够的放大倍数，而且应具有很高的输入阻抗。图 14-11 所示为电压源测量原理电路图。

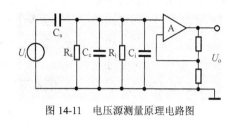

图 14-11　电压源测量原理电路图

拓展阅读

自 20 世纪 70 年代以来，压电式传感器的应用主要是为了满足航天技术发展的需要。

我国对压电式传感器的研究队伍庞大，效果显著，如我国研究人员研制的三元系锑锰酸铅（PMS）压电陶瓷，在性能和工艺方面都优于国外的同类材料。不仅如此，我国的航空发动机压电式振动传感器已达到国外先进水平。此外，我国的压电陀螺的研制开始于 1970 年，此项发明还获得了国家发明奖。

通过近几年的努力，我国在工业技术、医药卫生、交通运输、航空航天、农业、数理科学和化学、天文学和地理科学等方面的压电式传感器应用研究也取得了不同程度的成就。

根据压电传感器发展趋势来看，压电传感器将变得更加标准化、小型化、集成化、多功能化、智能化和系统化。

 项目实施

一、了解压电式血压计的工作原理

压电式血压计的结构如图 14-12 所示，其为压电陶瓷双晶片悬梁结构。双晶片极化方向相反，并联相接。在敏感振膜中央上、下两侧各粘有半圆柱塑料块。被测动脉血压通过上塑料块、振膜、下塑料块传递到压电悬梁的自由端。压电悬梁弯曲变形产生电荷输出。

图 14-12　压电式血压计结构

二、测试压电式加速度传感器

1. 实训原理

压电式加速度传感器由惯性质量块和受压的压电陶瓷片等组成。工作时传感器感受与试件相同频率的振动，质量块便有正比于加速度的交变力作用在压电陶瓷片上，由于压电效应，压电陶瓷片上产生正比于运动加速度的表面电荷。

2. 实训器件与单元

振动源模块，压电式加速度传感器，移相/相敏检波/低通滤波器模块，压电式加速度传感器实训模块，双踪示波器。

3. 实训步骤

（1）首先将压电式加速度传感器装在振动源模块上，压电式传感器底部装有磁钢，可和振动盘中心的磁钢相吸。

（2）将低频振荡器信号接入到振动源的低频输入源插孔。

（3）将压电式加速度传感器输出两端插入到压电式加速度传感器实训模块两输入端，按图 14-13 所示连接好实训电路，压电式加速度传感器黑色端子接地。将压电式加速度传感器实训模块电路输出端 V_{o1}（如增益不够大，则 V_{o1} 接入 IC2，V_{o2} 接入低通滤波器）接入低通滤波器输入端 V_i，低通滤波器输出端 V_o 与示波器相连。

（4）合上主控箱电源开关，调节低频振荡器的频率与幅度旋钮使振动台振动，观察示波器波形。

（5）改变低频振荡器频率，观察输出波形变化。

（6）用示波器的两个通道同时观察低通滤波器输入端和输出端波形。

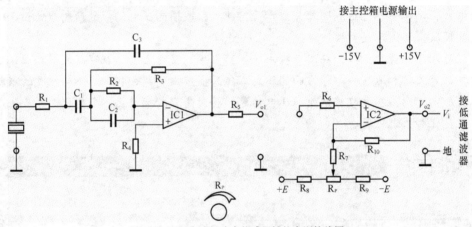

图 14-13　压电式加速度传感器性能实训接线图

 项目拓展

一、压电式传感器的基本连接

在压电式传感器中，为了提高灵敏度，往往采用多片压电晶片黏结在一起。其中最常用的是两片结构。由于压电元件上的电荷是有极性的，因此接法有串联和并联两种，如图 14-14 所示。串联接法输出电压高，本身电容小，适用于以电压为输出量及测量电路输入阻抗很高的场合；并联接法输出电荷大，本身电容大，因此时间常数也大，适用于测量缓变信号，并以电荷量作为输出的场合。

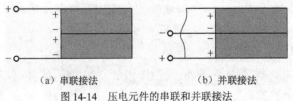

（a）串联接法　　　　　　（b）并联接法
图 14-14　压电元件的串联和并联接法

一般采用并联接法，如图 14-15（a）所示。图 14-15（b）为其等效电路图。其总面积及输出电容是单片电容的两倍，但输出电压仍等于单片电压。

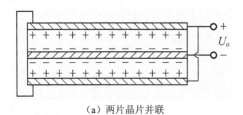

（a）两片晶片并联　　　　　　　　　（b）等效电路图

图 14-15　压电晶片的并联连接电路图

由上可知，压电晶片并联可以增大输出电荷，提高灵敏度。具体使用时，两片晶片上必须有一定的预紧力，以保证压电元件在工作时始终受到压力，同时可以消除两压电晶片之间因接触不良而引起的非线性误差，保证输出与输入作用力之间的线性关系。但是这个预紧力不能太大，否则将影响其灵敏度。

二、压电式力传感器

压电式力传感器是以压电元件为转换元件，输出电荷与作用力成正比的力-电转换装置。常用的形式为荷重垫圈式，它由基座、盖板、石英晶片、电极以及引出插座等组成，图14-16 所示为 YDS-78 型压电式单向动态力传感器的结构。它主要用于变化频率不太高的动态力的测量，测力范围达几十千牛以上，非线性误差小于 1%，固有频率可达数十千赫兹。

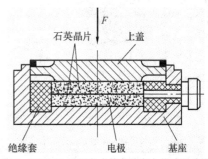

图 14-16　YDS-78 型压电式单向动态力传感器结构组成

被测力通过传力上盖使压电元件受压力作用而产生电荷。由于传力上盖的弹性形变部分的厚度很薄，只有 0.1～0.5mm，因此灵敏度很高。这种力传感器的体积小，重量轻（10kg 左右），分辨力可达 10^{-3}g，固有频率为 50～60kHz，主要用于频率变化小于 20kHz 的动态力测量。其典型应用有：车床动态切削力的测试、表面粗糙度测量仪或轴承支座反力的测试。使用时，压电元件装配时必须施加较大的预紧力，以消除各部件与压电元件之间、压电元件与压电元件之间因接触不良而引起的非线性误差，使传感器工作在线性范围。

三、压电式加速度传感器

图 14-17 所示为一种压电式加速度传感器的外形图和结构图。它主要由压电元件、质量块、预压弹簧、基座及外壳等组成。整个部件装在外壳内，并用螺栓加以固定。当压电式加速度传感器和被测物一起受到冲击振动时，压电元件受质量块惯性力的作用，根据牛顿第二定律，此惯性力是加速度的函数，惯性力 F 作用于压电

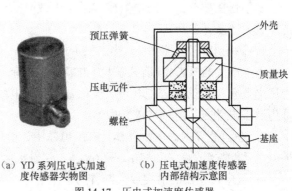

（a）YD 系列压电式加速度传感器实物图　　（b）压电式加速度传感器内部结构示意图

图 14-17　压电式加速度传感器

元件上，因而产生电荷 Q，当传感器选定后，传感器输出电荷与加速度 a 成正比。因此，测得压电式加速度传感器输出的电荷便可知加速度的大小。

四、声振动报警器

由压电晶体 HTD-27 声传感器构成的声振动报警电路如图 14-18 所示。它广泛应用于各种场合下的振动报警，如脚步声、敲打声、喊叫声、车辆行驶路面引起的振动声等。凡是利用振动传感器报警的场合均可使用。

该电路主要由 IC1（NE555）、IC2（UM66）及声传感器 HTD 等组成。其中 HTD 与场效应管 VT_1 构成声振动传感接收与放大电路；R_{P1} 为声控灵敏度调整电位器；IC1 与 R_4、C_3 组成单稳态触发延时电路；IC2 及其外围元件构成报警电路。

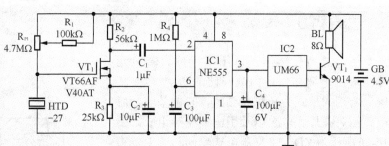

（a）声振动报警器实物　　　　　　　　　　　（b）声振动报警器电路

图 14-18　声振动报警器

当 HTD 未接收到声振动信号时，电路处于守候状态，场效应管 VT_1 截止。此时 C_3 经 R_4 充电为高电平，故 IC1 的 3 脚输出低电平，IC2 报警音乐电路不会工作；当 HTD 接收到声振动信号后，将转换的电信号加到 VT_1 栅极，经放大后加到 IC2 的 2 脚（经电容器 C_1），使 IC1 的状态翻转，3 脚输出高电平加到 IC2 上，IC2 被触发，从而驱动扬声器发出音乐声。经过 2min 左右，电容 C_3 的充电使 IC1 的 6 脚为高电平，电路翻转，3 脚输出低电平，IC2 报警电路随之停止报警。但若 HTD 有连续不断的触发信号，则报警声会连续不断，直到 HTD 无振动信号 2min 后，报警声才会停止。

　项目小结

本项目主要介绍了压电效应和逆压电效应的概念、常用的压电材料以及压电式传感器的前置放大器及其应用等。

1. 某些电介质，当沿着一定方向对它施加压力时，内部就产生极化现象，同时在它的两个表面上产生相反的电荷；当外力去掉后，电介质又重新恢复为不带电状态，这种现象被称为压电效应。相反，当在电介质极化方向施加电场时，这些电介质也会产生变形，这种现象称为逆压电效应（电致伸缩效应）。

2. 在自然界中大多数晶体具有压电效应，但压电效应十分微弱。应用于压电式传感器中的压电元件材料一般有 3 类：石英晶体、经过极化处理的压电陶瓷和高分子压电材料。

3. 压电传感器的前置放大器有两个作用，一是把传感器的高阻抗输出转换为低阻抗输出，二是把传感器的微弱信号进行放大。前置放大器也有两种形式：电压放大器和电荷放大器。

4．在压电式传感器中，为了提高灵敏度，往往采用多片压电晶片黏结在一起。其中最常用的是两片结构。由于压电元件上的电荷是有极性的，因此接法有串联和并联两种。

 项目训练

一、简答题

1．什么是压电效应和逆压电效应？

2．以石英晶体为例，当沿着晶体的光轴（z 轴）方向施加作用力时，会不会产生压电效应？为什么？

3．应用于压电式传感器中的压电元件材料一般有哪几类？各类的特点是什么？

4．与压电式传感器配套的前置放大器有哪两种？各有什么特点？

5．为什么压电式传感器只能应用于动态测量而不能用于静态测量？

二、分析题

1．根据图 14-19 所示石英晶片上的受力方向，标出晶片上产生电荷的符号。

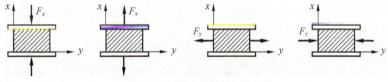

图 14-19　石英晶片的受力示意图

2．如图 14-20 所示，将两根高分子压电电缆相距若干米，平行埋设于柏油公路的路面下约 5cm，可以用来测量车速及汽车的载重量，并根据存储在计算机内部的档案数据，判定汽车的车型。请分析其工作过程。

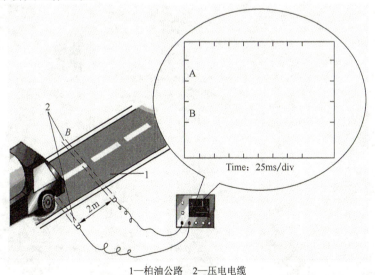

1—柏油公路　2—压电电缆

图 14-20　压电电缆的交通监测

3. 图 14-21 所示为压电式燃气灶电子点火装置示意图，请分析其工作过程。

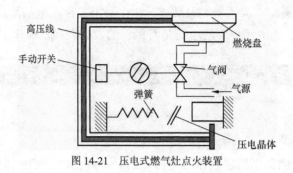

图 14-21　压电式燃气灶点火装置

项目十五

倒车雷达——测试超声波式传感器

 项目描述

倒车雷达全称为倒车防撞雷达，也称为泊车辅助装置，是汽车泊车或者倒车时的安全辅助装置，如图 15-1 所示。它能以声音或者更为直观的显示方式告知驾驶员周围障碍物的情况，解除了驾驶员泊车、倒车和起动车辆时前后左右探视所引起的困扰，并帮助驾驶员扫除了视野死角和视线模糊的缺陷，提高了驾驶的安全性。

图 15-1 倒车雷达

倒车雷达由超声波式传感器（简称"超声波传感器"，也称"探头"）、控制器和显示器（或蜂鸣器）等部分组成。其中超声波传感器分超声波发送器和超声波接收器，超声波发送器利用逆压电效应产生超声波，超声波接收器是利用正压电效应来接收超声波。

本项目主要介绍超声波传感器的工作原理及相关传感器。

知识和能力目标

◎ 掌握超声波的概念和基本特性。

◎ 了解超声波探头产生、接收超声波的原理。

◎ 掌握超声波探头的结构及使用方法。

◎ 了解超声波探头耦合剂的作用。

◎ 能应用超声波探头对相应物理量进行检测。

知识准备

一、超声波及其物理性质

1. 超声波的概念和波形

机械振动在弹性介质内的传播称为波动，简称波。人能听见声音的频率为 20Hz～20kHz，即为声波，超出此频率范围的声音，即 20Hz 以下的声音称为次声波，20kHz 以上的声音称为超声波，一般说话的频率范围为100Hz～8kHz。声波频率的界限划分如图 15-2 所示。

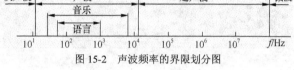

图 15-2　声波频率的界限划分图

超声波为直线传播方式，频率越高，绕射能力越弱，但反射能力越强，因此，利用超声波的这种性质就可制成超声波传感器。

由于声源在介质中施力方向与波在介质中传播方向的不同，超声波的传播波型也不同，通常有以下 3 种类型。

（1）纵波——质点振动方向与波的传播方向一致的波。

（2）横波——质点振动方向垂直于传播方向的波。

（3）表面波——质点的振动介于横波与纵波之间，沿着表面传播的波。

横波只能在固体中传播，纵波能在固体、液体和气体中传播，表面波随深度增加衰减很快。为了测量各种状态下的物理量，多采用纵波。

2. 声速、波长与指向性

（1）声速。纵波、横波及表面波的传播速度取决于介质的弹性系数、介质的密度以及声阻抗。这里，声阻抗是描述介质传播声波特性的一个物理量。介质的声阻抗 Z 等于介质的密度 ρ 和声速 c 的乘积，即

$$Z=\rho c \tag{15-1}$$

由于气体和液体的剪切模量为零，所以超声波在气体和液体中没有横波，只能传播纵波。气体中的声速为 344m/s，液体中的声速在 900～1 900m/s。在固体中，纵波、横波和表面波的声速有一定的关系，通常可认为横波声速为纵波声速的一半，表面波声速约为横波声速的90%。常用材料的密度、声阻抗与声速如表 15-1 所示。

表 15-1　　　常用材料的密度、声阻抗与声速（环境温度为 0℃）

材　　料	密度 $\rho/（10^3 \text{kg/m}^3）$	声阻抗 $Z/（10^3 \text{MPa/s}）$	纵波声速 $c_L/（\text{km/s}）$	横波声速 $c_s/（\text{km/s}）$
钢	7.8	46	5.9	3.23
铝	2.7	17	6.32	3.08
铜	8.9	42	4.7	2.05
有机玻璃	1.18	3.2	2.73	1.43
甘油	1.26	2.4	1.92	—

续表

材　料	密度 $\rho/（10^3 kg/m^3）$	声阻抗 $Z/（10^3 MPa/s）$	纵波声速 $c_L/（km/s）$	横波声速 $c_s/（km/s）$
水（20℃）	1.0	1.48	1.48	—
油	0.9	1.28	1.4	—
空气	0.0013	0.0004	0.34	—

（2）波长。超声波的波长 λ 与频率 f 的乘积恒等于声速 c，即

$$\lambda f = c \qquad (15\text{-}2)$$

例如，将一束频率为 5 MHz 的超声波（纵波）射入钢板，查表 15-1 可知，纵波在钢中的声速 c_L= 5.9km/s，所以此时的波长 λ 为 1.18mm，如果是可闻声波，其波长将达上千倍。

（3）指向性。超声波声源发出的超声波束以一定的角度逐渐向外扩散，如图 15-3 所示。在声束横截面的中心轴线上，超声波最强，且随着扩散角度的增大而减小。指向角 θ 与超声波声源的直径 D，以及波长 λ 之间的关系为

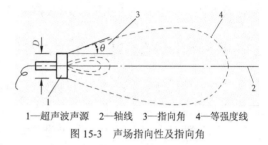

1—超声波声源　2—轴线　3—指向角　4—等强度线

图 15-3　声场指向性及指向角

$$\sin\theta = 1.22\lambda/D \qquad (15\text{-}3)$$

设超声波声源的直径 D=20mm，射入钢板的超声波（纵波）频率为 5MHz，则根据式（15-3）可得 θ=4°，可见该超声波的指向性是十分尖锐的。

人声的频率（约为几百赫兹）比超声波低得多，波长 λ 很长，指向角就非常大，所以可闻声波不太适合用于检测领域。

3. 超声波的反射和折射

超声波从一种介质传播到另一介质，在两个介质的分界面上一部分能量被反射回原介质，叫作反射波；另一部分透射过界面，在另一种介质内部继续传播，则叫作折射波。这两种情况分别称为声波的反射和折射，如图 15-4 所示。

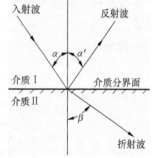

图 15-4　声波的反射和折射

当纵波以某一角度入射到第二介质（固体）的界面上时，除有纵波的反射、折射以外，还发生横波的反射及折射。在某种情况下，还能产生表面波。各种波形都符合反射及折射定律。

（1）反射定律。入射角 α 的正弦与反射角 α' 的正弦之比等于波速之比。当入射波和反射波的波形相同、波速相等时，入射角 α 等于反射角 α'。

（2）折射定律。入射角 α 的正弦与折射角 β 的正弦之比等于超声波在入射波所处介质的波速 c_1 与在折射波中介质的波速 c_2 之比，即

$$\sin\alpha/\sin\beta = c_1/c_2 \qquad (15\text{-}4)$$

4. 超声波的衰减

超声波在介质中传播时，随着传播距离的增加，能量逐渐衰减，其衰减的程度与超声波的扩散、散射及吸收等因素有关。其声压和声强的衰减规律如下。

$$P_x = P_0 e^{-ax} \tag{15-5}$$
$$I_x = I_0 e^{-2ax} \tag{15-6}$$

式中：P_x、I_x——距声源 x 处超声波的声压和声强；

　　　P_0、I_0——$x = 0$ 处超声波的声压和声强；

　　　a——衰减系数；

　　　x——超声波与声源间的距离。

超声波在介质中传播时，能量的衰减决定于声波的扩散、散射和吸收，在理想介质中，声波的衰减仅来自于声波的扩散，即随声波传播距离增加而引起声能的减弱。散射衰减是固体介质中的颗粒界面或流体介质中的悬浮粒子使声波散射。吸收衰减是由介质的导热性、黏滞性及弹性滞后造成的，介质能吸收声能并转换为热能。

二、超声波传感器的结构和工作原理

超声波传感器由发送器和接收器两部分组成，但一个超声波传感器也可具有发送和接收声波的双重作用，即为可逆元件。

专用型就是发送器只用于发送超声波，接收器只用于接收超声波；兼用型就是发送器（接收器）既可发送超声波（接收超声波），又可接收超声波（发送超声波）。市售超声波传感器的谐振频率（中心频率）为 23kHz、40kHz、75kHz、200kHz、400kHz 等。

1. 超声波传感器的基本结构

超声波传感器的基本结构如图 15-5 所示。它采用双晶振子，即把双压电陶瓷片以相反极化方向黏在一起，在双晶振子的两面涂敷薄膜电极，其上面接到一个电极端，下面接到另一个电极端。

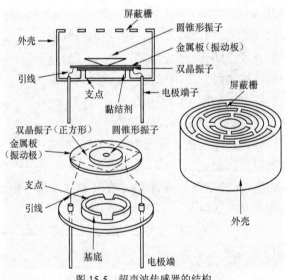

图 15-5　超声波传感器的结构

双晶振子为正方形，正方形的左右两边由圆弧形凸起部分支撑着，这两处的支点就成为振子振动的节点。金属板的中心有圆锥形振子，发送超声波时，圆锥形振子有较强的方向性，可高效率地发送超声波；接收超声波时，超声波的振动集中于振子的中心，其可高效率地产生高频电压。

2. 超声波传感器的工作原理

超声波传感器的工作原理如图 15-6 所示。它的基本工作原理是压电效应。压电效应有逆压电效应和正压电效应，超声波发送器就是利用逆压电效应产生超声波，超声波接收器是利用正压电效应来接收超声波。

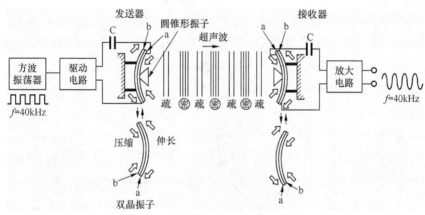

图 15-6　超声波传感器工作原理示意图

若在发送器的双晶振子（谐振频率为 40kHz）上施加 40kHz 的同频电压，压电陶瓷片a、b 就会根据所加的高频电压极性伸长与缩短，并发送 40kHz 频率的超声波。超声波以疏密波形的方式传播，送给超声波接收器就被其接收。超声波接收器是利用压电效应的原理，产生一面为正极、另一面为负极的电压。若接收到发送器发送的超声波，振子就以发送超声波的频率进行振动，于是，就产生与超声波频率相同的高频电压，当然这种电压非常小，要用放大器进行放大。

三、超声波探头及耦合技术

为了以超声波作为检测手段，必须产生超声波和接收超声波。完成这种功能的装置就是超声波传感器，习惯上称为超声波换能器，或超声波探头。

超声波探头的工作原理有压电式、磁致伸缩式、电磁式等方式。在检测技术中主要采用压电式。超声波探头常用的材料是压电晶体和压电陶瓷，这种探头统称为压电式超声波探头。

（一）超声波探头

由于其结构不同，超声波探头又可分为直探头、斜探头、双探头、表面波探头、聚焦探头、冲水探头、水浸探头、空气传导探头以及其他专用探头等，如图 15-7 所示。

1. 单晶直探头

用于固体介质的单晶直探头（俗称直探头）的结构如图 15-7（a）所示。压电晶片采用PZT 压电陶瓷材料制作，外壳用金属制作，保护膜用于防止压电晶片磨损。保护膜可以用三氧化二铝（刚玉）、碳化硼等硬度很高的耐磨材料制作。阻尼吸收块用于吸收压电晶片背面的超声脉冲能量，防止杂乱反射波产生，提高分辨力。阻尼吸收块用钨粉、环氧树脂等浇注。

发射超声波时，将 500V 以上的高压电脉冲加到压电晶片 5 上，利用逆压电效应，使压电晶片发射出一束频率在超声范围内、持续时间很短的超声振动波。向上发射的超声振动波被阻尼吸收块所吸收，而向下发射的超声波垂直透射到图 15-7（a）中的试件内。假设该试件为钢板，而其底面与空气交界，在这种情况下，到达钢板底部的超声波的绝大部分能量被底部界面所反射。反射波经过短暂的传播时间又回到压电晶片 5。利用压电效应，压电晶片将机械振动波转换成同频率的交变电荷和电压。由于衰减等原因，该电压通常只有几十毫伏，还要加以放大，才能在显示器上显示出该脉冲的波形和幅值。

从以上分析可知，超声波的发射和接收虽然均是利用同一块压电晶片，但时间上有先后之分，所以单晶直探头是处于分时工作状态，必须用电子开关来切换这两种不同的状态。

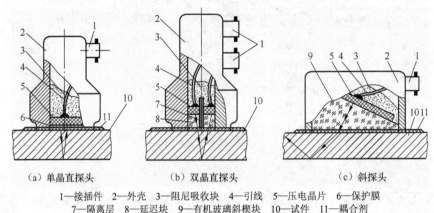

（a）单晶直探头　　　　（b）双晶直探头　　　　（c）斜探头

1—接插件　2—外壳　3—阻尼吸收块　4—引线　5—压电晶片　6—保护膜
7—隔离层　8—延迟块　9—有机玻璃斜楔块　10—试件　11—耦合剂

图 15-7　超声波探头结构示意图

2. 双晶直探头

双晶直探头的压电结构如图 15-7（b）所示。它是由两个单晶直探头组合而成，装配在同一壳体内。其中一片压电晶片发射超声波，另一片压电晶片接收超声波。两晶片之间用一片吸声性能强、绝缘性能好的薄片加以隔离，使超声波的发射和接收互不干扰。略有倾斜的压电晶片下方还设置有延迟块，它用有机玻璃或环氧树脂制作，能使超声波延迟一段时间后才入射到试件中，可减小试件接近表面处的盲区，提高分辨能力。双晶直探头的结构虽然复杂些，但检测精度比单晶直探头高，且超声波信号的反射和接收的控制电路较单晶直探头简单。

3. 斜探头

有时为了使超声波能倾斜入射到被测介质中，可选用斜探头，如图 15-7（c）所示。压电晶片粘贴在与底面成一定角度（如 30°、45°等）的有机玻璃斜楔块上，压电晶片的上方用吸声性强的阻尼吸收块覆盖。当斜楔块与不同材料的被测介质（试件）接触时，超声波产生一定角度的折射，倾斜入射到试件中去，折射角可通过计算求得。

4. 聚焦探头

由于超声波的波长很短（毫米数量级），所以它也像光波一样可以被聚焦成十分细的声束，其直径可小到 1mm 左右，可以分辨试件中细小的缺陷，这种探头称为聚焦探头，是一种很有发展前途的新型探头。

聚焦探头采用曲面晶片来发出聚焦的超声波，也可以采用两种不同声速的塑料来制作声透镜，还可利用类似光学反射镜的原理制作声凹面镜来聚焦超声波。如果将双晶直探头的延迟块按上述方法加工，也可具有聚焦功能。

5. 箔式探头

利用压电材料聚偏二氟乙烯（PVDF）高分子薄膜制作出的薄膜式探头称为箔式探头，可以获得 0.2mm 直径的超细声束，用在医用 CT 诊断仪器上可以获得高清晰度的图像。

6. 空气传导探头

由于空气的声阻抗是固体声阻抗的几千分之一，所以空气传导探头的结构与固体传导探头有很大的差别。此类超声波探头的发射换能器和接收换能器一般是分开设置的，两者结构也略有不同，图 15-8 所示为空气传导型的超声波发射换能器和接收换能器（简称"发射器"和"接收器"或"超声波探头"）的结构示意图。发射器的压电晶片上粘贴了一只锥形共振盘，以提高发射效率和方向性。接收器在共振盘上还增加了一只阻抗匹配器，以滤除噪声，提高接收效率。空气传导超声波发射器和接收器的有效工作范围可达几米至几十米。

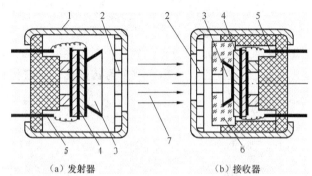

（a）发射器　　　　　　（b）接收器

1—外壳　2—金属丝网罩　3—锥形共振盘　4—压电晶片　5—引脚　6—阻抗匹配器　7—超声波束

图 15-8　空气传导超声波发射器、接收器结构示意图

（二）超声波探头耦合剂

无论是直探头还是斜探头，一般不能直接将其放在被测介质（特别是粗糙金属）表面来回移动，以防磨损。更重要的是，由于超声波探头与被测物体接触时，在工件表面不平整的情况下，探头与被测物体表面间必然存在一层空气薄层。空气的密度很小，将引起 3 个界面间强烈的杂乱反射波，造成干扰，而且空气也将对超声波造成很大的衰减。为此，必须将接触面之间的空气排挤掉，使超声波能顺利地入射到被测介质中。在工业中，经常使用一种称为耦合剂的液体物质，使之充满在接触层中，起到传递超声波的作用。常用的耦合剂有水、机油、甘油、水玻璃、胶水、化学糨糊等。耦合剂的厚度应尽量薄一些，以减小耦合损耗。

有时为了减少耦合剂的成本，还可在单晶直探头、双晶直探头或斜探头的侧面，加工一个自来水接口。在使用时，自来水通过此孔压入到保护膜和试件之间的空隙中。使用完毕，将水渍擦干即可，这种探头称为水冲探头。

 项目实施

一、了解汽车倒车雷达的工作原理

选用封闭型的发射超声波传感器 MA40EIS 和接收超声波传感器 MA40EIR 安装在汽车尾部的侧角处，按图 15-9 所示电路装配即可构成一个汽车倒车尾部防撞探测器。

该电路分为超声波发射电路、超声波接收电路和信号处理电路。

（1）超声波发射电路。如图 15-9（a）所示，超声波发射电路由时基电路 555 组成，555 振荡电路的频率可以调整，调节电位器 R_{P1} 可将接收超声波传感器的输出电压频率调至最大，通常可调至 40kHz。

（2）超声波接收电路。如图 15-9（a）所示，超声波接收电路使用超声波接收传感器 MA40EIR。MA40EIR 的输出由集成比较器 LM393 进行处理。LM393 输出的是比较规范的方波信号。

（3）信号处理电路。信号处理电路使用集成电路 LM290IN，如图 15-9（b）所示。它原是测量转速用的集成电路，其内部有 F/V 转换器和比较器，它的输入要求有一定频率的信号。

由图 15-9（c）可以看出，由于两个串联 5.1 kΩ 电阻的分压，LM290IN 的 10 脚上的电压 $V_{OP}^-=6V$，这是内部比较器的参考电压。内部比较器的 4 脚电压 V_{OP}^+ 为输入电压，它是 R（51kΩ）上的电压，这个电压是和频率有关的。当 $V_{OP}^+>V_{OP}^-$ 时，比较器输出高电平"1"，LM290IN 内部三极管导通（或饱和）输出低电平"0"，则发光二极管 LED 点亮。也就是说，平时 MA40EIR 无信号输入，当检测物体存在时，物体反射超声波，MA40EIR 就会接收到超声波，使 $V_{OP}^+>V_{OP}^-$，发光二极管 LED 点亮。超声波发射传感器、接收传感器和被探测物体之间的角度、位置均应通过调试来确定。

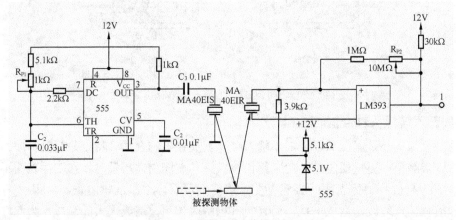

（a）超声波发射和接收电路

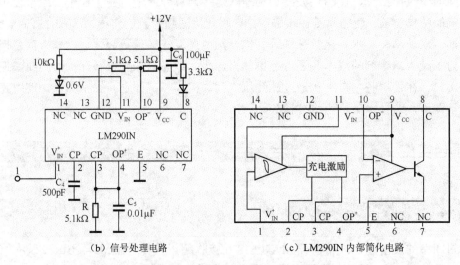

（b）信号处理电路　　　　（c）LM290IN 内部简化电路

图 15-9　汽车倒车尾部防撞探测器原理图

当超声波发射器和接收器的位置确定时，移动被测物体的位置，当倒车时对车尾或车尾后侧的安全构成威胁时，应使 LED 点亮以示报警，这一点要借助微调电位器 R_{P1} 进行。调试好超声波发射器、接收器的位置和角度后，再往车后处安装。报警的方式可以用红色发光二极管，也可采用蜂鸣器或扬声器报警，采用声光报警则更佳。

二、测试超声波传感器

1. 实训原理

超声波测距原理图如图 15-10 所示，只要知道超声波速度 c，就可以通过测量时间 t 的方法来精确测量距离 $s=ct/2$。

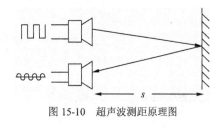

图 15-10　超声波测距原理图

2. 实训器件与单元

超声波测距实验模块、示波器、遮挡物等。

3. 实训步骤

（1）将超声波测距实验模块接上实验台的电源。

（2）在超声波传感器正前方放一个固定不动的遮挡物，用示波器观察并绘制超声波发射传感器两端的波形、超声波接收传感器两端的波形。

（3）调整并用直尺记录遮挡物的位移，观察数码管上的数据，填入表 15-2 中。

表 15-2　　　　　　　　　　　　　　　　实训数据

位移								
显示值								

（4）分析图 15-11 所示的时间测量电路工作原理。

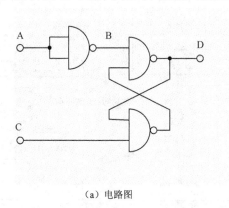

（a）电路图　　　　　　　　　　　　　　（b）波形图

图 15-11　时间测量电路

项目拓展

一、超声波测厚度

超声波测量金属零件的厚度，具有测量精度高，测试仪器轻便，操作安全简单，易于读数及实行连续自动检测等优点。但是对于声衰减很大的材料，以及表面凹凸不平或形状很不规则的零件，利用超声波测厚比较困难。超声波测厚常用脉冲回波法。图 15-12 所示为脉冲回波法检测厚度的工作原理。超声波探头与被测物体表面接触，主控制器产生一定频率的脉冲信号，送往发射电路，经电流放大后激励压电式探头，以产生重复的超声波脉冲。脉冲波传到被测工件另一面被反射回来，被同一探头接收。如果超声波在工件中的速度 v 是已知的，设工件厚度为 δ，脉冲波从发射到接收的时间间隔 t 可以测量，因此可求出工件厚度为

$$\delta = vt/2 \tag{15-7}$$

为测量时间间隔 t，可用如图 15-12 所示的方法，将发射和回波反射脉冲加至示波器垂直偏转板上。标记发生器输出已知时间间隔的脉冲，也加在示波器垂直偏转板上。线性扫描电压加在水平偏转板上。因此可以从显示器上直接观察发射和回波反射脉冲，并求出时间间隔 t。当然也可用稳频晶振产生的时间标准信号来测量时间间隔 t，从而做成厚度数字显示仪表。

二、超声波物位传感器

超声波物位传感器是利用超声波在两种介质的分界面上的反射特性而制成的。如果从发射超声波脉冲开始，到接收换能器接收到反射波为止的这个时间间隔为已知，就可以求出分界面的位置，利用这种方法可以对物位进行测量。根据发射和接收换能器的功能，传感器又可分为单换能器和双换能器。单换能器的超声波发射和接收均使用一个换能器，而双换能器的超声波发射和接收各由一个换能器担任。

图 15-13 所示为几种超声波物位传感器的结构示意图。超声波发射和接收换能器可设置在水中，让超声波在液体中传播。由于超声波在液体中的衰减比较小，所以即使发生的超声脉冲幅度较小也可以传播。超声波发射和接收换能器也可以安装在液面的上方，让超声波在空气中传播，这种方式便于安装和维修，但超声波在空气中的衰减比较严重。

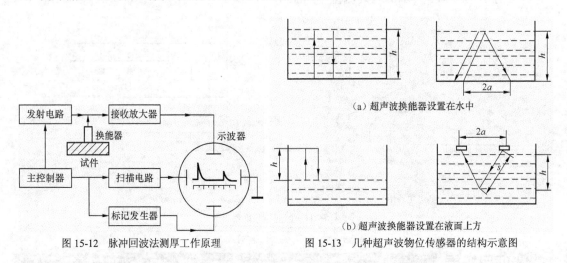

（a）超声波换能器设置在水中

（b）超声波换能器设置在液面上方

图 15-12　脉冲回波法测厚工作原理　　　　图 15-13　几种超声波物位传感器的结构示意图

对于单换能器来说，超声波从发射到液面，又从液面反射到换能器的时间为

$$t = 2h/v \tag{15-8}$$

则

$$h = vt/2 \tag{15-9}$$

式中：h——换能器距液面的距离；

v——超声波在介质中传播的速度。

对于双换能器来说，超声波从发射到被接收经过的路程为 $2s$，而

$$s = vt/2 \tag{15-10}$$

因此液位高度为

$$h = (s^2 - a^2)^{1/2} \tag{15-11}$$

式中：s——超声波反射点到换能器的距离；

a——两换能器间距的一半。

从以上公式可以看出，只要测得超声波脉冲从发射到接收的间隔时间，便可以求得待测的物位。超声波物位传感器具有精度高和使用寿命长的特点，但若液体中有气泡或液面发生波动，便会有较大的误差。在一般使用条件下，它的测量误差为 $\pm 0.1\%$，检测物位的范围为 $10^2 \sim 10^4 \text{m}$。

三、超声波流量传感器

超声波流量传感器的测定原理是多样的，如传播速度变化法、波速移动法、多勒效应法等，但目前应用较广的主要是超声波传输时间差法。

超声波在流体中传输时，在静止流体和流动流体中的传输速度是不同的，利用这一特点可以求出流体的速度，再根据管道流体的截面积，便可知道流体的流量。

如果在流体中设置两个超声波传感器，它们既可以发射超声波又可以接收超声波，一个装在上游，一个装在下游，其距离为 L，如图 15-14 所示。例如，设顺流方向的传输时间为 t_1，逆流方向的传输时间为 t_2，流体静止时的超声波传输速度为 c，流体流动速度为 v，则

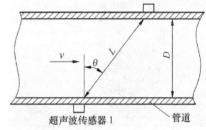

图 15-14 超声波测流量原理图

$$t_1 = L / (c + v) \tag{15-12}$$
$$t_2 = L / (c - v) \tag{15-13}$$

一般来说，流体的流速远小于超声波在流体中的传播速度，那么超声波传播时间差为

$$\Delta t = t_2 - t_1 = 2Lv / (c^2 - v^2) \tag{15-14}$$

由于 $c \gg v$，从上式便得到流体的流速，即

$$v = (c^2 / 2L) \Delta t \tag{15-15}$$

则液体的流量为

$$Q = v\pi (D/2)^2 \tag{15-16}$$

在实际应用中，超声波传感器安装在管道的外部，从管道的外面透过管壁发射和接收超声波，超声波不会给管内流动的流体带来影响，此时超声波的传输时间将由下式确定，即

$$t_1 = \frac{D / \cos\theta}{c + v\sin\theta} \tag{15-17}$$

$$t_2 = \frac{D / \cos\theta}{c - v\sin\theta} \tag{15-18}$$

超声波流量传感器具有不阻碍流体流动的特点，可测流体种类很多，不论是非导电的流

体，还是高黏度的流体、浆状流体，只要能传输超声波的流体都可以进行测量。超声波流量计可用来对自来水、工业用水、农业用水等进行测量，还可用于下水道、农业灌溉、河流等流速的测量。

四、超声波探伤

超声波探伤是目前应用十分广泛的无损探伤手段。它既可检测材料表面的缺陷，又可检测内部几米深的缺陷。超声波探伤是利用材料及其缺陷的声学性能差异对超声波传播的影响来检验材料内部缺陷的。现在广泛采用的是观测声脉冲在材料中反射情况的超声脉冲反射法，此外还有观测穿过材料后的入射声波振幅变化的穿透法等，常用的频率在 0.5～5MHz。

常用的检验仪器为 A 型显示脉冲反射式超声波探伤仪，仪器的外形和原理如图 15-15 所示。所谓 A 扫描显示方式即显示器的横坐标是超声波在被检测材料中的传播时间或者传播距离，纵坐标是超声波反射波的幅值。根据仪器示波屏上反射信号的有无、反射信号和入射信号的时间间隔、反射信号的高度，可确定反射面的有无、其所在位置及相对大小。

（a）超声波探伤仪外形

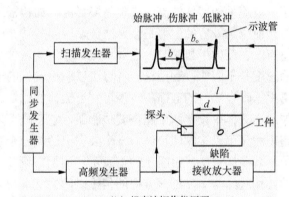

（b）超声波探伤仪原理

图 15-15 超声波探伤仪

五、超声波清洗

"超声波清洗工艺技术"是指利用超声波的空化作用对物体表面上的污物进行撞击、剥离，以达到清洗目的。它具有清洗洁净度高、清洗速度快等特点。特别是对盲孔和各种几何状物体，它有其他清洗手段所无法达到的洗净效果。

（1）超声波的空化效应。超声波振动在液体中传播的声波压强达到一个大气压时，其功率密度为 0.35W/cm^2，这时超声波的声波压强峰值就可达到真空或负压，但实际上无负压存在，因此在液体中产生一个很大的力，将液体分子拉裂成空洞——空化核。此空洞非常接近真空，它在超声波压强反向达到最大时破裂，由于破裂而产生的强烈冲击将物体表面的污物撞击下来。这种由无数细小的空化气泡破裂而产生的冲击波现象称为"空化"现象。

（2）超声波清洗机。超声波清洗机（见图 15-16）主要由超声波清洗槽和超声波发生器两部分构成。超声波清

图 15-16 HY-CXJ 超声波清洗机

洗槽用坚固、弹性好、耐腐蚀的优质不锈钢制成，底部安装有超声波换能器振子；超声波发生器产生高频高压，通过电缆连接线传导给换能器，换能器与振动板一起产生高频共振，从而使清洗槽中的溶剂受超声波作用将污垢洗净。

超声波清洗机的作用机理主要有以下几个方面：因空化气泡破灭时产生强大的冲击波，污垢层的一部分在冲击波作用下被剥离下来、分散、乳化、脱落。因为空化现象产生的气泡，可在由冲击形成的污垢层与表层间的间隙和空隙中渗透，由于这种小气泡和声压同步膨胀、收缩，像剥皮一样的物理力反复作用于污垢层，污垢层一层层地被剥离，气泡继续向里渗透，直到污垢层被完全剥离。这是空化二次效应。超声波清洗机中清洗液超声振动对污垢的冲击加速化学清洗剂（RT-808 超声波清洗剂）对污垢的溶解过程，化学力与物理力相结合，加速清洗过程。由此可见，凡是液体能浸到且声场存在的地方都有清洗作用，其特点适用于表面形状非常复杂的零件的清洗。尤其是采用这一技术后，可减少化学溶剂的用量，从而大大降低环境污染。

六、超声波焊接

超声波焊接是利用高频振动波传递到两个需焊接的物体表面，在加压的情况下，使两个物体表面相互摩擦而形成分子层之间的融合。

当超声波作用于热塑性的塑料接触面时，会产生每秒几万次的高频振动，这种达到一定振幅的高频振动，通过上焊件把超声能量传送到焊区，由于焊区即两个焊接的交界面处声阻大，因此会产生局部高温。又由于塑料导热性差，一时还不能及时散发，聚集在焊区，致使两个塑料的接触面迅速熔化，加上一定压力后，使其融合成一体。当超声波停止作用后，让压力持续几秒钟，使其凝固成型，这样就形成一个坚固的分子链，达到焊接的目的，焊接强度能接近于原材料强度。超声波塑料焊接的好坏取决于换能器焊头的振幅、所加压力及焊接时间 3 个因素，焊接时间和焊头压力是可以调节的，振幅由换能器和变幅杆决定。这 3 个量相互作用，有个适宜值，能量超过适宜值时，塑料的熔解量就大，焊接物易变形；若能量小，则不易焊牢。所加的压力也不能太大，这个最佳压力是焊接部分的边长与边缘每 1mm 的最佳压力之积。超声波塑料焊接机如图 15-17 所示。

图 15-17　超声波塑料焊接机

七、超声波成像

阵列声场延时叠加成像是超声波成像中最传统、最简单的，也是目前实际应用中最为广泛的成像方式。在这种方式中，通过对阵列的各个单元引入不同的延时，而后合成为一聚焦波束，以实现对声场各点的成像。

目前医学超声波诊断仪（简称"超声诊断仪"）有以下几种。

（1）A 型超声诊断仪。A 型超声诊断仪是一种幅度调制型仪器，它是国内早期最普及最基本的一类超声诊断仪，目前已基本淘汰。

（2）M 型超声诊断仪。M 型超声诊断仪采用辉度调制，以亮度反映回声强弱，其显示体内各层组织对于体表（探头）的距离随时间变化的曲线，是反映一维的空间结构。因 M 型超声诊断仪多用来探测心脏，故常称为 M 型超声心动图仪，目前一般作为二维彩色多普勒超声心动图仪的一种显示模式设置于仪器上。

（3）B 型超声诊断仪。B 型超声诊断仪是利用 A 型和 M 型显示技术发展起来的，它将 A 型的幅度调制显示改为辉度调制显示，亮度随着回声信号大小而变化，可反映人体组织二维切面断层图像。

B 型显示的实时切面图像，真实性强，直观性好，容易掌握。它只有 20 多年历史，但发展十分迅速，仪器不断更新换代，近年来每年都有改进的新型 B 型超声诊断仪出现。B 型超声诊断仪已成为超声诊断最基本最重要的设备。目前较常用的 B 型超声显像扫查方式有线形（直线）扫查、扇形扫查、梯形扫查、弧形扫查、径向扫查、圆周扫查、复合扫查；扫查的驱动方式有手动扫查、机械扫查、电子扫查、复合扫查。

（4）D 型超声诊断仪。超声多普勒诊断仪简称 D 型超声诊断仪，这类仪器是利用多普勒效应原理，对运动的脏器和血流进行探测。在心血管疾病诊断中必不可少，目前用于心血管诊断的超声诊断仪均配有多普勒显示模式。其可分为脉冲式多普勒和连续式多普勒。近年来许多新课题离不开多普勒原理，如外周血管、人体内部器官的血管以及新生肿瘤内部的血供探查等，所以现在彩超基本上均配备有多普勒显示模式。

（5）彩色多普勒血流显像仪（见图 15-18）。彩色多普勒血流显像仪简称彩超，包括二维切面显像和彩色显像两部分。高质量的彩色显示要求有满意的黑白结构显像和清晰的彩色血流显像。在显示二维切面的基础上，打开"彩色血流显像"开关，彩色血流的信号将自动叠加于黑白的二维结构显示上，可根据需要选用速度显示、方差显示或功率显示。目前国际市场上彩超的种类及型号繁多，具有高信息量、高分辨率、高自动化、范围广、简便实用等特点。

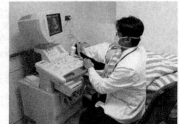

图 15-18　彩色多普勒血流显像仪

项目小结

本项目主要介绍了超声波的概念和基本特性、超声波探头结构类型及使用方法、超声波探头耦合剂的作用以及超声波在其他新领域的应用。

1. 机械振动在弹性介质内的传播称为波动，简称波。人能听见声音的频率为 20Hz～20kHz，即为声波，20Hz 以下的声音称为次声波，20kHz 以上的声音称为超声波。超声波具有反射和折射特性。

2. 产生和接收超声波的装置叫作超声波传感器，习惯上称为超声波换能器，或超声波探头。逆压电效应将高频电振动转换成高频机械振动，以产生超声波，可作为发射探头。而利用压电效应则将接收的超声波振动转换成电信号，可作为接收探头。超声波探头又分为直探头、斜探头、双探头、表面波探头、聚焦探头、冲水探头、水浸探头、空气传导探头以及其他专用探头等。

3. 为使超声波能顺利地入射到被测介质中，在工业中，经常使用一种称为耦合剂的液体物质，使之充满在接触层中，起到传递超声波的作用。

项目训练

一、单项选择题

1. 下列材料中声速最低的是（　　　）。

    A．空气　　　　　　　B．水　　　　　　　　C．铝　　　　　　　　D．不锈钢

2. 超过人耳听觉范围的声波称为超声波，它属于（　　　）。

    A．电磁波　　　　　　B．光波　　　　　　　C．机械波　　　　　　D．微波

3. 波长 λ、声速 c、频率 f 之间的关系是（　　　）。

    A．$\lambda=c/f$　　　　　　B．$\lambda=f/c$　　　　　　C．$c=\lambda/f$

4. 可在液体中传播的超声波波形是（　　　）。

    A．纵波　　　　　　　　　　　　　B．横波

    C．表面波　　　　　　　　　　　　D．以上都可以

5. 同一介质中，超声波反射角（　　　）入射角。

    A．等于　　　　　　　　　　　　　B．大于

    C．小于　　　　　　　　　　　　　D．同一波形的情况下相等

6. 晶片厚度和探头频率是相关的，晶片越厚，则（　　　）。

    A．频率越低　　　　　B．频率越高　　　　　C．无明显影响

二、简答题

1. 什么是次声波、声波和超声波？

2. 超声波的传播波形主要有什么形式？各有什么特点？

3. 简述声波的反射定律和折射定律。

4. 超声波在介质中传播时，能量逐渐衰减，其衰减的程度与哪些因素有关？

5. 简述超声波探头发射和接收超声波的原理。

6. 超声波探测中的耦合剂的作用是什么？

7. 超声波有哪些特点？超声波传感器有哪些用途？

三、分析题

1. 超声波物位测量的原理是什么？分析影响测量精度的因素。

2. 分析 A 型显示脉冲反射式超声波探伤仪的工作过程。

项目十六

数显游标卡尺——使用数字式传感器

 项目描述

  数显游标卡尺是以数字显示测量示值的长度测量工具，是一种测量长度、内外径的仪器，如图 16-1 所示。

  数显游标卡尺采用光栅、容栅等测量系统，国产的数显游标卡尺普遍使用容栅传感器。容栅传感器是一大类变面积原理的电容式传感器，它的电极不止一对，电极排列呈梳状，故称为容栅传感器。

  数显游标卡尺比传统的游标卡尺具有明显优势，不但读数方便、测量精度高，并且能存储测量数据，可直接连接检测仪器进行自动数据采集。数显游标卡尺广泛用于长度、内外径等参数的精密测量。

  本项目主要介绍数字式传感器的工作原理及相关传感器。

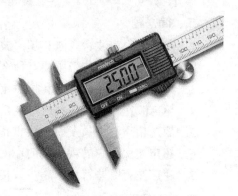

图 16-1　数显游标卡尺

  知识和能力目标

◎ 掌握常用的数字式传感器的基本结构。

◎ 熟悉数字式传感器的基本工作原理。

◎ 掌握数字式传感器的特性，正确选用、安装、调试、操作和维护数字式传感器。

知识准备

一、栅式数字传感器

根据栅式数字传感器的工作原理，可分为光栅、磁栅和容栅传感器等。光栅是由很多等节距的透光缝隙和不透光的刻线均匀相间排列构成的光电器件。按其原理和用途，它又可分为物理光栅和计量光栅：物理光栅利用光的衍射现象，主要用于光谱分析和光波长等量的测量；计量光栅主要利用莫尔现象，测量位移、速度、加速度、振动等物理量。本项目重点介绍计量光栅。

光栅传感器实际上是光电式传感器的一个特殊应用。它利用光栅莫尔条纹现象，把光栅作为测量元件，具有结构原理简单、测量精度高等优点，在数控机床和仪器的精密定位或长度、速度、加速度、振动测量等方面得到了广泛应用。

（一）光栅的类型和结构

光栅主要由光栅尺（光栅副）和光栅读数头两部分构成。光栅尺包括主光栅（标尺光栅）和指示光栅，主光栅和指示光栅的栅线的刻线宽度和间距完全一样。将指示光栅与主光栅重叠在一起，两者之间保持很小的间隙。主光栅和指示光栅中一个固定不动，另一个安装在运动部件上，两者之间可以形成相对运动；光栅读数头包括光源、透镜、指示光栅、光电接收元件、驱动电路等。

在计量工作中应用的光栅称为计量光栅。计量光栅可分为透射式光栅和反射式光栅两大类，均由光源、光栅副、光敏元件 3 部分组成。透射式光栅一般用光学玻璃作基体，在其上均匀地刻上等间距、等宽度的条纹，形成连续的透光区和不透光区。反射式光栅用不锈钢作基体，在其上用化学方法制作出黑白、相间的条纹，形成强反光区和不反光区。如图 16-2 所示，光栅上栅线的宽度为 a，线间宽度 b，一般取 $a=b$，而光栅栅距 $W=a+b$。长光栅的栅线密度一般有 10 线/mm、25 线/mm、50 线/mm、100 线/mm 和 200 线/mm 等几种。

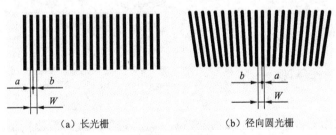

（a）长光栅　　　　　　　（b）径向圆光栅

图 16-2　光栅栅线

计量光栅按其形状和用途可分为长光栅和圆光栅两类。

（1）长光栅：又称为光栅尺，用于长度或直线位移的测量。按栅线形状的不同，长光栅可分为黑白光栅和闪耀光栅。黑白光栅是指只对入射光波的振幅或光强进行调制的光栅，所以也称为振幅光栅，如图 16-3 所示。闪耀光栅是对入射光波的相位进行调制的光栅，也称相位光栅，按其刻线的断面形状可分为对称和不对称两种，如图 16-4 所示。

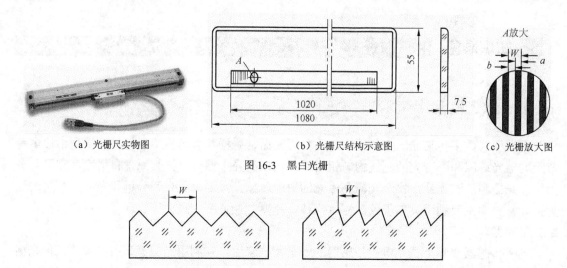

（a）光栅尺实物图　　　　　（b）光栅尺结构示意图　　　　（c）光栅放大图

图 16-3　黑白光栅

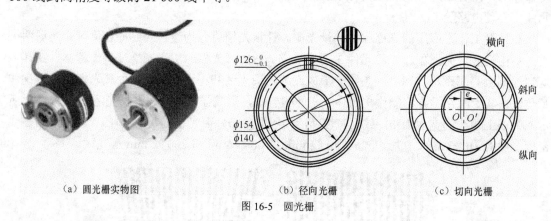

（a）对称型　　　　　　　　　　（b）非对称型

图 16-4　闪耀光栅刻线断面

（2）圆光栅：又称为光栅盘，用来测量角度或角位移。按其刻线的方向可分为径向光栅和切向光栅，如图 16-5 所示。径向光栅栅线的延长线全部通过光栅盘的圆心，切向光栅栅线的延长线全部与光栅盘中心的一个小圆（直径为零点几到几毫米）相切。

圆光栅的两条相邻栅线的中心线之间的夹角称为角节距，每周的栅线数从较低精度的 100 线到高精度等级的 21 600 线不等。

（a）圆光栅实物图　　　　　　（b）径向光栅　　　　　　（c）切向光栅

图 16-5　圆光栅

（二）光栅的工作原理

1．莫尔条纹

计量光栅的基本元件是主光栅和指示光栅。主光栅的刻线一般比指示光栅长，如图 16-6 所示。若将两块光栅（主光栅、指示光栅）叠合在一起，并且使它们的刻线之间成一个很小的角度 θ，由于遮光效应，两块光栅的刻线相交处形成亮带，而在一块光栅的刻线与另一块栅的缝隙相交处形成暗带，在与光栅刻线垂直的方向，将出现明暗相间的条纹，这些条纹就称为莫尔条纹。

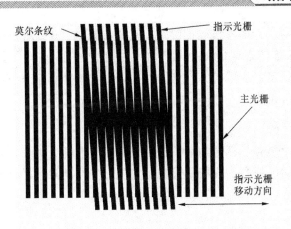
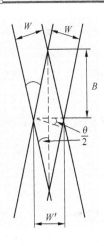

图 16-6　光栅与莫尔条纹示意图（$\theta \neq 0$）

如果改变 θ 角，莫尔条纹间距 B 也随之变化。由图 16-6 可知，条纹间距 B 与栅距 W 和夹角 θ 有如下关系：

$$\tan \frac{\theta}{2} = \frac{\frac{W'}{2}}{B} \qquad W' = \frac{W}{\cos \frac{\theta}{2}}$$

所以
$$B = \frac{\frac{W'}{2}}{\tan \frac{\theta}{2}} \approx \frac{W}{\theta} \qquad\qquad (16\text{-}1)$$

当指示光栅沿着主光栅刻线的垂直方向移动时，莫尔条纹将会沿着这两个光栅刻线夹角的平分线的方向移动，光栅每移动一个 W，莫尔条纹也移动一个间距 B。θ 越小，B 越大。

2. 莫尔条纹的特点

（1）放大作用。由式（16-1）可知，θ 越小，B 越大，这相当于把栅距 W 放大了 $1/\theta$ 倍。例如，$\theta = 0.1°$，则 $1/\theta \approx 573$，即莫尔条纹宽度 B 是栅距 W 的 573 倍，相当于把栅距放大了 573 倍，说明光栅具有位移放大作用，从而提高了测量的灵敏度。

（2）平均效应。莫尔条纹由大量的光栅栅线共同形成，所以对光栅栅线的刻划误差有平均作用。通过莫尔条纹所获得的精度可以比光栅本身栅线的刻划精度还要高。

（3）运动方向。当两光栅沿与栅线垂直的方向做相对运动时，莫尔条纹则沿光栅刻线方向移动（两者运动方向垂直）；光栅反向移动，莫尔条纹亦反向移动。

（4）对应关系。两块光栅沿栅线垂直方向做相对移动时，莫尔条纹的亮带与暗带将按顺序自上而下地不断掠过光敏元件。光敏元件接收到的光强变化近似于正弦波变化。光栅移动一个栅距 W，光强变化一个周期，如图 16-7 所示。

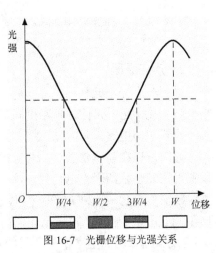

图 16-7　光栅位移与光强关系

（5）莫尔条纹移过的条纹数等于光栅移过的栅线数。例如，采用 100 线/mm 光栅时，若光栅移动了 $x$mm（即移过了 $100x$ 条光栅栅线），则从光电元件前掠过的莫尔条纹数也为 $100x$ 条。由于莫尔条纹间距比栅距宽得多，所以能够被光敏元件识别。将此莫尔条纹产生的电脉冲信号计数，就可知道移动的实际位移。

（三）光栅式传感器的测量电路

计量光栅作为一个完整的测量装置包括光栅读数头、光栅数显表两大部分。光栅读数头把输入量（位移量）转换成相应的电信号；光栅数显表是实现细分、辨向和显示功能的电子系统。

1. 光电转换

光电转换装置（光栅读数头）主要由主光栅、指示光栅、光路系统（包括光源、透镜等）和光电元件等组成，如图 16-8 所示。主光栅的有效长度即为测量范围，指示光栅比主光栅短得多。主光栅一般固定在被测物体上，且随被测物体一起移动，指示光栅相对于光电元件固定。

莫尔条纹是一个明暗相间的光带。两条暗带中心线之间的光强变化是从最暗、渐亮、最亮、渐暗直到最暗的渐变过程。主光栅移动一个栅距 W，光强变化一个周期。若用光电元件接收莫尔条纹移动时光强的变化，则将光信号转换为电信号，接近于正弦周期函数。若以电压输出，即

$$u = u_o + u_m \sin\left(\frac{\pi}{2} + \frac{2\pi x}{W}\right) \quad (16\text{-}2)$$

输出电压反映了位移量的大小，如图 16-9 所示。

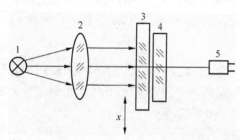

1—光源　2—透镜　3—主光栅　4—指示光栅　5—光电元件

图 16-8　光栅读数头结构示意图

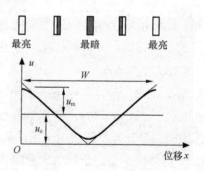

图 16-9　光电元件输出波形

2. 辨向原理

采用一个光电元件的光栅传感器，无论光栅是正向移动还是反向移动，莫尔条纹都做明暗交替变化，光电元件总是输出同一规律变化的电信号，此信号只能计数，不能辨向。为此，必须设置辨向电路。

通常可以在与莫尔条纹相垂直的方向上，在相距 $B/4$（相当于电角度 1/4 周期）的距离处设置正弦和余弦两套光电元件，这样就可以得到两个相位相差 $\pi/2$ 的电信号 u_{os} 和 u_{oc}，经放大、整形后得到 u'_{os} 和 u'_{oc} 两个方波信号，分别送到图 16-10（a）所示的辨向电路中。从图 16-10（b）可以看出，在指示光栅向右移动时，u'_{os} 的上升沿经 R_1、C_1 微分后产生的尖脉冲 U_{R1} 正好与 u'_{oc} 的高电平相与，IC1 处于开门状态，与门 IC1 输出计数脉冲，并送到计数器的

加法端，做加法计数。而 u'_{os} 经 IC3 反相后产生的微分尖脉冲 U_{R2} 正好被 u'_{oc} 的低电平封锁，与门 IC2 无法产生计数脉冲，始终保持低电平。

反之，当指示光栅向左移动时，由图 16-10（c）可知，IC1 关闭，IC2 产生计数脉冲，并被送到计数器的减法端，做减法计算，从而达到辨别光栅正、反方向移动的目的。

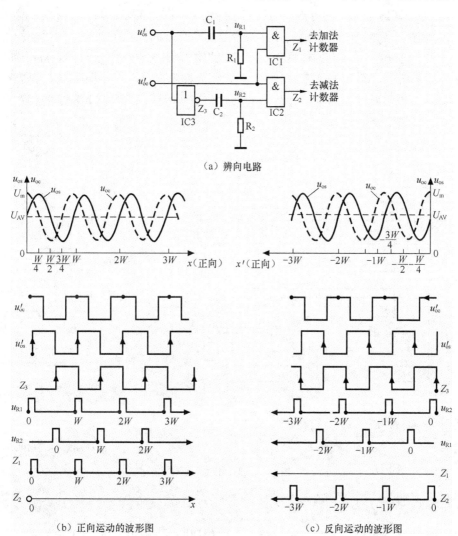

（a）辨向电路

（b）正向运动的波形图　　　　　　（c）反向运动的波形图

图 16-10　辨向逻辑电路原理图

3. 细分技术

由前面分析可知，当两光栅相对移动一个栅距 W 时，莫尔条纹移动一个间距 B，光电元件输出变化一个电周期 2π，经信号转换电路输出一个脉冲。若按此进行计数，则它的分辨力为一个光栅栅距 W。为了提高分辨力，可以采用增加刻线密度的方法来减小栅距，但这种方法受到制造工艺或成本的限制。另一种方法是采用细分技术，可以在不增加刻线数的情况下提高光栅的分辨力，在光栅每移动一个栅距，莫尔条纹变化一周时，不只输出一个脉冲，而是输出均匀分布的 n 个脉冲，从而使分辨力提高到 W/n。由于细分后计数脉冲的频率提高了，因此细分又叫倍频。

细分的方法有很多种，常用的细分方法是直接细分，细分数为 4，所以又称四倍频细分。实现的方法有两种：一种是在莫尔条纹宽度内依次放置 4 个光电元件采集不同相位的信号，从而获得相位依次相差 90° 的 4 个正弦信号，再通过细分电路，分别输出 4 个脉冲；另一种方法是在相距 B/4 的位置上，放置两个光电元件，首先得到相位差 90° 的两路正弦信号 S 和 C，然后将此两路信号送入图 16-11（a）所示的细分辨向电路。这两路信号经过放大器放大，再由整形电路整形为两路方波信号，并把这两路信号各反向一次，就可以得到 4 路相位依次为 90°、180°、270°、360° 的方波信号，它们经过 RC 微分电路，就可以得到 4 个尖脉冲信号。当指示光栅正向移动时，4 个尖脉冲信号分别和有关的高电平相与。同辨向原理中阐述的过程相类似，可以在一个 W 的位移内，在 IC1 的输出端得到 4 个加法计数脉冲，如图 16-11（b）中 U_{Z1} 波形所示，而 IC2 保持低电平。当指示光栅反向移动一个栅距 W 时，就在 IC2 的输出端得到 4 个减法脉冲。这样，计数器的计数结果就能正确地反映光栅副的相对位置。

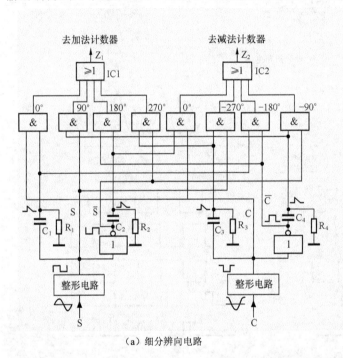

（a）细分辨向电路　　　　（b）波形（正向运动）

图 16-11　四倍频细分原理

二、光电编码器

光电编码器是一种旋转式位置传感器，在现代伺服系统中广泛应用于角位移或角速率的测量。它的转轴通常与被测旋转轴连接，随被测轴一起转动。它能将被测轴的角位移转换成二进制编码或一串脉冲。

光电编码器分为绝对式和增量式两种类型。增量式光电编码器具有结构简单、体积小、价格低、精度高、响应速度快、性能稳定等优点，应用更为广泛。在高分辨率和大量程角速率/位移测量系统中，增量式光电编码器更具优越性。绝对式光电编码器能直接给出对应于每个转角的数字信息，便于计算机处理。但当进给数大于一转时，须做特别处理，而且必须用减速齿轮将两个以上的编码器连接起来，组成多级检测装置，但其结构复杂、成本高。

（一）绝对式编码器

绝对式编码器是把被测转角通过读取码盘上的图案信息直接转换成相应代码的检测元

件。码盘有光电式、接触式和电磁式 3 种。

光电码盘是目前应用较多的一种。它是在透明材料的圆盘上精确地印制上二进制编码。图 16-12 所示为 4 位二进制的码盘，码盘上各圈圆环分别代表一位二进制的数字码道，在同一个码道上印制黑白等间隔图案，形成一套编码。黑色不透光区和白色透光区分别代表二进制的"0"和"1"。在一个 4 位光电码盘上，有 4 圈数字码道，每一个码道表示二进制的一位，里侧是高位，外侧是低位，在 360°范围内可编数码数为 2^4=16 个。

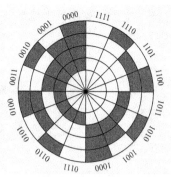

图 16-12 4 位二进制的码盘

工作时，码盘的一侧放置电源，另一边放置光电接收装置，每个码道都对应有一个光电管及放大、整形电路。码盘转到不同位置，光电元件接收光信号，并转成相应的电信号，经放大整形后，成为相应数码电信号。但由于制造和安装精度的影响，当码盘回转在两码段交替过程中时，会产生读数误差。例如，当码盘顺时针方向旋转，由位置"0111"变为"1000"时，这 4 位数要同时都变化，可能将数码误读成 16 种代码中的任意一种，如读成 1111，1011，1101，…，0001 等，产生了无法估计的很大的数值误差，这种误差称非单值性误差。

为了消除非单值性误差，可采用以下两种方法。

1. 循环码盘（或称格雷码盘）

循环码习惯上又称格雷码，它也是一种二进制编码，只有"0"和"1"两个数。图 16-13 所示为 4 位二进制循环码盘。这种编码的特点是任意相邻的两个代码间只有一位代码有变化，即"0"变为"1"或"1"变为"0"。因此，在两数变换过程中，所产生的读数误差最多不超过"1"，只可能读成相邻两个数中的一个数。所以，它是消除非单值性误差的一种有效方法。

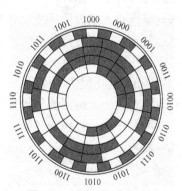

图 16-13 4 位二进制循环码盘

2. 带判位光电装置的二进制循环码盘

这种码盘是在 4 位二进制循环码盘的最外圈再增加一圈信号位构成的。图 16-14 所示就是带判位光电装置的二进制循环码盘。该码盘最外圈上的信号位的位置正好与状态交线错开，只有当信号位处的光电元件有信号时才读数，这样就不会产生非单值性误差。

（二）增量式光电编码器

1. 增量式光电编码器的结构

增量式光电编码器是指随转轴旋转的码盘给出一系列脉冲，然后根据旋转方向用计数器对这些脉冲进行加减计数，以此来表示转过的角位移量。增量式光电编码器的结构示意图如图 16-15 所示。

图 16-14 带判位光电装置的二进制循环码盘

光电码盘与转轴连在一起。码盘可用玻璃材料制成，表面镀上一层不透光的金属铬，然后在边缘制成向心的透光狭缝。透光狭缝在码盘圆周上等分，数量从几百条到几千条不等。

这样，整个码盘圆周上就被等分成 n 个透光的槽。增量式光电码盘也可用不锈钢薄板制成，然后在圆周边缘切割出均匀分布的透光槽。

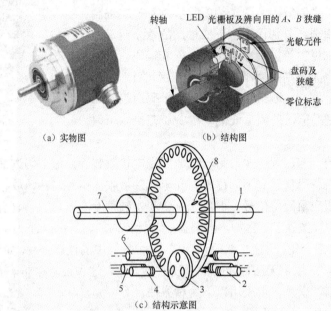

（a）实物图　　　　　　　（b）结构图

（c）结构示意图

1—均匀分布透光槽的编码盘　2—LED 光源　3—狭缝　4—正弦信号接收器　5—余弦信号接收器
6—零位读出光电元件　7—转轴　8—零位标记

图 16-15　增量式光电编码器结构示意图

2. 增量式光电编码器的工作原理

增量式光电编码器的工作原理如图 16-16 所示。它由主码盘、鉴向盘、光学系统和光电变换器组成。在主码盘（光电盘）周边上刻有节距相等的辐射状狭缝，形成均匀分布的透明区和不透明区。鉴向盘与主码盘平行，并刻有a、b 两组透明检测狭缝，它们彼此错开1/4 节距，以使 A、B 两个光电变换器的输出信号在相位上相差 90°。工作时，鉴向盘静止不动，主码盘与转轴一起转动，光源发出的光投射到主码盘与鉴向盘上。当主码盘上的不透明区正好与鉴向盘上的透明狭缝对齐时，光线被全部遮住，光电变换器的输出电压为最小；当主码盘上的透明区正好与鉴向盘上的透明狭缝对齐时，光线全部通过，光电变换器的输出电压为最大。主码盘每转过一个刻线周期，光电变换器将输出一个近似的正弦波电压，且光电变换器 A、B 的输出电压相位差为 90°。

增量式光电编码器的光源最常用的是自身有聚光效果的发光二极管。当光电码盘随工作轴一起转动时，光线透过光电码盘和光栅板狭缝，形成忽明忽暗的光信号。光敏元件把此光信号转换成电脉冲信号，通过信号处理电路后，向数控系统输出脉冲信号，也可由数码管直接显示位移量。

增量式光电编码器的测量准确度与码盘圆周上的狭缝条纹数 n 有关，能分辨的角度 $\alpha=360°/n$，分辨率=$1/n$。例如，码盘边缘的透光槽数为 1 024 个，则能分辨的最小角度 $\alpha=360°/1\,024\approx0.352°$。

3. 旋转方向的判别

为了判断码盘旋转的方向，必须在光栅板上设置两个狭缝，其距离是码盘上的两个狭缝距离的（$m+1/4$）倍，m 为正整数，并设置了两组对应的光敏元件，图 16-16 中的 A、B 光敏元件，有时也称为余弦元件、正弦元件。当检测对象旋转时，同轴或关联安装的光电编码器便会输出 A、B 两路相位相差 90°的数字脉冲信号。光电编码器的输出波形如图 16-16 所示。为了得到码盘转动的绝对位置，必须设置一个基准点，如图 16-15 中的"零位标志"。码盘每转一圈，零位标志对应的光敏元件产生一个脉冲，称为"一转脉冲"，如图 16-17 中的 C_0 脉冲。

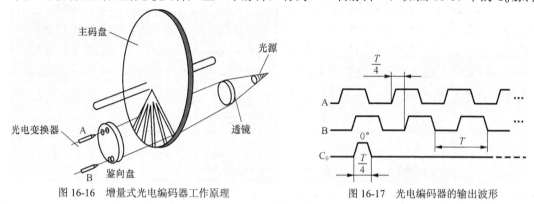

图 16-16　增量式光电编码器工作原理　　　　图 16-17　光电编码器的输出波形

　　辨别码盘旋转方向电路原理如图 16-18 所示，它利用 A、B 两相脉冲来实现。光电元件 A、B 输出信号经放大整形后，产生 P_1 和 P_2 脉冲。将它们分别接到 D 触发器的 D 端和 CP 端，由于 A、B 两相脉冲（P_1 和 P_2）脉冲相差 90°，D 触发器在 CP 脉冲（P_2）的上升沿触发。正转时 P_1 脉冲超前 P_2 脉冲，D 触发器的 Q＝"1"表示正转；当反转时，P_2 超前脉冲 P_1，D 触发器的 Q＝"0"表示反转。可以用 Q 作为控制可逆计数器是正向还是反向计数，即可将光电脉冲变成编码输出。C 相脉冲（零位脉冲）接至计数器的复位端，达到每码盘转动一圈复位一次计数器的目的。码盘无论是正转还是反转，计数器每次反映的都是相对于上次角度的增量，故这种测量称为增量法。

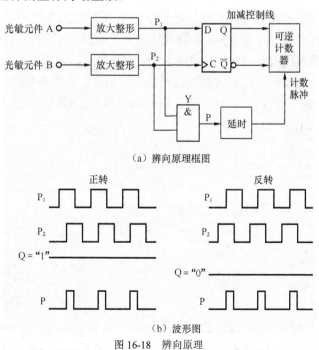

（a）辨向原理框图

（b）波形图

图 16-18　辨向原理

除了光电式的增量编码器外，人们目前相继开发了光纤增量传感器和霍尔效应式增量传感器等，它们都得到广泛的应用。

三、感应同步器

感应同步器是 20 世纪 60 年代末发展起来的一种高精度位移（直线位移、角位移）传感器。按其用途可分为两大类：一是测量直线位移的直线式感应同步器，二是测量角位移的旋转式感应同步器。直线式感应同步器广泛应用于坐标镗床、坐标铣床及其他机床的定位、数控和数显。旋转式感应同步器常用于精密机床或测量仪器的分度装置等，也用于雷达天线定位跟踪。其类型和特性如表 16-1 所示。

表 16-1　　　　　　　　　　　　感应同步器分类和特性

类　　型		特　　性
直线式感应同步器	标准型	精度高、可扩展，用途最广
	窄型	精度较高，用于安装位置不宽敞的地方，可扩展
	带型	精度较低，定尺长度达 3m 以上，对安装面精度要求不高
旋转式感应同步器		精度高，极数多，易于误差补偿，精度与极数成正比

（一）直线式感应同步器的结构和工作原理

直线式感应同步器是应用电磁感应定律把位移量转换成电量的传感器。它的基本结构由两个平面矩形线圈组成，相当于变压器的初、次级绕组。通过两个绕组间的互感值随位置的变化来检测位移量。

1. 载流线圈所产生的磁场

矩形载流线圈中通过直流电流 I 时的磁场分布示意图如图 16-19 所示，线圈内外的磁场方向相反。如果线圈中通过的电流为交流电流 i（$i=I\sin\omega t$），并使一个与该线圈平行的闭合的探测线圈贴近这个载流线圈从左至右（或从右至左）移过，如图 16-20 所示。在图 16-20（a）、（c）所示的情况下，通过闭合探测线圈的磁通量和恒为零，所以在探测线圈内感应出来的电动势为零；在图 16-20（b）所示的情况下，通过闭合探测线圈的（交变）磁通量最大，所以在探测线圈内感应出来的电动势也最大。

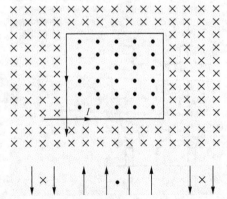

图 16-19　载流线圈通直流时产生的磁场分布示意图

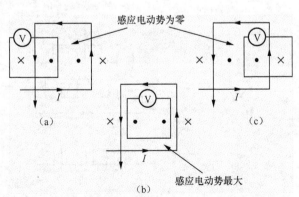

图 16-20　探测线圈内的感应电动势

2. 直线式感应同步器的基本结构

直线式感应同步器结构解剖图如图 16-21（a）所示。它主要由定尺和滑尺两部分组成，尺寸示意图如图 16-21（b）所示。定尺和滑尺的绕组结构如图 16-21（c）、（d）所示。定尺和滑尺可利用印制电路板的生产工艺，用覆铜板制成。滑尺上有两个绕组，一个是正弦绕组 1—1'，另一个是余弦绕组 2—2'，彼此相距 $\pi/2$ 或 $3\pi/4$。当定尺栅距为 W_2 时，滑尺上的两个绕组间的距离 L_1 应满足关系：$L_1=（n/2+1/4）W_2$。$n=0$ 时相差 $\pi/2$，$n=1$ 时相差 $3\pi/4$，$n=2$ 时相差 $5\pi/4$。

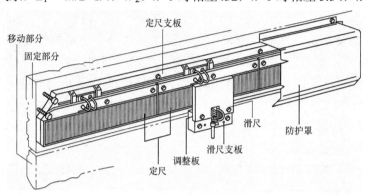

（a）直线式感应同步器结构解剖图

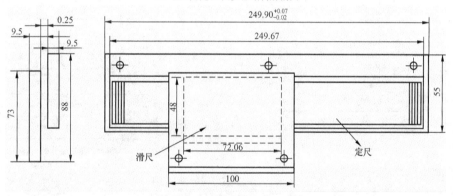

（b）直线式感应同步器尺寸示意图

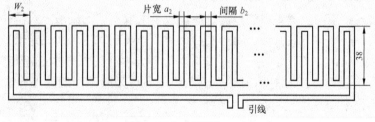

（c）定尺绕组

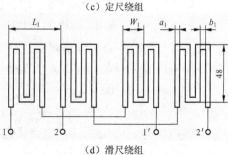

（d）滑尺绕组

图 16-21　直线式感应同步器基本结构

3. 直线式感应同步器的工作原理

滑尺上的正弦绕组和余弦绕组相对于定尺绕组在空间错开 1/4 节距，如图 16-22（a）所示。工作时，当在滑尺两个绕组中的任一绕组加上激励电压时，由于电磁感应，在定尺绕组中会感应出相同频率的感应电动势，通过对感应电动势的测量，可以精确地测量出位移量。

图 16-22（b）所示为滑尺在不同位置时，定尺上的感应电动势。在 A 点时，定尺与滑尺余弦绕组重合，这时感应电动势最大；当滑尺余弦绕组相对于定尺平行移动后，感应电动势逐渐减小，在到达错开 1/4 节距的 B 点时，感应电动势为零；再继续移至 1/2 节距的 C 点时，得到感应电动势的最小值。这样，滑尺余弦绕组在移动一个节距的过程中，感应电动势变化了一个余弦波形，如图 16-22（b）中的曲线 2 所示。同理，当滑尺正弦绕组移动一个节距后，在定尺中将会感应出一个正弦电压波形，如图 16-22（b）中的曲线 1 所示。

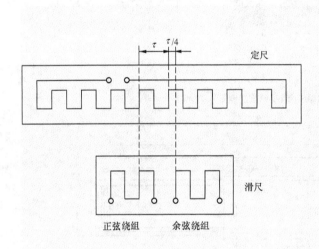

（a）直线式感应同步器的定尺和滑尺

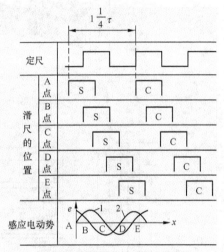

S—滑尺正弦绕组；C—滑尺余弦绕组

（b）定尺上的感应电动势与滑尺的关系

图 16-22　直线式感应同步器工作原理

4. 直线式感应同步器输出信号的检测

对于由直线式感应同步器组成的检测系统，可以采取不同的励磁方式，并对输出信号有不同的处理方法。从励磁方式来说，可分类两大类：一类是以滑尺（或定子）励磁，由定尺（或转子）取出感应电动势信号；另一类以定尺为励磁，由滑尺取出感应电动势信号。目前用得最多的是第一类励磁方式。对输出感应电动势信号可采取不同的处理方法来达到测量目的，一般分为鉴幅型和鉴相型两种检测系统。

（1）鉴相型——根据感应电动势的相位来鉴别位移量。滑尺的正弦、余弦绕组在空间位置上错开 1/4 定尺的节距，激励时加上等幅、等频、相位差为 90° 的交流电压，即分别以 $\sin\omega t$ 和 $\cos\omega t$ 来激励，这样就可以根据感应电动势的相位来鉴别位移量，故叫鉴相型。

当正弦绕组单独激励时，励磁电压为 $u_s = U_m \sin\omega t$，定尺绕组中的感应电动势为

$$e_s = k\omega U_m \cos\omega t \sin\theta \qquad (16\text{-}3)$$

式中：k——电磁耦合系数。

当余弦绕组单独激励时，励磁电压为 $u_c = U_m \cos\omega t$，定尺绕组中的感应电动势为

$$e_c = k\omega U_m \sin\omega t \cos\theta \qquad (16\text{-}4)$$

当正向运动时，按叠加原理求得定尺上的总感应电动势为

$$e = e_s + e_c = k\omega U_m \cos\omega t \sin\theta + k\omega U_m \sin\omega t \cos\theta$$
$$= k\omega U_m \sin(\omega t + \theta)$$

（16-5）

式中，$\theta = 2\pi x/W$ 称为感应电动势的相位角，它在一个节距 W 之内与定尺和滑尺的相对位移有一一对应的关系，每经过一个节距，变化一个周期（2π）。

当反向运动时，定尺输出的总感应电动势为

$$e = k\omega U_m \sin(\omega t - \theta)$$

（16-6）

式中，$\theta = \dfrac{2\pi}{W} x$。

因此，相对位移量 x 与相位角 θ 呈线性关系，只要能测出相位角 θ，就可求得位移量 x。

（2）鉴幅型——根据感应电动势的幅值来鉴别位移量。如在滑尺的正弦绕组、余弦绕组加以同频、同相，但幅值不等的交流激磁电压，则可根据感应电动势振幅来鉴别位移量，称为鉴幅型。加到滑尺两绕组的交流励磁电压为

$$\begin{cases} u_s = U_s \cos\omega t \\ u_c = U_c \cos\omega t \end{cases}$$

（16-7）

式中：$U_s = U_m \sin\varphi$；$U_c = U_m \cos\varphi$；U_m 为激励电压幅值；φ 为给定的电相角。

它们分别在定尺绕组上感应出的电动势为

$$\begin{cases} e_s = k\omega U_s \sin\omega t \sin\theta \\ e_c = k\omega U_c \sin\omega t \cos\theta \end{cases}$$

（16-8）

定尺绕组总的感应电动势为

$$e = e_s + e_c = k\omega U_s \sin\omega t \sin\theta + k\omega U_c \sin\omega t \cos\theta$$
$$= k\omega U_m \cos(\varphi - \theta) \sin\omega t$$

（16-9）

式中把直线式感应同步器两尺的相对位移 $x = 2\pi\theta/W$ 和感应电动势的幅值 $k\omega U_m \cos(\varphi - \theta)$ 联系了起来。

（二）旋转式感应同步器（圆感应同步器）

旋转式感应同步器由定子和转子两部分组成，它们呈圆片状，用直线式感应同步器的制造工艺制作两绕组，如图 16-23 所示。定子、转子分别相当于直线式感应同步器的定尺和滑尺。目前旋转式感应同步器的直径一般有 50mm、76mm、178mm、302mm 等几种。径向导体数（极数）有 360、720 和 1 080 几种。转子是绕转轴旋转的，通常采用导电环直接耦合输出，或者通过耦合变压器，将转子初级感应电动势经气隙耦合到定子次级上输出。旋转式感应同步器在极数相同情况下，同步器的直径越大，其精度越高。

（三）感应同步器位移测量系统

图 16-24 所示为感应同步器鉴相测量方式数字位移测量装置方框图。脉冲发生器输出频率一定的脉冲序列，经过脉冲-相位变换器进行 N 分频后，输出参考信号 θ_0 和指令信号 θ_1。

传感器与检测技术项目式教程（第2版）

参考信号 θ_0 经过励磁供电线路，转换成振幅和频率相同而相位差为 90° 的正弦、余弦电压，给感应同步器滑尺的正弦绕组、余弦绕组励磁。感应同步器定尺绕组中产生的感应电压，经放大和整形后成为反馈信号 θ_2。指令信号 θ_1 和反馈信号 θ_2 同时送给鉴相器，鉴相器既判断 θ_2 和 θ_1 相位差的大小，又判断指令信号 θ_1 的相位超前还是滞后于反馈信号 θ_2。

（a）实物图

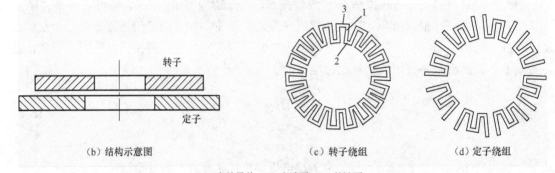

（b）结构示意图　　　　　　（c）转子绕组　　　　　　（d）定子绕组

1—有效导体　2—内端面　3—外端面

图 16-23　旋转式感应同步器定子和转子

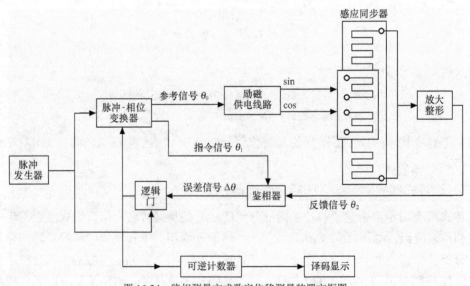

图 16-24　鉴相测量方式数字位移测量装置方框图

假定开始时 $\theta_1=\theta_2$，当感应同步器的滑尺相对定尺平行移动时，将使定尺绕组中的感应电压的相位 θ_2（即反馈信号的相位）发生变化。此时 $\theta_1\neq\theta_2$，由鉴相器判别之后，将有相位差 $\Delta\theta=\theta_2-\theta_1$ 作为误差信号，由鉴相器输出给门电路。此误差信号 $\Delta\theta$ 控制门电路"开门"的时间，使门电路允许脉冲发生器产生的脉冲通过。通过门电路的脉冲，一方面送给可逆计数器去计数并显示出来；另一方面作为脉冲-相位变换器的输入脉冲。在此脉冲作用下，脉冲-相位变换器将修改指令信号的相位 θ_1，使 θ_1 随 θ_2 而变化。当 θ_1 再次与 θ_2 相等时，误差信号 $\Delta\theta=0$，从而门被关闭。当滑尺相对定尺继续移动时，又有 $\Delta\theta=\theta_2-\theta_1$ 作为误差信号去控制门电路的开启，门电路又有脉冲输出，供可逆计数器去计数和显示，并继续修改指令信号的相位 θ_1，使 θ_1 和 θ_2 在新的基础上达到 $\theta_1=\theta_2$。因此在滑尺相对定尺连续不断地移动过程中，就可以实现把位移量准确地用可逆计数器计数和显示出来。

四、频率式数字传感器

频率式数字传感器是将被测非电量转换为频率量，即转换为一列频率与被测量有关的脉冲，然后在给定的时间内，通过电子电路累计这些脉冲数，从而测得被测量；或者用测量与被测量有关的脉冲周期的方法来测得被测量。

频率式数字传感器体积小、重量轻、分辨率高，由于传输的信号是一列脉冲信号，所以具有数字化技术的许多优点，是传感器技术发展的方向之一。

频率式数字传感器基本上有 3 种类型。

（1）利用力学系统固有频率的变化反映被测参数的值。

（2）利用电子振荡器的原理，使被测量的变化转化为振荡器的振荡频率的改变。

（3）将被测非电量先转换为电压量，然后用此电压去控制振荡器的振荡频率，称为压控振荡器。

（一）改变力学系统固有频率的频率传感器

任何弹性体都具有固有振动频率，当外界的作用力（激励）可以克服阻尼力时，它就可能产生振动，其振荡频率与弹性体的固有频率、阻尼特性及激励特性有关。若激励力的频率与弹性体的固有频率相同、大小刚好可以补充阻尼的损耗，该弹性体即可做等幅连续振荡，振动频率为其自身的固有频率。弹性振动体频率式传感器就是利用这一原理来测量有关物理量的。

弹性振动体频率式传感器有振弦式、振膜式、振筒式和振梁式等，下面介绍振弦式传感器的基本结构及其激励电路。

振弦式传感器测量应力的原理如图 16-25 所示。振弦式传感器包括振弦、激励电磁铁和夹紧装置 3 个主要部分。将一根细的金属丝置于激励电磁铁所产生的磁场内，振弦的一端固定，另一端与被测量物体的运动部分连接，并使振弦拉紧。作用于振弦上的张力就是传感器的被测量。振弦的张力为 F 时，其固有振动频率为

$$f_0 = \frac{1}{2L}\sqrt{\frac{F}{\rho}} \tag{16-10}$$

式中：L——振弦的有效长度；

ρ——振弦的线密度。

用振弦、运算放大器和永久磁铁可以组成一个自激振荡的连续激振应力传感器的测量电路，如图 16-25（b）所示。当电路接通时，有一个初始电流流过振弦，振弦受磁场作用产生振荡。振弦在激励电路中组成一个选频的正反馈网络，不断提供振弦所需的能量，于是振荡器产生等幅的持续振荡。

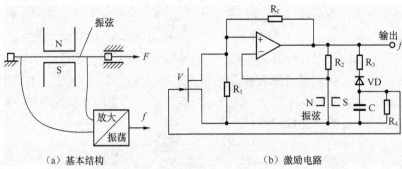

（a）基本结构　　　　　　　　　（b）激励电路

图 16-25　振弦式传感器测量原理图

在这个电路中，电阻 R_2 和振弦支路形成正反馈回路，R_1、R_f 和场效应管（FET）组成负反馈电路。R_3、R_4、二极管 VD 和电容 C 组成的支路给 FET 提供控制信号，由负反馈支路和场效应管控制支路控制起振条件和自动稳幅。

（二）RC 振荡器式频率传感器

温度-频率传感器就是 RC 振荡器式频率传感器的一种，如图 16-26 所示。这里利用热敏电阻 R_T 测量温度。R_T 作为 RC 振荡器的一部分，该电路是由运算放大器和反馈网络构成一种 RC 文氏电桥正弦波发生器。当外界温度 T 变化时，R_T 的阻值也随之变化，RC振荡器的频率因此而改变。RC 振荡器的振荡频率由下式决定：

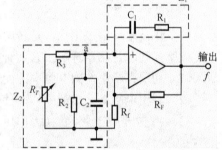

图 16-26　RC 振荡器式频率传感器

$$f = \frac{1}{2\pi}\sqrt{\frac{R_3 + R_T + R_2}{C_1 C_2 R_1 R_2 (R_3 + R_T)}} \qquad (16\text{-}11)$$

其中，R_T 与温度 T 的关系为

$$R_T = R_0 \mathrm{e}^{B(T, T_0)} \qquad (16\text{-}12)$$

式中，B——热敏电阻的温度系数；

　R_T、R_0——温度 $T(K)$ 和 $T_0(K)$ 时的阻值。电阻 R_2、R_3 的作用是改善其线性特性，流过 R_T 的电流应尽可能小，以防其自身发热对温度测量造成影响。

（三）压控振荡器式频率传感器

这类传感器首先将被测非电量转换为电压量，然后去控制振荡器的频率。图 16-27 所示为一个热电偶压控振荡器，由于热电偶输出的电动势仅为几毫伏到几十毫伏，所以先对其进行放大，然后再转换成相应的频率。

（四）频率式传感器的基本测量电路

频率的测量常用两种方法：一是直读法，即将传感器的输出电动势经放大、整形后送计数器显示其频率值，或者用数字频率计测量；二是比较法，即将传感器输出电动势的频率与标准振荡器发出的频率相比较，当两者频率相等时，标准振荡器所指频率值就为被测频率值。

当被测非电量已经转换为一系列频率与被测量有关的脉冲之后，测量频率的方法可以是计数方式，也可以是计时方式，如图 16-28 所示。为改善分辨力，将 3 个方式选择开关置于 MP 位置的目的是把输入脉冲的周期扩大。例如，晶振的时钟脉冲频率为 10MHz，输入脉冲频率为 10kHz，当方式选择开关在 P 位置时，系统的分辨力为 $1/10^3$；如果方式选择开关在 MP 位置，时间选择开关在 100，则分辨力可提高到 $1/10^5$。

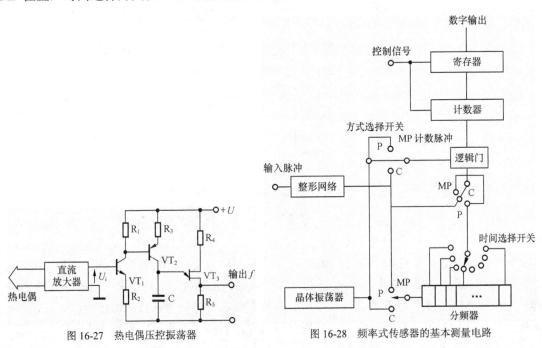

图 16-27　热电偶压控振荡器　　　　图 16-28　频率式传感器的基本测量电路

项目实施

一、了解数显游标卡尺的工作原理

国产的数显游标卡尺普遍使用容栅传感器。容栅传感器可实现直线位移和角位移的测量。根据结构形式，容栅传感器可分为 3 类：直线形容栅传感器（长容栅）；圆形容栅传感器（片状圆容栅）；筒形容栅传感器（柱状圆容栅）。

数显游标卡尺采用长容栅结构，整个传感器由两组条状电极群相对放置组成，一组为动栅，安装于滑动尺头；另一组为定栅，固定于卡尺尺身。动栅和定栅通过静电耦合来实现其位移的测量，如图 16-29 所示。

在图 16-29（a）中，1 为定尺，2 为动尺，A、B 面上分别印制（镀或刻划）了一系列相同尺寸、分布均匀并互相绝缘的金属栅状极片，如图 16-29（b）所示。将动尺和定尺的栅极面相对放置，其间留有间隙，形成一对对电容，这些电容并联连接，根据平行板电容原理，其最大电容量为：

$$C=n(\varepsilon_0\varepsilon_r ab)/\delta \qquad (16-13)$$

式中：n——动尺栅极片数；

a，b——栅极片长度和宽度；

ε_0——真空电容率；

ε_r——介质的相对电容率。

最小电容量理论上为零，实际上为固定电容 C_0，为容栅固有电容。当动尺沿 x 方向平行于定尺不断移动时，每对电容的相对遮盖长度 a 将由大到小、由小到大地周期性变化，电容量值也随之周期性变化，如图 16-29（c）所示，经电路处理后，可测得线位移值。

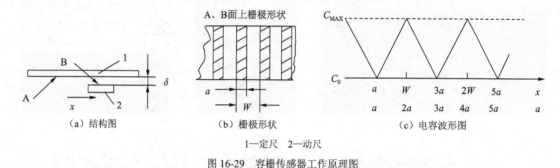

（a）结构图   （b）栅极形状   （c）电容波形图

1—定尺   2—动尺

图 16-29   容栅传感器工作原理图

容栅传感器与光栅、磁栅和感应同步器比较而言，容栅式测量系统具有重复性好、精度高、抗干扰能力强、对环境要求不苛刻、实现数字化等优点；容栅相对光栅测量系统而言，它具有结构简单、造价低、体积小、耗能少、安装使用方便、环境适应性强、分辨率高、动态范围宽等优点，适用于多种机械设备的位移量数字化自动显示。但其缺点也是显而易见的，容栅不耐脏污，工业环境下的水汽、油污、金属颗粒都会导致容栅传感器出现故障。所以日常使用数显游标卡尺时要保持清洁，使用完毕后要及时擦拭干净放回保存盒中。

二、数显游标卡尺的基本操作

1. 数显游标卡尺的基本结构

数显游标卡尺的基本结构如图 16-30 所示。

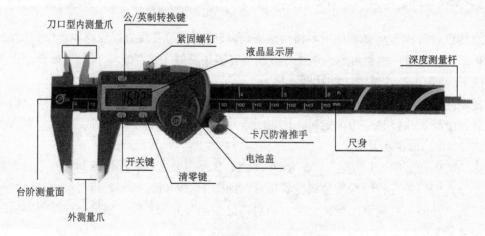

图 16-30   数显游标卡尺的基本结构

2．数显游标卡尺的操作步骤

（1）擦净保护膜表面（见注意事项），清净各测量面。

（2）松开紧固螺钉，移动尺身，检查液晶显示屏和各键工作是否异常。

（3）按开关键，启动电源。

（4）按测量制式键，选 mm 或 inch 单位制。

（5）移动尺身，使两外测量爪接触后，按清零键清零，即可进行正常测量，并做好数据记录。

（6）按下开关键，结束测量。

三、数显游标卡尺的保养注意事项

（1）多次多点测量时，应定时对"零"位确认。

（2）使用后用蘸有防锈油的无尘布清洁卡尺各部位，特别是测量面要加适量的防锈油。

（3）保管时两测量爪要保留 1mm 的间距，防止热胀冷缩对测量爪的损伤。

（4）数显游标卡尺液晶显示屏上出现字母"B"时，则表示电池的电压不足，需要更换电池。

（5）数显游标卡尺 3 个月以上不使用时，应从卡尺内取出电池并妥善保管。

 项目拓展

一、光栅位移传感器

由于光栅位移传感器测量精度高（分辨率为 0.1μm），动态测量范围广（0～1 000mm），所以可进行无接触测量；而且容易实现系统的自动化和数字化，因而在机械工业中得到了广泛的应用。特别是在量具、数控机床的闭环反馈控制、工作主机的坐标测量等方面，光栅位移传感器起着重要的作用。图 16-31 所示为安装直线光栅的数控机床。

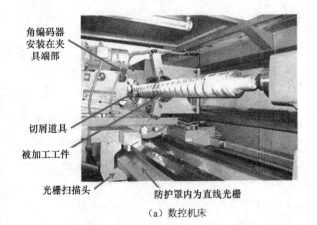

（a）数控机床

（b）光栅数显表

图 16-31　安装直线光栅的数控机床

二、光电编码器测角位移

光电编码器测量位置的原理与光栅传感器是相同的。把输出的脉冲 U_{OS} 和 U_{OC} 分别输入可逆计数器的正、反计数端进行计数，可检测到输出脉冲的数量，然后把这个数量乘以脉冲当量（转角/脉冲）就可测出编码盘转过的角度。为了能够得到绝对转角，在起始位置，对可逆计数器清零。

在进行直线距离测量时，通常把它装到伺服电动机轴上，伺服电动机又与滚珠丝杠相连。当伺服电动机转动时，由滚珠丝杠带动工作台或刀具移动，这时编码器的转角对应直线移动部件的移动量，因此可根据伺服电动机和丝杠的传动以及丝杠的导程来计算移动部件的位置，如图 16-32（a）所示。

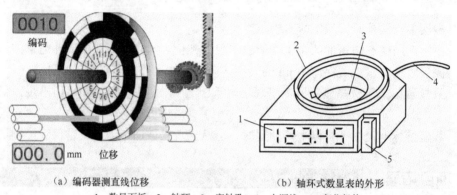

(a) 编码器测直线位移   (b) 轴环式数显表的外形
1—数显面板　2—轴环　3—穿轴孔　4—电源线　5—复位机构
图 16-32　光电编码器测位移

光电编码器的典型应用产品是轴环式数显表。它是一个将光电编码器与数字电路装在一起的数字式转角测量仪表，其外形如图 16-32（b）所示。它适用于车床、铣床等中小型机床的进给量和位移量的显示。例如，将轴环式数显表安装在车床进给刻度轮的位置，就可直接读出整个进给尺寸，从而可以避免人为的读数误差，提高加工精度，特别是在加工无法直接测量的内台阶孔和用来制作多线螺纹的分头时，更显得优越。它是用数显技术改造老式设备的一种简单易行手段。

轴环式数显表由于设置有复零功能，可在任意进给、位移过程中设置机械零位，因此使用特别方便。

三、感应同步器应用于数控机床闭环系统

随着机床自动化程度的提高，机床控制技术已发展到 CNC（计算机数控）、MN（微机数控）、DNC（直接数控，也称群控）、FMS（柔性制造系统）等阶段。这些控制系统的发展，也离不开精确的位移检测元件。感应同步器已成为数控机床闭环系统中最重要的位移检测元件之一，受到国内外的普遍重视。

图 16-33 所示为鉴幅型滑尺励磁定位控制的原理框图。由输入装置产生指令脉冲给可逆计数器，经译码、D/A 转换、放大后，送执行机构驱动滑尺。由数显表两变压器输出幅值为 $U\sin\varphi$ 和 $U\cos\varphi$ 的余弦信号分别励磁滑尺的正弦、余弦绕组，定尺输出幅值为 $U_m\sin(\varphi-\theta_0)$

的信号到数显表，计下与 θ_0 同步时的 θ，并向可逆计数器发出脉冲。如果可逆计数器不为零，执行机构就一直驱动滑尺，数显表不断计数并发出减脉冲信号到可逆计数器，直到滑尺位移值和指令信号一致时，可逆计数器为零，执行机构停止驱动，从而达到定位控制的目的。

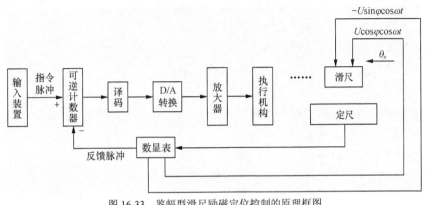

图 16-33　鉴幅型滑尺励磁定位控制的原理框图

 项目小结

　　常用的数字式传感器有 4 类：栅式数字传感器、光电编码器、频率式数字传感器和感应同步器，本项目主要介绍了它们的结构、特性及工作原理。

　　1．计量光栅可分为透射式光栅和反射式光栅两大类，均由光源、光栅副、光敏元件 3 部分组成。它利用光栅莫尔条纹现象，把光栅作为测量元件，具有结构原理简单、测量精度高等优点。

　　2．光电编码器分为绝对式和增量式两种类型。增量式光电编码器具有结构简单、体积小、价格低、精度高、响应速度快、性能稳定等优点，应用更为广泛。绝对式编码器能直接给出对应于每个转角的数字信息，便于计算机处理，但当进给数大于一转时，须做特别处理，而且必须用减速齿轮将两个以上的编码器连接起来，组成多级检测装置，导致其结构复杂、成本高。

　　3．感应同步器是应用电磁感应定律把位移量转换成电量的传感器。按其用途可分为两大类：①测量直线位移的直线式感应同步器；②测量角位移的旋转式感应同步器。直线式感应同步器广泛应用于坐标镗床、坐标铣床及其他机床的定位、数控和数显。旋转式感应同步器常用于精密机床或测量仪器的分度装置等，也用于雷达天线定位跟踪。

　　4．频率式数字传感器是将被测非电量转换为频率量，即转换为一系列频率与被测量有关的脉冲，然后在给定的时间内，通过电子电路累计这些脉冲数，从而测得被测量；或者用测量与被测量有关的脉冲周期的方法来测得被测量。频率式数字传感器体积小、重量轻、分辨率高，由于传输的信号是一系列脉冲信号，所以具有数字化技术的许多优点，是传感器技术发展的方向之一。

项目训练

1. 什么是莫尔效应？简述莫尔条纹的放大作用。
2. 简述光栅读数头的结构，说明其工作原理。
3. 简述光栅辨向电路的工作原理。
4. 简述脉冲盘式编码器和码盘式编码器的区别。
5. 8421 码制的码盘有何缺点？如何改进？
6. 简述脉冲盘式编码器的辨向原理。
7. 简述直线式感应同步器的工作原理。
8. 简述频率式传感器的基本工作原理。
9. 频率式传感器有哪几种类型？各有何特点？